JN200418

環境教育学

―気候変動～食の安全・安心―

今井清一／今井良一

鳥影社

はじめに

　近年、地球規模の環境問題だけではなく、都市・生活型公害といわれる地域環境問題も深刻となり、私たちひとりひとりのライフスタイルのあり方が問い直されようとしている。そのため、私たちひとりひとりが環境との関わりを理解し、環境に配慮したライフスタイルと環境問題を解決するのに必要な行動力を身につけることが求められている。

　本書は、￣￣￣￣で囲んだ部分でおおよその要点を把握し、すぐ下の文でより詳しく内容を補うという方法をとっている。現在、特に話題となっている事項を中心にとりあげた。地球温暖化を中心に地球環境問題に分類されるものに触れるだけではなく、車社会をめぐる諸問題、水環境、異常気象、放射能、食環境などの身近な問題を扱い、これらが私たちの生活、健康にどのような影響をおよぼしているか考えている。

　例えば、自動車の排気ガスが大気を汚染し、肺ガンや気管支炎などの原因となり、また炭酸ガスの排出の増加は、気候変動を促進し、集中豪雨、食料不足、私たちの病気を拡大しているように考えられる。ゲリラ豪雨、豪雪、竜巻、爆弾低気圧などの異常気象の発生原因とその対策についても考えなければならない。家庭排水、農薬、化学肥料の使用などによる河川水の汚染は、水道水にトリハロメタンを発生させ、健康に大きな影響をおよぼしている。

　放射能への不安と脅威、福島原発事故による原子力発電所の「安全神話」の崩壊、広義の「フクシマ」を、どのように復旧・復興させるのか。私たちは「フクシマ」から何を学びとるべきなのか。食品に関しては、食品表示の実態を知れば知るほど、国の放任主義と企業倫理のなさを嘆かざるをえない。指摘されている食品添加物、ポストハーベストの問題、食品汚染問題、遺伝

子組み換え作物などの安全性の問題に正面から向き合わなければならない。安全で安心な食を提供するのは国の責任ではないのか。消費者が適否を判断しなければならない国家とは、一体、何であろうか。

　これらのことを詳しく考察することによって、「環境問題の本質」を理解し、行動に結びつくように、配慮して記述したつもりである。

　2012 年 12 月に施行された「消費者教育推進法」、また 2013 年 6 月施行の「消費者教育に関する基本的な方針」の中で「他の消費生活に関連する教育と消費者教育との連携推進」がうたわれており、そのトップに『環境教育』があげられている。これは**環境教育が消費者教育**と近いことを示すものであり、そこで、本書は消費者教育推進法及び同基本的な方針の主旨を加味して執筆しており、「消費者教育」に関する視点からも、読んでいただければ幸いである。

　先行研究のうち、高村泰雄・丸山博による大著『環境科学教授法の研究』（北海道大学図書刊行会、1996 年）が刊行されている。これは問題を提起し、解答を求めることによって、学生・生徒の問題意識を高め、生活行動の変革につながるよう展開されている。また、方法論ではないが、現在「生活習慣病」が注目されているが、生活環境の悪化によって起こると考えられる「生活環境病」も検討すべき事項であろう。

　私たちは、人口問題・食糧問題だけではなく、環境問題という、新しいさらに厄介な問題をかかえこんでいる。本書が環境問題、環境教育の重要性を理解する上で、読者諸氏の一助となれば幸いである。諸氏のご教示をお願いしたい。

　最後に、出版に際して、鳥影社代表取締役百瀬精一氏はもとより、編集室の方々に大変お世話になった。感謝の意を表したい。

本書によせて

本書は『増補改訂版　環境教育論　現代社会と生活環境』を基本としている。本版を発行するに際し、要点のみ記したい。

多くの読者の皆さんのご要望により、『環境教育学』と改題した。ご了解いただきたい。関心の大きい気候変動について、加筆し、また勿論、現状に合わせ、多くの章で加筆している。

さらに今後とも大きな課題として考察していく必要のあると思われるものについては、該当章のすぐ後に（増）補として項目を設け、記述している。可能な限り、新しい図・表に取り替えた。しかし、入手できなかったもの、あるいはあまり前版と年代の違わないものは、そのままにした。ご了承いただきたい。

食品に関する章では、「食品表示法」の完全実施に伴い、かなり広範囲にわたって修正した。

本版では記述できなかったが、筆者の大きな懸念の1つは、「備えるアリーナ」HPにも触れられている『家計の危機』である。世界規模でエネルギーや食糧危機が起こっているため、単にエネルギー危機や食糧危機だけにとどまらず、「家計の危機」が到来する可能性がますます大きくなっている。家計の危機は、収入が激減し、支出が激増することで起こる。物の不足あるいは供給不足によって発生する。日本だけではどうすることもできない問題ではある。

自給率の低い日本では、今後、多方面から考察していかなければならない問題であると考えている。

気候変動による災害の頻発、コロナウイルスの流行等、今後とも何が起こっても不思議ではない状況にある。国際連合は、2025 年から世界各国に対して、義務教育学校での「気候変動教育」の義務化を勧告している。多くの国が「パリ協定」の目標に署名したにもかかわらず、ほとんどの国が応じていない。日本もその 1 つであるのは遺憾である。

「少子化対策」として、若者の経済支援に目が向けられているが、国民挙げて CO_2 の削減に全力を注ぐ必要があるのではないか。気候変動に伴う惨禍で利子付きで、若者がそのツケを支払うことにならないよう願うものである。

　今ほど（気候変動教育を含む）【環境教育】が必要な時はないと思われる。ご一読いただければ幸いである。

　2024 年 9 月

今　井　清　一

今　井　良　一

環境教育学
――気候変動～食の安全・安心――

目　次

環境教育学

――気候変動～食の安全・安心――

第1章 気候変動と地球温暖化

1－1．気候変動と地球温暖化の弊害

気候変動とは何か。地球の温暖化とは何か。どうして起こるのでしょうか。
人間の生活にどのような影響があるのでしょうか。
その影響を理解し、どのように対応すればよいのでしょうか。

1. 地球にとって非常に大きな脅威である気候変動。「気候変動」に似た言葉に「地球温暖化」があります。気候変動というと、地球が温暖化によって暖かくなってしまうと考える人が多いかもしれません。しかし、それだけではありません。ただ天気が変わって地球が温まるというだけではなく、気候が変動することによって水害の増加や砂漠化、食糧や水の減少、病気の媒介など、多大な悪影響を秘めているのが気候変動です[1]。「気候変動がさらに進めば、状況はますます悪化する」と考えられています。

2. 気候危機による災害が頻発しています。人類は気候変動や地球温暖化のリスクに直面しています。主たる原因は人類が排出し続けている「温室効果ガス」だと言われています。

3. 大気中には地球から放出される赤外線を途中で吸収する性質を持った「温室効果ガス」があり、現在問題とされているのは、炭酸ガス（CO_2）を始め、計6種類です。太陽から届く日射が大気を素通りして地表面で吸収され、加熱された地表面から赤外線の形で熱が放射されます。温室効果ガスがこの熱を吸収し、その一部を再び下向きに放射し、地表面

や下層大気を加熱し、地表面より高い温度となります[2]。これが温室効果です。大気の気温が温室の内部のように上昇するため、温室効果といっています。

4. 地球温暖化とは、人間の活動が活発になるにつれて、「温室効果ガス」が大気中に大量に放出され、地球全体の平均気温が上昇する現象をいいます。

5. 地球の表面の平均気温、つまり本来の地球の温度はマイナス $18.5℃$ ですが、実際には、全地球上の平均気温は $15℃$ です。この違いは温室効果によって起こりますが、特に炭酸ガス（CO_2）は重要です[3]。炭酸ガスは、現在、大気中に 400ppm 含まれています（図 1 − 1）。炭酸ガスはどこから発生しているのでしょうか。

6. 地球は、温室効果のおかげで約 $33.5℃$ 分温められています。住むのに適しているのは地球だけです。大気の温室効果は、すべての地球生命にとって、「命の恩人」といえます。地球の温度が生物にとって快適な温度に保たれているのは、いくつかの偶然の積み重ねによっています。太陽からの放射の中心が可視光線であること、放射される有害な紫外線などを吸収する大気成分を地球が持っていること、地球からの放射の中心が赤外線であること、さらに、その赤外線を吸収して地表に再放射する温室効果ガスの量が適切である[4]ことです。

7. 現代社会では、化石燃料に依存しているため、生活の利便性と引き換えに炭酸ガスを排出し続け、その「ツケ」を払わざるを得ないのです。温室効果ガスは、大切ですが、適正幅が狭く、そのバランスが非常に難しいのです。そのため、肥大化する人間活動によって、地球大気中の炭酸ガスやメタンなどの濃度が上昇し、大気の温室効果が人為的に強まるのが問題なのです[5]。

8. 雲にも温室効果があることは知っておく必要があります。雲は太陽からの放射を反射するため、雲が地球を覆っていれば太陽からの光は地表に届きません。曇りの日は晴れの日ほど気温が上がらないのはそのためで

す。同時に雲は、地表からの赤外線を再び地球に放射する働き、温室効果があるということです。「放射冷却」という言葉を、よく耳にすると思いますが、よく晴れて風の弱い冬の日に早朝の気温が非常に低くなる現象です。夜に雲がないと、地球からの赤外線が宇宙に向かって放出されてしまう一方なので、地表の気温が急激に下がってしまう[6]のです。

9. 多くの日本人に大気の温室効果を最初に教えたのは、宮沢賢治だと考えられています。1932（昭和 7）年に発表された『グスコーブドリの伝記』にクーボー博士とブドリとの会話が記されています。東北の冷害防止と関連させながら、炭酸ガス濃度が高くなれば、気温が上昇する可能性のあることを指摘しています。東北地方の冷害による苦しみからの解放を願って書かれたように思います。

10.「宵の明星」や「明けの明星」といわれ、地球によく似た大きさの惑星＝金星の地表の温度は約 480℃という灼熱の状態です。これは太陽から近いことの他に、ほとんどが地球の大気の 100 倍の濃度の炭酸ガスで覆われているために温室効果が非常に強いからです。太陽からはるかに遠い火星は、「寒冷地獄」で、またお馴染みの月の表面の温度は平均でマイナス 60℃です。とても普通の生物は生存できそうにありません（表 1 － 1）。

11. 2020（令和 2）年度の日本の年間炭酸ガスの排出量は、約 10 億 4400 万トン、また、1 人当たりで 8.28 トンです。炭酸ガスの発生源は、化石燃料（石油・石炭・天然ガスなど）の燃焼—火力発電所、工場、自動車、飛行機などで、最も多いのは発電によるものです。家庭用では、照明・家電製品・自動車からの排出が最大です。

今から約 1 万年前、農業が始まったころの地球上の全人口は 500 ～ 1000 万人程度であった。この程度の人口であれば、何をやっても地球環境は無限であり、環境への影響はゼロであった。人類が初めて地球が有限であることを感じたのは、1972（昭和 47）年にローマクラブが「成長の限界」を発表

した時である。76億にもなった現在、地球の有限性が顕著になってきた。

　　「浄化装置が処理できる塩の量が1秒間にスプーン1杯分とすれば、1
　秒間の投入量もスプーン1杯分にしておけば、浄化槽の水は多少塩辛く
　なることはあっても、それ以上悪化することはなく、金魚はいきていく
　ことができる。これが『持続可能な環境』」[7] である。

「温室効果ガス」として現在問題となっているのは、炭酸ガス（CO_2―
80.0%）、メタン（CH_4 ― 15.8%）、一酸化二窒素（N_2O）、ハイドロフルオ
ロカーボン類、パーフルオロカーボン類、六フッ化硫黄の計6種類[8] であ
る。温室効果ガスの中で、温室効果への貢献度がもっとも大きいのは、水蒸
気であり、全体の50%を占めるといわれている。炭酸ガスは20%である。
水蒸気は人為的に増減させることができないという理由で削減の対象には
なっていない。しかし、大気中の CO_2 濃度が増加することによって、温暖
化が進行し、この気温の上昇に伴って、大気中の水蒸気が増え、さらに温暖
化が進むと考えられる。
　特に、炭酸ガスが注目されているのは、①他のガスよりも圧倒的に多く存
在すること、また温暖化効果力は弱いが、量が多いため、温暖化への貢献度
が大きいこと、②人間の活動に伴う影響が大きいため、近年の炭酸ガスの大
気中の濃度の激増に伴って、地球の温度が上昇すると考えられており、温暖
化対策も炭酸ガスの削減がその中心になっていること、また炭酸ガスを回収
しても、売る事ができないこと、などがその主たる理由である[9]。
　温室効果ガスは、地球にとって、非常に重要である。その量が少なすぎる
と、地球全体が凍って「全球凍結」になってしまう。多すぎると、灼熱の金
星になってしまう。温室効果は重要であるが、そのバランスが難しいのであ
る。今日、そのバランスが崩れて大きくなりすぎているのが問題[10] なので
ある。現代社会は、化石燃料に依存しているため、生活の利便性と引き換え
に炭酸ガスを排出し続け、その「ツケ」を払わざるを得ないのである。

　現在の世界の炭酸ガス排出量は、1秒間にスプーン2.3杯ずつの塩を排出していて処理できない1.3杯分がたまり続けている状況にある。従って、やがて海水と同じ濃度になり、そのかなり以前に金魚は絶滅するということになる。人間の無限の要求対有限の環境——人類は、地球が有限であるということを無視してきた「ツケ」を当然、払わなければならない[11]ことになる。

　今日、家庭から出る炭酸ガス排出量は、照明・家電製品から全体の32.4%、自動車22.7%、暖房15.9%、給湯15.0%、ゴミ3.8%、冷房2.6%。水道1.8%などで一世帯当たり炭酸ガス排出量は、約3,900kgとなっている（2020年度）。知らず知らずのうちに、大量の炭酸ガスを排出していることに気づいているかどうかである。自動車は大気汚染と地球の温暖化にも貢献している。都市の空気を汚染し、貴重な土地が浪費され、地球の気候までも変えている。交通事故も深刻な問題である。

図1-1：温室効果ガスによる地球温暖化への寄与度

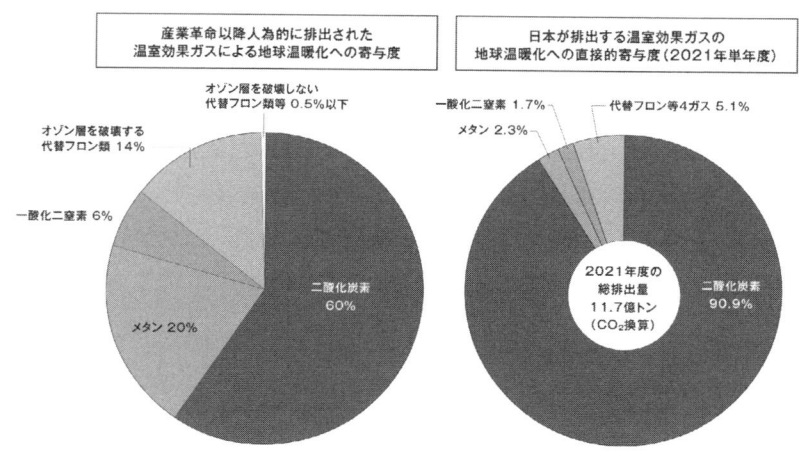

温室効果ガスの地球温暖化への寄与度

産業革命以降人為的に排出された
温室効果ガスによる地球温暖化への寄与度

オゾン層を破壊しない
代替フロン類等 0.5%以下

オゾン層を破壊する
代替フロン類 14%

一酸化二窒素 6%

メタン 20%

二酸化炭素
60%

日本が排出する温室効果ガスの
地球温暖化への直接的寄与度（2021年単年度）

一酸化二窒素 1.7%　　代替フロン等4ガス 5.1%

メタン 2.3%

2021年度の
総排出量
11.7億トン
（CO₂換算）

二酸化炭素
90.9%

(注)四捨五入の関係で合計値が合わない場合がある

（日本原子力文化財団「エネ百科」　環境省「令和5年度環境白書・生物多様性白書」他）

ひと昔前までは冬はもっと寒く、水たまりや小さな池にはよく氷がはったものであった。最近の冬は非常に暖かく、降雪も非常に少なくなり、氷もあまりみられなくなった。学校の教科書には、気温は長期間の平均で示されているため、あまり変化のない数値が並んでいる。ゆっくりした炭酸ガスの増加の場合には、海洋に吸収されて大気中にとどまることがないため、地球の温暖化には結びつかない。しかし気温は上昇し続けている。炭酸ガスの増加が急激であるからである。

表1－1：惑星と月

名前	表面温度（℃）	大気の組成
水星	−173（夜）、352（昼）	なし
金星	480	二酸化炭素（96％）、窒素（4％）
地球	15	窒素（78％）、酸素（21％）
火星	−23	二酸化炭素（95％）、窒素（3％）
木星	−139（雲の上）	水素（89％）、ヘリウム（11％）
土星	−176（雲の上）	水素（94％）、ヘリウム（6％）
天王星	−213（雲の上）	水素（85％）、ヘリウム（15％）
海王星	−216（雲の上）	水素（80％）、ヘリウム（20％）
月	−173（夜）、112（昼）	なし

（柳沢幸雄『CO₂ダブル』三五館、1997年、42ページ）

　気候危機―大惨事まであと2℃。国連の「気候変動に関する政府間パネル（IPCC）」が2019（令和元）年8月8日に発表した報告書では、地球の平均気温が、今後2℃以上の幅で上昇すれば、地球は人間などの生態系にとって、深刻な影響を及ぼす。肥沃であった土地は砂漠となり、永久凍土地域に構築されたインフラも破壊されて、干ばつ、洪水などによって食糧の栽培と生産を脅かすと警告している。2℃というのは、2015（平成27）年に「パリ協定」で規定された、人類が許せる最大の気温上昇の数値である。

12. IPCCによると、地球全体の年平均気温は1880〜2020年までの間に

約 1.09℃上昇しています [12]。これは自然に上昇したとは考えにくく、人間活動によって、温暖化が進んでいることは間違いないように思われます。他にも、20 世紀に入ってから北極の氷河の面積が 10 年ごとに約 3.5 〜 4.1％減少しています [13]。北半球の積雪面積も減少しており、温暖化の進行を立証しています。温室効果ガスと気温の上昇とは関係があることは誰の目にも明らかです。地球温暖化は地球全体の年平均気温が長期的に上昇するということであって、特定のある地点で気温が刻々と上昇するということではありません。

13. 第一次産業革命期（1750 〜 1800 年）には、わずか 280ppm であった炭酸ガス濃度は、2013（平成 25）年に、初めて 400ppm を超え、45年以後に 500ppm に達するかもしれません。2021（令和 3）年には415.7ppm に増加しています。この期間の前半は、主として農用地開発のための森林伐採で、後半は石炭・石油・天然ガスなど化石燃料の使用が大きな原因です。人類の活動によって増加しています（図 1 − 2）。

14. 温暖化が進めば、「異常気象」が異常ではなくなり、自然と経済にひずみを与えると考えられます。気温が上昇するにつれて、「世界各地で洪水、干ばつ、集中豪雨、強い台風、ハリケーン、サイクロン、熱波など異常気象による災害が頻繁に発生」することになります。

15. 京都議定書の後継となる「パリ協定」が「国連気候変動枠組条約締結国会議（通称 COP）」で発意され、2016（平成 28）年 11 月 4 日発効しました。日本も締結国となりました。締結国だけで、世界の温室効果ガス排出国量の約 86％、159 ヵ国・地域をカバーするものとなっており、世界各国の地球温暖化に対する関心が高まっているといえます。

16. パリ協定では、世界の平均気温の上昇を産業革命以前に比べて 2℃より十分低く保ち、1.5℃に抑える努力をする。そのため、できる限り早く世界の温室効果ガス排出量をピークアウトし、21 世紀後半には、温室効果ガス排出量と（森林などによる）吸収量のバランスをとる。このような世界共通の長期目標を掲げています。

17. 「気温が 1.5℃上昇すると、人類が地球で暮らせなくなる大きな危険が生じる。この気温 1.5℃という『ガードレール』は、2030 年までに超過してしまう可能性がある」と、IPCC の報告書は指摘しています。できるだけ早く、排出量を増加から減少に変える必要がある [14] ということです。

18. 世界の自然災害の被害額は、2030 年に 250 兆円を超える可能性があることを国際労働機関（ILO）は勧告しています。

19. 日本をはじめ国際社会は、2015（平成 27）年以降は、低炭素を目指していましたが、それでは目標を達成できないことがはっきりしました。そのため、脱炭素に舵を切り、世界各国は、実現に向けて大幅に温室効果ガスの排出を削減する計画を改定・発表しています。脱炭素を実現する中間目標として、「カーボンニュートラル」があります [15]。

20. 日本政府も地球温暖化対策推進法に基づき、「2050 年のカーボンニュートラル」宣言を行いました。「第 6 次エネルギー計画」は、2030 年度の温暖化ガスを 2013（平成 25）年度比で、26% 削減するとしてきた目標を 46% の削減に引き上げることを宣言したもので、きわめて野心的な内容です。しかし、従来のボトムアップ型（積み上げ型）ではなく、トップダウン型（目標前提型）の計画であるところに大きな特徴があります。そのため、各界から多くの問題点が指摘されています。

21. 脱炭素社会で日本が掲げている目標は、「S＋3E」と呼ばれる考え方を基本にしています [16]。安全性（Safety）を大前提とし、安定供給（Energy Security）、経済効率性（Economic Efficiency）、環境適合（Environment）を同時に達成しようというものです。具体的には、① 2030 年度に温室効果ガスを 2013 年度から 46% 削減することを目指す、さらに 50% の高みに向け、挑戦を続ける、② 2050 年カーボンニュートラル、脱炭素社会の実現を目指すというものです。

22. 「脱炭素」は、CO_2 の排出量をゼロにする、「カーボンニュートラル」は、CO_2 排出量と吸収量を合わせてプラスマイナスゼロにする。低炭

素は CO_2 の排出量を低く抑えること [17] です。

23. 2019（令和元）年 7 月 8 日、環境省は世界の炭酸ガス排出量が増加し続けた場合の未来を予測した動画「2100 年未来の天気予報（新作版）」を公開しました（表 1 − 2）。「1.5℃目標が未達成」の場合、2100 年・夏（8 月 21 日）の各地の平均気温は、東京の 42.8℃をはじめ、札幌から鹿児島まで、全国 140 地点で 40℃を超える激暑となり、冬（2 月 3 日）でも東京の最高気温は 26℃と夏日を観測すると予測しています。「1.5℃目標が達成」した場合でも、東京の夏の最高気温は 40℃、冬は 22.7℃を予測しています。

23. 気温が 1.5℃、2.0℃上昇した場合、それぞれ環境にどのような影響があるのでしょうか。また、2℃以上上昇した場合、何が起こるのかをみる必要があります。

24. 2023（令和 5）年 7 月 28 日、国連のグテレス事務総長は、「地球温暖化の時代は終わり、地球沸騰の時代が到来した」と危機感を表明しました。各国に気候変動対策を強化するよう訴え、さらに、「G20 による野心的な新たな温室効果ガス排出削減目標が必要である [18]」と訴えました。

　2022（令和 4）年 5 月 9 日、世界気象機関（WMO）は、「今後 5 年間のうちの少なくとも 1 年間、世界の平均気温が一時的に 1.5℃、上昇する可能性がある」と警告している。パリ協定では、「2℃より充分低く保ち，1.5℃に抑える努力をする」ことを目標にしている。「実質ゼロにする」とは、「温室効果ガス排出量と吸収量のバランスを取る」ことを意味する。

　実際にはわずか 1 年間気温が 1.5℃上昇するだけでも、地球環境は深刻な影響を受けることがわかっている。1.5℃で留まればよい方で、2℃を超えた場合、人間や他の生物が被る被害はますます過酷なものになると懸念されている。気温の上昇を 1.5℃以下に抑えるためには、2050 年までに実質的にゼロにする必要がある。しかし、ロシアのウクライナ侵攻に伴い、「脱ロシア依存」のため、化石燃料の使用を増やす動きが相次ぎ、パリ協定の達成

が困難になろうとしている。

図１－２：大気中の炭酸ガス濃度増加

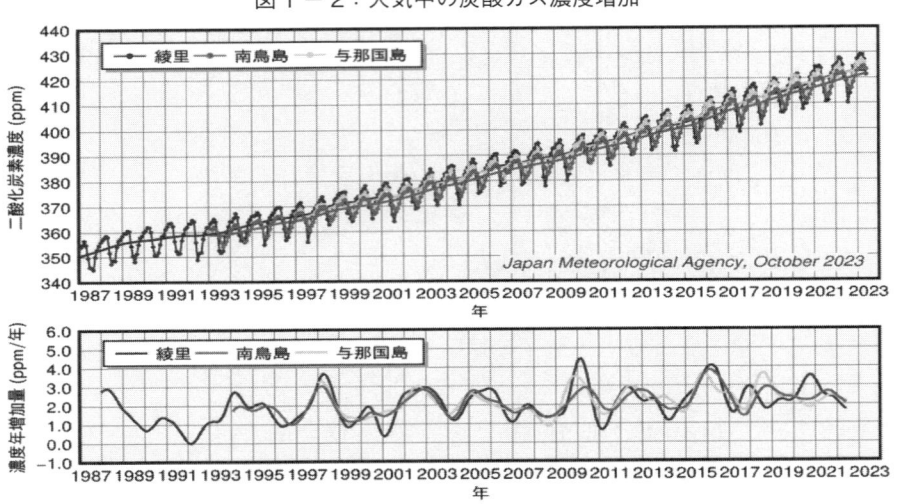

　温室効果ガスと気温の上昇とは関係があることはもはや疑う余地はない。事実、世界の気候の記録は過去 100 年間による吸収が追いつかなくなり、急激に炭酸ガス濃度増加が記録された最も温暖な年の上位 10 年がすべて 1980（昭和 55）年以降に起こっており、最近 50 年間の気温の上昇は、近年になるほど早くなっている。地球温暖化は、地球全体の年平均気温が長期的に上昇するということであって、特定のある地点で気温が刻々と上昇するということではない。

　炭酸ガスの濃度は、現在、毎年約 2ppm 超の速さで伸び続けている。産業革命以前にも、人類は森林を伐採して燃料などに使ってきたが、きわめて少量であったため、大気中に放出された炭酸ガスはすべて海洋に吸収されたと考えられる。しかし、産業革命以降、大量の化石燃料を燃やし、森林を伐採したため、森林破壊が進み、海洋への炭酸ガスの排出量が増加した。

　人口増加と経済成長の見直しや炭酸ガス排出量を削減する国際的努力がなされなければ、人類がもたらす炭酸ガスによる温暖化の脅威は、化石燃料の埋蔵量と消費の速さからみて、今後、数百年にわたって続き、21 世紀末までに地表の温度は最も低くて 1.4℃、最も高くて 4.5℃上昇[19] し、また海面は最大約 0.71m 上昇[20] すると推定されている。

　エアコンつきの住宅に住み、何千 km も離れた土地で栽培される生鮮食品を食べている私たちは、気候に依存していることを忘れているのではないか。私たちの栄養や物質的ニーズは適度の気温、降水量、湿度を必要とする農業、林業、漁業の各システムを通して満たされていることを忘れているのではないか。

　社会はどこか遠くで起きた干ばつや洪水については、食料や水などの救援物資を送って対処できるが、多くのところで同時に発生する異常気象に対処することができるのであろうか。

　今回の新型コロナウイルスとの戦いと同様に、コロナに勝つためには、国民に我慢を求めることが必要になり、経済成長率の一時的急低下は甘受しなければならない。選挙と株価のことを考えると、政府がその道を選ぶことはないであろう。しかし、「国民から嫌われることを恐れない政府にならないと、新型コロナウイルスとの戦いに勝つことはできない」[21] のではないか。

1−2.「パリ協定」——平均気温 2℃上昇と各国の対応——

　約 2℃の気温の上昇で地球環境は、劇的な変化を遂げる。近年の異常気象は、世界的な規模で、しかも同時多発的である。2019（令和元）年の夏に限っても、ヨーロッパでは、熱波による猛暑が続き、フランスのパリでは最高気温 42.6℃、さらにインドでは 50.8℃を記録した。グリーンランドでは、1 日で 126t の氷河が溶け、シベリアやアラスカでは、100 件以上の大規模な山火事が発生し、アメリカやタイでも、干ばつや渇水、大規模な洪水

が次々に起こっている。

　日本でも、毎年のように豪雨災害による被害が生じている。

　外国でも、台風・サイクロンや豪雨による洪水被害、異常高温による干ばつ・森林火災の被害が発生している[22]。

　日本財団ジャーナルは、2022（令和4）年に起こった異常気象の中から、特に被害が顕著であったケースを列挙している。それによると、

日本——2月、各地で記録的大雪、関ケ原町の積雪量、観測史上1位。6月、東京で、9日連続猛暑日を記録、観測史上最長。

南アフリカ——4月、南東部で60年ぶりの豪雨が発生、540人以上が死亡。

フィリピン——4月、台風2号、10月、台風22号により、計440人以上が死亡。中部のマクタン島では、4月の月降水量368mmで平年比651%を記録。

ブラジル——北東部〜南東部では、1・2・5月の大雨により、各地に避難指示や緊急事態宣言が発令。洪水・地滑りの発生で、合計430人以上が死亡。

オーストラリア——南東部で1・3・5・7〜11月、大雨に見舞われ、各地で洪水が発生。特にシドニーでは、7月4日間で800mmの降雨があり、約5万人に避難勧告。農作物にも深刻な被害。

アメリカ——8月、1200年ぶりの干ばつが発生。南東部〜東部では、9〜10月のハリケーンにより、130人以上が死亡。

パキスタン——南アジア及びその周辺では、5〜9月の大雨により、合計4510人以上が死亡。特にパキスタンでは、大雨により、食料・医薬品の不足が続き、1730人以上が死亡と報告している。

　これらの異常気象は、多くは、気候変動によって起こっている。

　例えば、2020（令和2）年7月に東北地方から西日本にかけて発生した記録的豪雨は、日本付近上空の偏西風の北上が遅れ、梅雨前線が停滞し続け

た事、前線に沿って西から流入した水蒸気と、平年より南西に張り出した太平洋高気圧の影響で、南西から流入した水蒸気が、大量に集中したことが原因[23]であった。

　浜辺や「ゼロメートル地帯」の住宅を買うのをやめる必要がある。「洪水地帯」の住宅再建はやめるべきである。高い所に移動するか、保険料を上げるか、保険商品の販売を完全にやめるべきである。しかし、しばしばそのツケを払わされるのは国民である。洪水地帯にすむ人々に補助金を出すということは、政府が最悪の目に遭った人々を助けるという責任を逃れることはできても、悪循環に油を注ぐだけである。

　大洪水が洪水地帯を次に襲うのは、いつかは分からない。わかっていることは、手をこまねいているべきではないということである。「ゼロメートル地帯」に対する対策も同じである[24]。

　ILO は 2030 年までに、気候変動による労働環境の悪化によって、世界で2兆 4000 億ドル（約 260 兆円）の経済的損失が出るという試算を発表している。経済的損失は労働環境の悪化だけではない。当然、大洪水、壊滅的な干ばつなどによる農産物の生産量の減少を伴う。

　誰が何と言おうと、世界の異常気象という事実は変わらない。

　2015（平成 27）年に「パリ協定」によって、「世界の平均気温の上昇を産業革命以前に比べて、2℃より十分低く保ち、1.5℃に抑える努力をする」ことが決議された。気温上昇が 2℃を超えた場合[25]、①基本的にサンゴ礁は全滅する、②世界の海面は約 10cm 上昇するが、1.5℃に抑えると、洪水のリスクを背負う人が 1000 万人減少する、③海水の水温や酸性度、米、トウモロコシ、小麦などの農作物を育てる能力にも大きな影響が生じると予測されている。

　パリ協定が画期的といわれる2つのポイントがある[26]。1つは、京都議定書では、排出量削減の法的義務は先進国にのみ課せられていたが、途上国を含む全ての主要排出国が対象となっている。なぜなら、現在、途上国は急速に経済発展をとげ、排出量も急増しているからである。

また、京都議定書では、先進国のみにトップダウンで定められた排出削減目標が科せられるアプローチを採用していた。しかし、このアプローチに対して、公平性および実効性の観点から疑問が呈されたことを踏まえ、同協定では、各国に自主的な取り組みを促すアプローチが模索され、採用された。この手法は日本の提唱で採用されたものである。

　パリ協定の締結国は、パリ協定で決議された目標を達成するため、温室効果ガス（GHG）削減に関する「自国が決定する貢献（NDC）」を決定し、策定した計画を「国連気候変動枠組条約事務局（UNFCCC）」に対して、5年ごとに提出・更新するよう求められている。

　今世紀末には最大で 4.8℃も地球の平均気温が上がるという予測を受け、各国ではパリ協定などで定められた目標を達成するため、削減目標を更新、報告している。

　各国・地域の温室効果ガス排出実質ゼロ達成の目標年と 2030 年目標は変わらないが、脱炭素化の前倒しを表明したり、政策を発表しており（EU、ドイツ、イギリス）、日本も「今後検討」するとしている。また、脱炭素化を加速するために、再エネの拡大は不可欠であり、ヨーロッパと日本はウクライナ危機後の戦略・政策の中で、共通して拡大目標・方針を掲げている[27]。

①日本
　　「目標　2030 年度に 46% の GHG 削減（2013 年度比）」、さらに、50% の高みに向け、挑戦を続けていく。再エネの最大限の導入に向けた取り組みを行なう。原子力発電所の稼働等を検討（非効率な石炭火力発電所の段階的廃止の方針）。2050 年までに、温室効果ガス排出量を実質ゼロにする。

②EU
　　「2030 年までに 55% 以上 GHG 削減（1990 年比）」、2030 年の再エネ比率の目標を 40% ⇒ 45% に引き上げ。2025 年までに現在の 2 倍以上の太陽光パネル設置。2050 年までに温室効果ガス排出を実質ゼ

ロにする。

③ドイツ

2030 年までに、温室効果ガス 55% ⇒ 65% 削減に目標変更（1990 年比）。2030 年の再エネ比率を 65% ⇒ 80% 以上に引き上げ。2030 年の太陽光発電設備容量 215GW、風力発電設備容量—陸上 115GW・陸上 30GW とする。2022 年末で、原子力発電全廃予定→一部を 23 年 4 月まで稼働。停止予定の石炭火力発電所期限付き延長（法的には 2038 年度までには全廃。現政権は 30 年を目標）。2045 年温室効果ガス排出量ゼロを目標。

④イギリス

2030 年までに、温室効果ガス排出量 57% ⇒ 68%（1990 年比）に削減。電力の 95% を低炭素化。2035 年までに、現在の 5 倍の太陽光発電目標引き上げ。2030 年の、風力発電目標引き上げ。2030 年までに、最大 8 基の原子炉新設を計画。停止予定の石炭火力発電所、期限付き延長（2024 年までに全廃）。温室効果ガス排出量ゼロ目標＝ 2050 年。

⑤アメリカ

「2030 年までに 50 〜 52% の GHG 削減（2005 年比）」、再エネ設備投資への税控除、原子力発電への税控除を行なう。2050 年までに温室効果ガス排出を実質ゼロにする。

⑥中国

「2030 年までに GDP 当たりの二酸化炭素の排出を 60 〜 65% 削減（2005 年比）」、二酸化炭素の排出量のピークを 2030 年より前にすることを目指す。2060 年までに、二酸化炭素排出を実質ゼロにする。

⑦インド

「目標：2030 年までに、GDP 当たりの二酸化炭素排出を 45% 削減する。電力に占める再生可能エネルギーの割合を 50% にする」。2070 年までに排出量を実質ゼロにする。

⑧ロシア

「2050 年までに、森林などによる吸収量を差し引いた温室効果ガス排出量を約 60% 削減する（2019 年比）。」2060 年までに実質ゼロにする。

日本政府は、「S+3E」の考え方を大前提に、2030 年度の日本のエネルギー需要の見通しである「エネルギーミックス」を策定した[28]。

	2019 年度	旧ミックス	2030 年度(野心的な)需要見通
総発電電力量		10650 億 kWh	9340 億 kWh
再エネ	18%	22 〜 24%	36 〜 38%
水素アンモニア	0%	0%	1%
原子力	6%	20 〜 22%	20 〜 22%
天然ガス	37%	27%	20%
石炭	32%	26%	19%
石油	7%	3%	2%
効果ガス削減割合	14%	26%	46%

（資源エネルギー庁 HP）

徹底した省エネや非化石エネルギーの拡大、安定的で、安価なエネルギー供給の確保を大前提に、CO_2 排出量を減らしていくことが重要である。

2030 年度のエネルギー需給の見通しのポイント
（野心的な見通しが実現した場合）

エネルギーの安定供給　エネルギー自給率　30% 程度

（旧ミックス約 25% 程度）

環境への適合　　　　エネルギー起源 CO_2 の削減割合　45% 程度

（旧ミックス 25%）

経済効率性　　　　①コストが低下した再エネの導入拡大、

②化石燃料の価格低下が実現した場合の電力コスト

電力コスト全体　　8.6 〜 8.8 兆円程度（旧ミックス 9.2 〜 9.5 兆円）

kWh 当たり　　　9.9 〜 10.2 円/kWh 程度（旧ミックス 9.4 〜 9.7 円/kWh）

2030 年度の再エネのエネルギーミックス目標値

	2019 年	旧ミックス	2030 年度ミックス
再エネ	18%	22 ～ 24%	36 ～ 38%
太陽光	6.7%	7.0%	14 ～ 16%
風力	0.7%	1.7%	5%
地熱	0.3%	1.0 ～ 1.1%	1%
水力	7.8%	8.8 ～ 9.2%	11%
バイオマス	2.6%	3.7 ～ 4.6%	5%

2050 年のエネルギーミックス―100% 自然エネルギーへ
自然エネルギー財団の試算

総発電量　1,470TWh

	発電量（TWh）	シェア（%）
太陽光	708	48
洋上風力	271	18
陸上風力	257	18
水力	72	5
バイオエネルギー	28	2
地熱	14	1
輸入	118	9
その他	3	0.2
合計	1,470	100%

①日本及び② IEA（国際エネルギー機関）のカーボンゼロ電源構成（2050 年）
の参考値 / 試算値

　　①日本　　総発電量　　1.3 ～ 1.5 兆 kwh

　　② IEA　　総発電量　　71.164 兆 kwh

	再エネ	原子力	水素アンモニア	CCUS 火力
①	54%	10%	13%	23%
②	88%	8%	（水素のみ）2%	2% 化石燃料

注：CCUS―「炭酸ガス回収・貯蔵」技術。発電所や化学工場などから排出された CO_2 を、他
　　の気体から分離して集め、地中深くに貯蔵、分離・貯蔵した CO_2 を利用すること。

　　（① RITE《地球環境産業技術研究機構》。② IEA《国際エネルギー機構》による）

2021（令和3）年10月22日の「第6次エネルギー基本計画」について、国際大学副学長橘川武郎はつぎのように批評している[29]。

　「つくるべきなのは8年先のミックスではなく、50年の目標である。50年に温室効果ガスゼロから逆算して作るべきであった。ところが4月22日、政府から突然、30年度に46%削減という宣言が降ってきた。議論もなく出てきたのが今のエネルギー基本計画の電源ミックスである」。
　「再エネを増やすにも限界があり、原子力もかなり厳しい。結局、分母に当たる総電力需要を減らすことで、火力発電の比率を下げるという禁断のシナリオに手を付けてしまった」。
　「電化が進めば電力需要は増えるが、『エネルギー基本計画』では、約13%減少する。さらに50年には、現在より30%増加する」というおかしなことになる。
　「30年度のエネルギーミックス目標値を作ったことによる一番のダメージは、分母を小さくしたために、液化天然ガスの必要な絶対量が減ってしまうので、『今後、日本は買わなくなる』という話が広まり、韓国や中国に買い負け」、国益に反する事態を招いてしまったことである。
　「30年の時点では、カーボンニュートラルを目指す日本の道は厳しい苦難に晒されたままであろう。最終的な目標年次の50年までには、まだ時間がある。様々な施策を動員すれば、『50年カーボンニュートラル』を達成することは可能である。その達成に向け、日本人は地球市民としての責務を果たさなければならない」。

　上記の2050年の電源構成の①は再エネが過半、化石燃料はCCUSでCO_2を回収する点、②は再エネが9割弱を占めるのが特徴である。両者とも「原子力発電」が残ることを示している。
　また上記の、2050年のエネルギーミックスは、自然エネルギー財団の試算であって、2050年まで時間があるとはいえ、日本の諸条件から、か

なり達成困難であると考えられる。

環境省「2100年未来の天気予報」によれば、
　『「1.5℃目標未達成」の場合、2100年夏の各地の最高気温は、東京
42.8℃をはじめ、全国140地点で、40℃を超える激暑となり、熱中症死
亡者は1万5000人を越える。冬でも熱中症で搬送される人が出る。気
温だけでなく、大気の状態が不安定になることから、豪雨やスーパー台
風、水害などの被害や、農作物の被害も甚大になる』と予測、『「1.5℃目
標が達成」された場合でも、東京の夏の最高気温は40℃、冬は22.7℃、
京都では猛暑日が40日に及ぶなど、現在より過酷な気象条件が避けられ
ない未来である』[30] ことを示唆している。

表1－2：環境省「2100年未来の天気予報」

	1.5℃目標未達成		1.5℃目標達成	
	夏	冬	夏	冬
東京	42.8℃	26.0	40.0	22.7
名古屋	43.4	21.6	40.8	17.9
京都	42.3	25.2	39.2	22.1
大阪	42.7	22.3	39.6	39.6
福岡	37.5	23.7	38.8	20.3
札幌	29.7	13.1	36.8	9.4
熊谷	44.9		41.6	
新潟	43.8	22.9	40.5	19.6

　1℃上がったところで大きな変化はないと考えがちであるが、0.5℃上が
るだけでも、地球環境に重大な影響を及ぼす。好例は異常気象の増加であ
る。2021（令和3）年だけでも、ヨーロッパでは、記録的な豪雨、同年夏
にはカナダやアメリカでの50℃近い高温、それらに伴う多数の死者、グ
リーンランドでの氷床大規模融解、地中海地域やシベリアでの山火事、ブラ
ジル各地での歴史的な大干ばつの発生があった。日本では、異例の長雨、各
地で河川の氾濫が相次いだ。

世界の平均気温が 1.5℃上昇した場合、2℃上昇した場合、2℃を超えた場合環境にどのような影響を及ぼすのか。これらに関して公表されている報告の中から適切と思われるものを選び、1つの説として、要点のみを記述したい[31]。

①**気候への影響**——人類が気候変動を進めなければ、10 年に 1 回発生するような極端な猛暑は、気温が 1.5℃上昇した場合、10 年に約 4 回、2.0℃の場合、約 5 〜 6 回に増える（産業革命前に比べて 4.0℃上昇した場合、10 年に約 9 回まで増える可能性）。水蒸気量は気温が 1℃上昇するごとに約 7% 増加するため、1.5℃、2℃と上昇すれば、世界各地で今以上に激しい豪雨が発生する。他方、水分を大地に奪われた地面では、過酷な干ばつが発生する可能性がある。

②**海洋環境・雪氷圏への影響**——気温上昇を 1.5℃で食い止めることができれば、グリーンランドや南極地方西部の氷床の大半を辛うじて崩壊から守ることができる。これが実現すれば、2050 年までの海面上昇を約 30cm 以内に抑えることにもつながる。もし、2℃を超えた場合、氷床の大半が崩壊し、海面上昇が 10m を超える可能性が生ずる。また、1.5℃上昇した場合、サンゴ礁は、半数以上が失われ、2℃上昇した場合は、99% 以上が失われると推測され、海の生態系も破壊される。

③**気温が 2℃上昇した場合**

　「世界の穀倉地帯の数ヵ所で同時に不作になったら、食糧価値が急騰し、世界の広い範囲で飢餓が生じる」

　「多くの昆虫や動物が生息地の大部分を失い、森林火災のリスクも高まる。野生動物にとってはリスクになる」

④「気温上昇を 3℃以下に抑えられれば、文明として対応できる範囲に踏みとどまれる可能性がある。とはいえ、2.7℃でも大変な困難を味わうことになるだろう」

1－3．地球温暖化と日本への影響 [32]

　気候変動（地球温暖化）の結果、21 世紀末には日本ではどのような影響が予想されるでしょうか。

1. 気温は年平均で、最低シナリオで、1.4℃、最高シナリオで 4.5℃上昇し、低緯度より高緯度の方が、また夏よりも冬の方が上昇の程度が大きいと予測されます。気温が 2℃上昇すると、日本が南へ 300km 移動するのと同じことになります。東京の気温は、現在の鹿児島並みになります。

2. 日降水量が 200mm 以上の大雨の日数も、ほとんどの地域で増加します。1 時間降水量 50mm 以上の短時間強雨（滝のように降る雨）の発生回数もすべての地域・季節で増加します。無降水日は全国的に増加します。

3. 猛暑日や熱帯夜の日数は増加、冬日の日数は減少します。最高シナリオでは、猛暑日の年間日数は、約 19.1 日増加します。

4. 年最深積雪量は、東日本の日本海側と西日本の日本海側で減少しています。最高シナリオでは、特に本州日本海側で大きな減少が、本州や北海道の内陸部では、10 年に 1 度しか発生しない大雪が現在より高頻度で現れるといわれています。

5. 気候変動によって、雨の量や降り方が変化するとともに、これまで雪であったものが雨に変わる可能性も出てきます。山地の多い日本では、このような変化は、河川の流況（1 年を通じた河川の流量の特徴）を大きく変えることになります。日本海側の多雪地帯で河川流況が大きく変化することが考えられます。

6. 近年、豪雨の増加傾向がみられ、これに伴う土砂災害の激甚化・形態の変化が懸念されています。将来、気候変動によって、豪雨の頻度・強度が増加することにより、大きな影響が発生します。深層崩壊の増加による大規模な被害や河川が堰きとめられることによる天然ダムの形成やそ

の決壊による洪水被害、大量の土砂による川床上昇に伴う二次災害、表層崩壊の増加に伴う流木量の増加とその集積などがもたらす洪水氾濫等の甚大な被害が各地で生ずることが懸念されます。

7. 気温の上昇による米の品質の低下が、すでに全国で確認されています。また、一部地域や極端な高温年には収量の減少も報告されています。近未来（2031 ～ 2050）及び世紀末には、品質の高い米の収量が増加する地域と減少する地域の偏りか大きくなる可能性があります。また、米の品質に重要な指標である整粒率（整った米粒の割合）が低下する事が指摘されています。

8. 収量の減少、品質の悪化などの「高温障害」を減らすため、西日本を中心に、各地で高温に強い稲の開発が進められ、すでに商品化されています。福岡の「元気づくし」、佐賀の「さがびより」、長崎の「にこまる」、新潟の「にじのきらめき」、山形の「つや姫」などです[33]。

9. 従来の品種では、平均気温が27℃を越えますと、白く濁った品質の悪い米粒が急増していましたが、「元気づくし」の場合、気温が高くなっても、収量も、品質も落ちないということです[34]。

10. 果実の品質・栽培適地への影響があります。夏季の高温・少雨の影響として、強い日射と高温による日焼け果実の発生、高温が続くことによる着色不良等が知られています。ぶどう、りんご、かき、うんしゅうみかんでこのような影響が報告されています。将来、うんしゅうみかんやぶどう等の栽培適地が変化することが予測されています。世界の平均気温が1990年代に比べて、2℃上昇した場合、ワイン用ぶどうの栽培適地が北海道の標高の低い地域で広がると考えられます。

11. 気候変動によって変化しているのは、動植物の生息域だけではありません。生物季節も変化しています。植物の開花時期が早くなったり、落葉の時期が遅くなったりしていると言われています。動物に関しても、春に渡り鳥が巣を作ってひなをかえす時期が年々早くなっている[35]といわれています。

12. 温暖化によるプラス面は、北海道に集中しています。かつては、北海道は米作には不適と言われていましたが、品種改良と温暖化の結果、今日では新潟県と 1.2 位を争う米作地帯となっています。今後、温暖化が進みますと、多くの作物の栽培適地になる[36]と思われます。

13. サンマの南下が遅くなる可能性が指摘されています。道東海域では、来遊資源量のピークが 10 月上旬〜 11 月上旬に、三陸海域では 11 月中旬〜 12 月中旬以降に、常磐海域では 12 月中旬以降に遅れるものと考えられます。

14. 熱中症による死亡者数は増加傾向にあります。最高シナリオでは、21 世紀半ば（2031 〜 2050 年）の熱中症搬送者数は、1981 〜 2000 年と比較して、全国的に増加し、特に東日本以北で 2 倍以上増加すると考えられます。

15. 製造業、商業、建設業等の各種の産業には、豪雨や強い台風等、極端現象の頻度・強度の増加が、甚大な損害を与える可能性があります。

16. 私どもの生活面でも、気温の上昇等が、快適な生活を送る上で支障をきたし、季節感を変化させる可能性があります。

17. 自然生態系の変化、農業や水産業への影響、自然災害への影響等が、産業・経済活動、国民生活・都市生活にさまざまな影響を及ぼす可能性があります。

18. 温暖化に対応した農作物の導入や気候変動を見据えた適応ビジネスを展開することが必要になります。農業の場合、「変化そのものがマイナス要因」となる可能性があるということです。あくまでも自然が相手であり、作物の種類も栽培方法も、急には変えられないからです。北海道に関して考えられることは、輸出を目指した良質の米作、食品生産が有利かと思われます。日本自体が食料飢饉に陥る可能性が高いことを念頭に置いた農業の振興です。

19. IPCC は「穀物価格が 2050 年までに最大 23% 上昇する可能性がある」と報告しています。地球温暖化 = 食糧不足 = 日本国民が飢えるという

現実があり得ます。2023 年には、第 4 章で詳しく記述しますが、エネルギー危機・食糧危機だけではなく、すでに「家計の危機」が到来しています[37]。

最も懸念されているのが、熱波襲来、大規模洪水の発生、壊滅的な干ばつなどによる農産物の生産量の減少である[38]。これは日本の食料自給率と大きな関係がある。日本は外国との諸協定で、日本国内で生産する農産物を次々に切り捨てる農業政策を展開してきた。その結果が 2017 年の全品目の総合食料自給率 38%（2020：37%）、穀物自給率 28%（同：27%）である。

多くを輸入品に支えられている日本の食生活は、外国からの輸入が継続的に行われるという原則の下で、成り立っている。しかし、世界の食料事情は、今の状態がいつまでも続くと安心していられるほど楽観的な状況にはない。あと 2℃平均気温が上昇すれば、輸入がストップするかもしれないというリスクを抱えている。穀物輸出国も食糧危機に陥れば、当然、国内の必要量を確保することを迫られる。そのとき、輸出国は日本に輸出してくれるのかという心配をしておくことが必要である。

1 億人以上の人口をもつ 12 ヵ国の穀物自給率は、8 ヵ国が 90% 以上、80% 以上 90% 未満が 2 ヵ国、最低でもメキシコの 70%、残る 1 ヵ国日本は 28% にすぎない。品目別自給率 60% 以下のものを上げると、大豆 7%、果実 39%、肉類 51%、魚介類 52%、砂糖類 32%、小麦はわずか 12% でしかない（2017 年）。気候変動の影響を最大限に受けるのは日本である。

その他、気候変動に伴って身近に起こる経済の問題として、①感染症のリスク上昇による商圏の縮小。②大規模な洪水・台風に備えたインフラ整備。③猛暑が続くことによる労働時間の縮小などが発生し、その対応が必要となる。

1－4．なぜ気候変動の問題は解決が難しいのか

1. 化石燃料の燃焼から排出される炭酸ガスには経済的価値はないので、市場での取引の対象にはなりません。したがって炭酸ガスの排出量が増えても、それを減らすように働く力は、現在の人間社会にはありません。炭酸ガスは窒素酸化物や硫黄酸化物、ダイオキシンのように有毒な汚染物質ではない[39]ことも関係しています。

2. 気候変動の問題は化石燃料を大量に消費すること、つまりエネルギーを大量に使うことによって起きた問題です。したがって人類が化石燃料をエネルギー源として用いる限り、根本的な解決法はないということです。

3. 選挙で選ばれる民主主義国家の政治家が今よりも生活水準が悪くなるような政策をとるとは考えられません。人類が見出した最良の政治制度はエネルギーの消費量が増加する方向、炭酸ガスの排出量が増えるように力をおよぼしています。

4. SDGs「持続可能な開発目標」とは、「世界中にある環境問題・差別・貧困・人権問題といった 17 の課題を、世界のみんなで 2030 年までに解決していこう」という計画・目標のことです。国連の研究組織「持続可能な開発ソリューション・ネットワーク（SDSN）」が 2022 年 6 月 2 日に「持続可能な開発レポート」を発表しました。毎年、国別の目標達成度に関する順位やスコアが公表されています。全ての SDGs が達成された場合、スコアは 100 となります[40]。今回のレポートで日本は、昨年の 18 位から 19 位にダウンしました。

5. 地球環境に不都合なことがあった場合、すぐに適切な対策をとったとしても、その効果が現れるまでには長い時間が必要です。現世代の地球環境に対する不注意な行為は子孫があがなわなければなりません。だれにでも確実にできて、すべての人の利益になる方法は節約です。節約以外に方法はありません。

6. 日常のちょっとした工夫と一人ひとりの意識が、大きな対策にもつなが
　 ります。個人や団体の取り組みが積み重なってはじめて、国家や世界的
　 な成果に結び付けることができるのではないでしょうか。

カーボンニュートラルへの課題[41]

　石油や石炭など化石燃料の使用を抑え、太陽光発電や風力発電、地熱発
電、電気自動車や水素燃料などを普及させる必要がある。2021（令和3）
年度のエネルギー供給は、化石燃料による火力発電が72.9%を占めている。
石油が2.5%、石炭が26.5%、液化天然ガスが31.7%となっており、前年
から微減したとはいえ、国内の総発電量の7割以上を化石燃料に依存して
いる。火力発電は化石燃料を燃焼する際に、温暖化に影響を及ぼす。他方、
温室効果ガスを発生しない原子力発電の割合は6.9%、再生可能エネルギー
の発電の割合は、20.3%である。

　炭酸ガス排出量が多い石炭火力発電所では、150基が稼働している。日
本政府は非効率の石炭火力発電所を閉鎖していくとはいえ、新設は認めてい
る。計画あるいは建設中のものが17基ある。最新式でも、天然ガス火力の
2倍の炭酸ガスを排出する。石炭火力発電所はなくし、再生エネルギーに置
き換えなければ、「実質ゼロ」は困難である。ヨーロッパでは全廃の流れと
なっている。化石燃料は、圧倒的に地球や環境への影響が大きいため、再生
可能エネルギーへの移行[42]が強く求められている。

　SDGs（持続可能な開発）の17の課題を略記すれば、次の通りである。

【目標】1. 貧困。2. 飢餓。3. 健康と福祉。4. 教育。5．ジェンダー平等。
　　　 6. 安全とトイレ。7. エネルギー。8．働きがい、経済成長。9. 産
　　　 業と技術革新。10. 人や国の不平等。11. まちづくり。12. つくる
　　　 責任、つかう責任。13. 気候変動。14．海洋。15. 生態系・森林。

16. 平和と公正。17. パートナーシップ。

2022（令和4）年のSDGs達成度ランキング（スコア）は、1位にフィンランド（86.5）、2位デンマーク（85.6）、3位スウェーデン（85.2）と北ヨーロッパ諸国が上位を占めている。日本は19位（79.6）へダウンしている。

目標のうち、「【目標4】質の高い教育をみんなに」「9. 産業と技術革新の基盤をつくろう」「16. 平和と公正をすべての人に」の3項目で目標達成と評価された一方、「5. ジェンダー平等を実現しよう」12.13.14.15.「17. パートナーシップで目標を達成しよう」の6項目については主要な課題とされた。

特に注目すべきは、地球の自然環境の持続性に関する「【目標12】つくる責任つかう責任」「13. 気候変動に具体的な対策を」「14. 海の豊かさを守ろう」「15. 陸の豊かさも守ろう」が主要な課題と位置づけられている[43] ことである。

日本は現状では「早急に化石燃料から脱却できない以上、SDGs先進国を目指すのは厳しい」と考えなければならない。自動車への対策も不可欠である。車の脱酸素化でカギを握るのが電気自動車（EV）と燃料電池車（FCV）である。イギリスは35年以降、ガソリン・ディーゼル車の新車販売禁止を宣言している。日本では、2030年までに、EV車とFCV車を、それぞれ新車販売台数の20〜30%にすることを目標にしている。しかし、2021（令和3）年の普通乗用車の新車販売台数239万9862台のうち、電気自動車が0.88%（2万1139台）、燃料電池車が0.10%（2464台）にすぎない[44]（売台数1位のガソリン車は49.30%──118万3128台、2位のハイブリッド車は42.80%──102万7104台）。

個々人においてはエコな活動が必要である。家では、まず節電である。

テレビ、パソコン、見ない時、使わない時は消す。冷蔵庫の余分な開閉はしない。室内の温度を、適温（エアコンの温度を夏は28℃、冬は20℃に設定する）にする。照明の点灯時間を短くする。省エネ照明器具に買い替える。食べ残しをしない。洗濯物の量に合った正しい量の洗剤を使う。水を出

しっぱなしにしない。

　家庭から出たゴミは、回収され、清掃センターで焼却される。

　大量のゴミを燃やせば、大量の炭酸ガスを発生するので、いかにゴミを減らすかが課題である。また、毎日出る生ゴミは、水分をよく切って出すことが必要である。生ゴミの含水率は約80%といわれている。生ゴミを燃やすためには、生ゴミに含まれる水分を蒸発させる必要があるため、大量のエネルギーが必要となる[45]。

　水を大切に使う＝節水も地球温暖化防止に役立つ。蛇口から出る水は、洗浄場できれいにされたものである。家庭に届くまでの間、多量のエネルギーが使用されている。節水を心掛けることで使用量がへれば、エネルギーの消費を抑制できる。

　外出先では、短距離の移動は、徒歩や自転車にする。公共交通機関を積極的に利用する。どうしても車を使うことが必要な場合、車が欠かせない場合は、電気自動車や燃費のよい小型車に乗り換えたり、エコドライブに心掛ける[46]。スーパーなどの買い物で、地産地消のものを選ぶ。ペットボトル飲料ではなく、マイボトルを持参することも必要である。

　最も熱心な環境保護主義者にとってすら、自分一人では決してできない。リサイクルし、肉を食べず、車も運転せず、全般的にエコな生活をする環境保護主義者でさえ、他のしばしばもっと大きな炭素の罪を犯している。航空機利用がその筆頭[47]に上がる。1つや2つのエコ活動で満足してはいけないということである。

　温暖化によって増える降水量が私どもの生活にどのような影響を与えるのか未知な部分が多いが、1年間にわたって平均的に降ってくれるほど地球は忍耐強くないことを肝に銘じておくことが必要である。「温暖化が起こらなくて後悔せずにすむような」政策を実施するだけでは不十分で、それ以上の行動が私たちには求められている[48]。

　自然科学は地球環境問題、温暖化が起こる理由を明らかにすることはできるが、その解決には自然科学だけでなく、社会構造、人間の生き方も深くか

かわっていることを認識することが必要である。

　UNEP（国連環境計画）は、「世界の平均気温が 2.7℃上昇すれば、熱帯および亜熱帯地域は、1 年に何度も『日常生活が困難になるほどの猛暑』に襲われるであろう」と推測し、「生態系や食物安全保障の崩壊など、もはや人力では対応しきれない事態に陥る恐れがある」と警告している。もはや政治家や科学者だけではなく、全員が考えるべき段階にきているといえる。

　国連の IPCC が 2021 年 9 月に発表した「海洋・雪氷圏特別報告書」によれば、世界の海面水位は 2100 年までに最大 1.1m 高くなる」[49] とのことである。国土交通省の調べでは、2006 年以降は、1 年間に 3.6m ずつ上昇、これは 1990 年までに比べ、約 2.5 倍の速さになっている。「海面が 1m 上昇した場合、日本の 9 割の砂浜が消滅する可能性がある」。

　「特に大阪では北西部から堺市にかけての海岸エリアや東京 4 区（江東、江戸川、墨田、葛飾の各区）の海岸沿いに水没の大きい影響が懸念されている[50]」。温暖化を防止するため、各人の努力が望まれる。

　― 註 ―

1　　グリラボ(アイグリッドグループ) HP「気候変動とは？」。

2　　JCCCA HP。

3　　田中正之『温暖化する地球』読売新聞社、1993 年、19 ページ。

4　　村沢義久『手にとるように地球温暖化がわかる本』かんき出版、2008 年、40 ページ。

5　　内嶋善兵衛『地球温暖化とその影響』裳華房、1996 年、89 ページ。

6　　河宮未知生『異常気象と温暖化がわかる』技術評論社、2016 年、48 ページ。

7　　同上、43 ページ。

8　　気象庁 HP。

9　　前掲 村沢『手にとるように地球温暖化がわかる本』38 ～ 39 ページ。

10 同上、36 ページ。

11 同上、44 ページ。

12 環境省 HP「STOP THE 温暖化 2012」6 ページ。

13 IPCC HP。

14 資源エネルギー庁 HP。

15 グリラボ(アイグリッドグループ) HP。

16 環境省 HP。

17 グリラボ(アイグリッドグループ) HP。

18 NHK 解説委員室 HP。

19 気象庁「日本の気候変動 2020」13 ページ。

20 同上。

21 鈴木明彦「コラム：人の命か経済か、新型コロナ対策で迫られる選択」ロイター。

22 国土交通白書 2020。

23 気象庁 HP。

24 ゲルノット・ワグナー、マーティン・ワイツマン著、山形浩生訳『気候変動クライ
   シス』東洋経済新報社、2016 年、221 〜 222 ページ。

25 東洋経済オンライン HP「日本人は温暖化に伴う食料危機をわかっていない」。

26 資源エネルギー庁 HP。

27 日本経済新聞オンライン。

28 資源エネルギー庁 HP。

29 週刊東洋経済 2021 年 11 月 27 日、47 ページ。
   世界経済評論 IMPACT（No.2777）HP「避けられないエネルギー基本計画の改訂」
   （橘川武郎）。

30 ReseMom「全国 40 度超え激暑、冬に熱中症…環境省『2100 年未来の天気予報』」。

31 ①② yh 株式会社 HP「世界の平均気温上昇、『1.5℃』と『2℃』で環境に及ぼす
   影響はどう変わる？」。
   ③④ ロイター HP「アングル：温暖化抑制、『1.5℃』と『2℃』の決定的な違い」。

32 環境省 HP「日本の気候変動とその影響」、気象庁 HP「日本の気候変動 2020」。

33　村山秀夫『暮らしの中で知っておきたい気象のすべて』実業之日本社、2011 年、214 〜 215 ページ。

34　同上、216 ページ。

35　前掲 河宮『異常気象と温暖化がわかる』38 ページ。

36　同上、86 ページ。

37　備えるアリーナ HP。

38　環境省 HP「日本の気候変動とその影響」。

39　柳沢幸雄『CO_2　ダブル』三五館、1997 年、26 ページ。

40　アセットマネジメント One、わらしべ瓦版「19 位にランクダウン！日本の SDGs 達成度と今後の課題」。

41　JICA- 国際協力機構 HP。

42　NET ZERO NOW HP「日本のエネルギー問題とは？　火力発電の依存と解決の糸口を紹介【2021 年最新版】」。

43　同上、HP「日本の SDGs 達成度」。

44　EV DAYS「【2023 年最新】EV の普及率はどのくらい？　日本と世界の EV 事情を解説」(桃田健史)。

45　グリラボ(アイグリッドグループ) HP。

46　同上、HP「地球温暖化の影響とは？」。

47　前掲『気候変動クライシス』211 ページ。

48　前掲 柳沢『CO_2　ダブル』26 ページ。

49　Spaceship Earth「海面上昇とは？　原因や日本や世界への影響、対策をわかりやすく解説」。

50　GREEN NOTE「海面上昇は地球温暖化が原因！2100 年に日本は沈む？」。

第2章　「気候危機」と災害の安全学

　異常気象とよばれるゲリラ豪雨、竜巻、爆弾低気圧などという言葉は、これまであまり耳にしなかったのではないでしょうか。

　最近、これらの現象がしばしば起こっていますが、どのような原因で起こるのでしょうか。

　頻発する集中豪雨、強大な台風、豪雪とともに、その原因だけではなく、対策も含めて考える必要があるのではなぜしょうか。

2－1．ゲリラ豪雨の脅威

1. 「ゲリラ豪雨（Guerrilla Rainstorm）」は正式な気象用語ではありません。ほぼ日本国内でのみ用いられ、国際的にこれに直接相当する言葉はありません。気象庁は予報用語として、「局地的大雨」の用語を用いています。突発的で、局地的な豪雨を指して使われます。ごく狭い範囲（広くても10km四方）で、突然、短時間（長くても1時間）の間に驚異的な大量の雨の降る局地的豪雨のことです。基本的にはゲリラの奇襲攻撃のように予測が不能であるため、ゲリラ豪雨と呼ばれています[1]。このよび方は集中豪雨が日本各地で続発した2008（平成20）年の夏以降に広く使用されるようになりました。

2. 上空に冷たい空気があり、地上には温められた空気の層があるとき、暖かい空気は上昇し、冷たい空気は下降しようとするため対流が起こりやすくなります（通常は暖かい空気が上で、冷たい空気が下にあるはずです）。地上付近の空気が湿っているときは、積乱雲があちこちで発達し、

強い風が吹き出すとともにゲリラ豪雨が発生[2]します。

3. 真上に急激に発達した真っ黒な積乱雲が現れ、急に涼しい風が吹き始めるとゲリラ豪雨の可能性が高いといわれています。注意しなければならないのは、1時間当たりの降水量が異常に多いことです。2008（平成20）年7月28日の神戸市灘区都賀川で起きた水難事故はその一例です。

4. 川の水は「時間差」で襲います。上流で上昇した水位が下流に達するのは、少し時間を置いてからです。川には海以上に多くの危険がひそんでおり、もっとも恐ろしく、油断しやすいのが「時間差」増水です。雨が止んだあとも決して油断はできません[3]。

5. 降る時間も短く、多くが数十分で降りやみます。数km四方の狭い範囲に100mm以上の猛烈な雨が降ることもあります。都市では、下水は一般に最大降水量が1時間に50〜60mmしか想定されていないため、これを超える雨量は処理しきれません。アスファルト舗装の道路、コンクリート造りの建物によって地下へ雨水が浸透しにくくなっていることもあり、排水能力を超えた雨水が低地に集まると大きな被害につながります[4]。

6. 現在の予報技術では、ある地域のどこかでゲリラ豪雨が生ずるかは予測できますが、何時にどの場所で起こるかまでは、実際に積乱雲が発生した後でなければわかりません。

　　2008（平成20）年7月28日、神戸市灘区都賀川で14時36分頃より雨が降り始め、14時40分には視界が悪くなるほどの集中豪雨—上流域では最大で10分間に24mmの雨が観測され、急激な増水（14時40分〜50分に、狭いところへ濁流が流れ込んだため、水位が急激に約1.3m上昇）—のため、河川内の親水公園を利用していた市民、学童5名が流され、死亡した。これが都賀川水難事故である。

　　雨水が一気に下水道や中小の河川に流れ込みあふれ出す。低地や道路の冠

水、地下街などの浸水による被害が発生する。このような水害は「都市型水害」と呼ばれている。下水処理能力は降水量が1時間に50～60mmが一般的で、1時間に100mmのような状態が続けば、多くの場所で冠水、浸水被害が出ることになる。

ゲリラ豪雨によって、危険な状態になるのは、自分のいるところに雨雲がかかる場合だけではない。川の上流でゲリラ豪雨（局地的な大雨）が発生すると、雨が降っていない下流でも、被害が発生する恐れがある。川の水かさが急に増える、川の水が濁る、木の枝などが流されてくる、川のそばにいて、サイレンを聞いた場合も、サイレンはダムを放流する合図であるので、必ず川から離れることが必要[5]である。

夕立は地表面の暖まる午後に生じ、大規模な積乱雲が発達しないので被害を発生させるような大雨にはならない。また、スコールは、WMO（世界気象機関）によって、「毎秒8m以上の風速増加を伴い、最大風速が11m/秒以上で、1分以上継続する」と定義されている。つまり、スコールは、「突発的な風の強まり」のことをいい、大雨のことをいうのではない。

2-2. 集中豪雨の脅威

7. 集中豪雨の多くは細長く尖った形の線状降水帯と呼ばれる発達した雨雲が引き起こします。その長さは約100～200km、幅は約10～30kmです。このような雨雲が発達して、積乱雲になり、数時間激しい雨が降り、集中豪雨が起こります[6]。積乱雲は垂直方向に発達するため、局地的な狭い範囲に激しい雨を降らすのです。

8. 日本の気象庁は「局地的大雨」（1つの積乱雲から起こる現象で、積乱雲の寿命が尽きる1時間程度で数十mmの雨を降らせてやむ）と「集中豪雨」（積乱雲が連続して通過することによってもたらされる。数時間にわたって強く降り、百～数百mmの雨を降らし、局地的大雨が連

続するもの）の2つの用語を使いわけていますが、一般的にはどちらも集中豪雨と呼んでいます[7]。

9. 積乱雲から雨が降っている時、一部の雨粒は蒸発するとともに、周囲から熱を奪い、積乱雲の下には冷気がたまっていきます。この冷気が広がると、周囲の暖かく湿った空気とぶつかり、冷気の上に暖かく湿った空気が乗り上げて上昇流が発生し、次の新しい積乱雲ができます。こうして寿命が限られた積乱雲が自己増殖し、同じ場所で次々と発生・発達し、雨の範囲が広がっていきます。その積乱雲群は連続して同じ地域を通過します。

10. 線状降水帯ができる場所は大きく2つにわけることができます。ひとつは前線や低気圧付近、もうひとつは前線や低気圧の南側、つまり暖かく湿った空気が流れ込む領域です。暖かく湿った空気の領域でも、特に台風周辺では線状降水帯ができやすい[8]といえます。

11. 日本の集中豪雨の発生時期は、梅雨の時期、特に梅雨末期です。地域的には1年中、1時間程度の短時間の豪雨は日本全国でみられます。約1日続く長時間の集中豪雨は暖湿流が流入しやすい九州や関東地方以西の太平洋岸に多くみられます。梅雨の時期に限ると西日本に多い[9]といえます。

12. 積乱雲が接近してきたとき、特に注意すべき場所は渓流の中や中洲、河川敷などの川の側（急激に増水する恐れがあるため）、地下室、アンダーパス（地下式の交差道路）などの周囲よりも低いところです[10]。

13. 普通ではない大雨が降ったとき、危険から身を守るために、まずすべきは①川から離れる、②低い土地から離れ、高台に避難することです。

　地球温暖化が進むと、大気中に含むことのできる水蒸気が増えるため、強い雨を降らす積乱雲ができやすくなる。豪雨や突風、雹などによる災害が増える[11]可能性が大きい。

　学術的には「大雨」は単に大量の雨が降ること、「豪雨」は空間的・時間

的にまとまった災害をもたらすような雨が降ること、「集中豪雨」は空間的・時間的に顕著な豪雨を指すとされるが、区別は明確ではない。

　元来、線状降水帯という用語は使用されておらず、後にこのように呼ばれるようになるが、降雨強度や規模などの定義はなされず、災害をもたらした事例だけが整理されてきた。線状降水帯が発生しやすいとされる梅雨前線は太平洋高気圧とオホーツク海高気圧との境にできる。竜巻との違いは、竜巻は大きさが数十〜数百 m で、寿命は数分〜十数分であるが、集中豪雨は大きさが約 100 〜 200km で、寿命は数時間に及ぶ。

2－3．土砂災害の脅威

14. 長時間豪雨（数日間の大雨）によって、土のなかに貯えられた水の量が膨大になると、大規模な土砂災害につながり、大雨が続けば、大量の水が川に集まるため洪水が起きやすくなります。梅雨前線や台風シーズンになると、大きな土砂災害が発生しやすいので、身近な危険といえます。普段からの心構えが不可欠です。

15. 記録的な大雨のパターン[12]は、①前線の停滞、②前線＋台風、③前線や台風の動きが遅いときに発生しやすいゆっくり台風、です。

16. 前線が停滞する場合は長く雨が続くため大雨になりやすくなります。前線付近で複数の線状降水帯（雨雲の連なり）が狭い範囲で次々に発生すると、記録的な大雨となります。2011（平成 23）年 7 月の新潟・福島豪雨はその一例です。

17. 梅雨や秋雨の時期には初めに前線が停滞して大雨を降らせた後、さらに台風が近づき、記録的な大雨になることがあります。2007（平成 19）年 7 月は 1 日から梅雨前線の活動が活発になり、14 日には台風 4 号が大隅半島に上陸、1 〜 16 日までの総雨量は宮崎県えびの市えびので 1107mm に達しました。

18. 台風周辺は暖かく湿った空気が流れ込むため、台風が近づく前から雨が降り出し、さらに台風の動きが遅いと記録的な大雨となることがあります。2011 年の紀伊半島大水害はゆっくり台風によるもので、総雨量は紀伊半島各地で 1000mm を超えました。

19. 大雨による災害の目安は 1 日の雨量が平年の年間降水量の約 20 分の 1 が注意報レベル、約 10 分の 1 が警報レベルといわれています。東京は年間降水量が約 1500mm ですから、警報レベルは 1 日に約 150mm と考える [13] ことができます。

20. 山崩れ・崖崩れなどの斜面崩壊のうち、山の表面を覆っている土壌・表層土（厚さ 0.5 ～ 2m）だけが崩壊するのが表層崩壊で、崩壊する土砂の量は約 1 万㎥以下と比較的小規模です。これに対して深層崩壊（表層土の下の地盤も崩れ落ちるもの）は豪雨に誘発されて起こることが多く、総雨量が 400mm を超えると発生しやすいといわれています。土砂災害は雨がピークを越えて止んでからも起こることがあります。雨後の注意も必要です。紀伊半島大水害では死者・行方不明者が 90 余名のほか、崩壊土砂量約 10 万㎥以上の大規模崩壊が 76 ヵ所確認されました [14]。

21. 重要なことは、情報収集と早めの行動です。前兆現象（急傾斜地の崩壊の前兆は小石の落下、地滑りは地面のひび割れ、土石流の前兆は山鳴りや地鳴りなど）に気づけば、すぐに避難すること [15] です。

新潟・福島豪雨では 3 日間の雨量が 700mm に達したところがあり、平年の 1 ヵ月間に降る量の 2 倍以上が 3 日間で降ったことになる。

2011（平成 23）年台風第 12 号（名称：タラス、命名国：フィリピン、意味：鋭さ）による豪雨のため、特に紀伊半島では被害が甚大で、豪雨による被害については「紀伊半島大水害」とも呼ばれる。8 月 25 日午前 9 時にマリアナ諸島付近で発生し、迷走を重ね、9 月 3 日午前 10 時前、高知県東部に上陸、9 月 4 日午前 3 時、日本海に抜け、翌 5 日に温帯低気圧に変わった。11 日午前 9 時頃、他の温帯低気圧に吸収されて消滅するまで、11 日 6

時間におよぶ長寿であった。その間、浸水被害、土砂災害、河川の氾濫、水難事故が相次ぎ、73 名の死者、19 名の行方不明者を出している[16]。

　2014（平成 26）年 8 月 20 日に発生した広島県安佐北区と南区の土砂災害では、74 人が亡くなる大災害となった。3 時間に 200mm を超える強い雨が深夜に降り、土石流が発生した。この土砂災害の衝撃の 1 つは、都市部の住宅地で発生したことである。斜面に造成されたとはいえ、これほど悲惨な土砂災害は想定されていなかった。山がちな日本では、土砂災害を起こす危険をはらんだ場所は身近にある。東京の都心でさえ、崖崩れの危険がある場所が多くある。その意味で、土砂災害は「今そこにある危機」[17]ということができる。

　自分の生活している場所がどのような土地か、ふだんから認識しておくこと、「いざ」という時、どうするかも重要である。外へ避難するより、2 階に「垂直避難」した方が安全な場合があるが、家ごと流される恐れがあるので、万全ではない[18]ということも考えておく必要がある。

2－4．豪雪と南岸低気圧の脅威

22. 日本が世界有数の豪雪地帯を抱えるのは、列島の中央を縦貫する高い山脈が存在するためです。しかし、太平洋側の大雪は、大部分が南岸低気圧によるものです。

23. 雪が降る条件の 1 つは、冬型の気圧配置の時は、上空の気温が 1500 m 付近でマイナス 6 度以下であることとされています。

24. 豪雪は偏西風の大きな蛇行が原因で起こります。熱帯の活発な積乱雲などの影響で偏西風が日本付近で南に大きく蛇行し、その影響で次々と北から強い寒気が流れ込むため記録的な大雪となります。

25. 2012（平成 24）年 12 月〜 2013（平成 25）年 2 月の冬は記録的な大雪となりました。積雪は新潟市酸ヶ湯で 566cm と観測史上第 1 位を

記録しました。気象庁は、これを「平成 25 年豪雪」と命名しました[19]。

26. 日本海で発生した雪雲は、山沿いでは上昇気流によってさらに発達するため、大雪になりやすい「山雪型」と日本海上空に強い寒気が流れ込むと日本海で雪雲が発達し、その雪雲が季節風に流されて平野部に大雪を降らせる「里雪型」とがあります。2006（平成 18）年豪雪は「山雪型」です[20]。上空 5000m 付近でマイナス 35℃以下なら大雪、マイナス 40℃以下なら豪雪になりやすいといわれています。

27. 西高東低の気圧配置による山雪型の時には、日本海側の沿岸部では雪は降りますが、大雪になることはほとんどありません。西高東低の気圧配置が緩み、等圧線の配置が広くなった時に、大雪となります。西高東低の気圧配置の時には、太平洋岸では雪は降りません。日本海側に雪を降らせた季節風は、日本の中央にある山脈を越えますと、「空っ風」となって乾燥して太平洋岸に吹き降ろす[21]からです。

28. 太平洋側で大雪を降らせるのが「南岸低気圧」で、東シナ海や西日本の南海上で発生し、本州の南岸沿いを進み、日本に寒気を運んでくる低気圧です。この低気圧自体は雨を降らせるものですが、低気圧が引き込む「寒気」(＝冷たい空気) によって、雨が雪となって降ることが多いのが特徴です。春先に急速に発達するものが多く、地上気温が 0℃近くに下がり、雪の降りやすい気象状況となって、関東地方に大雪を降らせます。

29. どこかで雪が降る可能性があり、日本の南海上（九州〜四国〜近畿〜東海〜関東沖〜伊豆諸島方面）周辺を通る低気圧を南岸低気圧と呼んでいます。山沿いも含め、どこでも必ず「雨」しか降らない状況で、あえて「南岸低気圧」と表現されることは基本的にありません[22]。

30. 「南岸低気圧」と呼ばれる場合の典型は、台湾や南西諸島周辺、または九州・四国沖から日本の南の太平洋を「東北東」に発達しながら進むルートで、終始、「雪」がしっかり降り続くような場合には、このルートが多くなっています[23]。

31. 「雨か雪か」、雪の場合、「どれくらい積もるのか」、これらを左右するのは「気温」です。6℃を切ると湿度との関係で、雪の可能性がでてきます。その気温を決めるのが南岸低気圧が通る経路、発達程度で、大雪の条件は「発達した低気圧が、関東に近すぎない距離で通過するとき」[24] です。雪の目安は、八丈島の少し北側を通過する経路、それよりも近すぎると、低気圧が持つ暖気が入り雨、離れすぎると、低気圧の雪雲が陸地に届かなくなり、降りません。経路のわずかなズレによっても気温が変わるため、大雨から大雪まで大きな幅があります。わずか 1℃ の変化で、雨か雪かが変わるため、微妙です [25]。暖気を運んでくる日本海低気圧とは対照的です。

32. 地上の気温が 0℃ 付近で降水となる気象状況では、1 〜 2℃ の気温の違いが雨と雪の違いに、数ミリの降水量の差が数センチの積雪量の差につながるため、南岸低気圧による雪は、現在の技術では、正確な予想が非常に難しい [26] といわれています。低気圧の勢力やスピード、気温の状況などによって「降る量・積もる量」には大きな差が生じる [27] ということです。

33. 「積雪ゼロ」から積雪 1m 以上まで、南岸低気圧は「一定の通過」でかなり幅広い「積雪量」となる可能性をもっています。専門家でも、「手こずる」日本の気象現象の中でも特にややこしい存在となっています。実際にどのくらい降るか・積もるかはある程度予測はできても、「その時になってみないとわからない」[28] ことも確かです。

34. 南岸低気圧による太平洋側の積雪は、日本海側の積雪に比べると期間は短く、一時的です。大人口を抱える世界有数の大都市東京都、とくに東京地方では、数センチ程度の積雪が大規模な交通障害につながり、多くの人々の暮らしに大きな影響を与えています。①被害が大きくなりやすいのは、雪の頻度が少ないため、チェーンをもっていない車が多く立ち往生しやすいことや、雪道や凍結路面に慣れていない歩行者の転倒などが増えるためです。

35. 積雪しているところには近づかないこと、車の運転が必要な場合は、積雪の少ない道を通ることが必要です。車のドライバーと歩行者にとって、危険なのは、雪が降っている間よりも、「止んだあと」です[29]。雪の降った翌朝が危険です。車をどうしても運転しなければならないときは、必ず雪用タイヤ、十分な車間距離、慎重な運転が、また、歩行者は、すべりにくい靴、小さな歩幅、足全体で踏みしめて歩くことが望まれます。

　気象庁は当初、2005（平成17）年の秋には、全国的に気温は平年並みか高く、暖冬と予想していた。しかし同年12月上旬に寒気が流れ込んで以降、日本各地に大雪、寒波、暴風をもたらし、結果的に翌2006年の豪雪と低温につながった。1860年3月24日の桜田門外の変、1936（昭和11）年の2・26事件のときの大雪は、「南岸低気圧」が原因であるといわれている。

　一方、2月中旬から一転して南風が吹き、静岡市では24℃という高温を記録し、また下旬には低気圧が日本の北を通過することが多く、南から暖かい空気が流れ込んで、高温・暖冬となった。3月に入っても余寒はほとんどなく、北日本中心の高温・暖冬傾向で桜の開花や満開は全国的に平年より早く、春の訪れも早かった[30]。

　低気圧が進む経路は、どのような事例でも西方向から東方向への動きがあることは当然であるが、詳細に見ると、おおよそ3つの方向へ動く傾向がある。1つはすでに述べた「東北東」、他は「東」と「北東」である。低気圧があまり発達しない、または逆に弱くなりながら進む場合には、ほぼ「真東」に進む場合である。この事例では、東京など首都圏では、大雪になりにくい傾向があり、何も降らない、雪が降っても少ししか降らないということになる。「南岸」といっておきながら、結果的に関東などに低気圧の中心が「上陸」してしまうような経路をとる低気圧もある。これらは主として「北東」方向へ進む場合に見られる。「上陸」するような場合には、上陸前は雪であっても、上陸後は周辺では雨となり、低気圧の中心の南側では、急激に

気温が上昇する場合がある[31]。

南岸低気圧といえば、どこでも必ず雪が降るわけではなく、雨・みぞれ・雪が様々な強さで降る可能性があり、時には雨から雪へ、雪から雨へと変化しながら降ることもある。雪が積もる場合もあれば、降るだけの場合もある。また、山沿いの一部以外は全て雨の場合もあれば、沿岸部まで雪がしっかり降る場合もある。そのような「捉えどころのない」存在であるというのが実体である。南岸低気圧による雨の予想も難しいが、雪の場合は、気温の予測という条件が加わり、さらに予想が困難になる。大雪の予想には、気温予想のわずかな誤差が降雪量予想の大きな誤差につながり、予想を特に困難にしている[32]。

「寒気」といっても様々で、雪になる寒気から雪・みぞれ・雨の境界を行き来するような寒気・「冷たい雨」ですむ程度の寒気など、情況は多様であるが、通説では、「上空 1500m 付近で−3 〜−4℃」未満の寒気が入り込むと、関東平野で南岸低気圧による雪が降りやすい[33]とされている。

雪の頻度が高いとされる関東地方は、北側や西側にかなり標高の高い山地があることなど、地形の影響で、寒気が溜まる「滞留寒気」が生じやすいほか、北東側から冷気が入りやすいという特徴を持つため、寒気の影響が限定的な近畿・東海・西日本の平地とは環境が全く異なっている[34]。

南岸低気圧は、0℃前後で雪が降ることから、水分を多く含んだ湿った雪になりやすい特徴がある。そのため、着雪害（雪が物体に付着することによる災害）も発生する。着雪した送電線が断線することによる停電、着雪した樹木が折れる被害が出やすい[35]。

降雪の時期に、災害をもたらすのは、前述の「南岸低気圧」の他2つ、計3つの低気圧・気圧配置[36]である。1つは日本海を通る低気圧、「日本海低気圧」で、暖かい南風が吹いて春一番をもたらす。南岸低気圧も日本海低気圧も仕組みは同じであるが、通る場所によって気象状況が大きく異なることから名前が異なっている。この低気圧が通過した後は、西高東低の気圧配置になりやすい。もう1つは日本海側に大雪を降らせる「西高東低の気圧

配置」である。この場合は、中国大陸からやってくる冷たい季節風が暖かい日本海の海上を吹き渡る際に雪雲を作り、そのまま雪雲が日本海側に流れ込んで大雪を降らせる。太平洋側では晴れていることが多い。

　「地球温暖化によって、雪解けが今よりも早くなる可能性がある。稲作で大量に水が必要な田植えの時期よりも雪解けの時期の前になってしまい、両者の需給のピークの時期が合わなくなるという弊害が起こる可能性が大きい[37]」。

２－５．竜巻の脅威

36. 竜巻（Tornado）は積乱雲の下で地上から雲へと細長く伸びる高速の渦巻き状の上昇気流のことでトルネードとも呼ばれています。竜巻は空気の回転と積乱雲によって発生します。積乱雲の強い上昇気流によって空気の回転速度が速くなり竜巻が発生します[38]。
37. 竜巻による風は非常に強く、最も弱いものでも、毎秒17mの台風並みの、また強いものでは毎秒142m、つまり500kmを超え、住宅や自動車が吹き飛ばされてしまうほどです。竜巻の被害範囲は、非常に狭く、竜巻の通った跡は線状に被害が現れます。竜巻で壊れた隣の建物は無傷ということも珍しくはありません[39]。
38. 竜巻はスーパーセル（Supercell）と呼ばれる巨大積乱雲で発生するもの（スーパーセル型）と局地前線によってできるもの（非スーパー型）との２つに大きくわけることができます。スーパーセルが発生するのは、大気の状態が非常に不安定な時で、地上と上空の風向と風速が大きく異なる時です。普通、このような時は、積乱雲ができにくいのですが、できにくい状況に打ち勝つほど強い上昇気流が起こっていると、スーパーセルが発生する[40]ということです。大気の状態が不安定といえるのは地上付近と上空5000m付近の気温差が40℃以上になる時です。
39. スーパーセルはメソサイクロンと呼ばれる空気の回転があるために竜巻

が発生しやすい状態になっています。強い竜巻はこのタイプが多い[41]と
いえます。

40. 竜巻を引き起こす巨大積乱雲スーパーセルとは巨大な 1 個の積乱雲で、
その大きさは数十 km にもおよび、空気の渦が回転しながら、積乱雲が急
増していきます。激しい雨や強い竜巻などを引き起こす危険な雲です[42]。
スーパーセルは、1 つの大きな積乱雲の中で、上昇気流と下降気流との
できる場所が分かれているのが特徴で、前者には反時計回りの空気の流
れがあり、これが「メソサイクロン」です。上昇気流はこの流れに従い、
回転しながら上昇します。竜巻はこの領域の下で発生することが多いと
いわれています。ただ下降流ができても、上昇流を弱めることには繋が
らず、積乱雲の寿命は長くなって、数時間もの間大雨を降らせます[43]。

41. 非スーパーセル型の竜巻は、極地前線のある所によく発生します。こ
の竜巻は地上付近で風向と風速が異なる風が吹く時に、発生します。
積乱雲からの冷たい下降流と積乱雲に向かって吹く湿った風がぶつか
ると、ぶつかったところで上昇気流が発生し、新しい積乱雲ができま
す。この渦の上に積乱雲が移動してきますと、強い上昇気流によって
空気の回転が速まり、竜巻が発生します。
この型の竜巻は、竜巻が同時に発生して、一列に並ぶのが特徴です。
これが、同じところで大雨が続く原因となります。その中心部では猛
烈な風が吹き、ときには鉄筋コンクリートの建物をも一瞬にして崩壊
させ、大型の自動車なども空中に巻き上げてしまうことがあります。
多くは積乱雲とともに移動していきます[44]。

42. 竜巻の発生数が増加しているとは、まだ断定できません。しかし、竜
巻を発生させる積乱雲が発達する要因は、気温や湿度の上昇であるた
め、地球温暖化とは無関係ではありません。

43. 竜巻の年別確認数は 2016（平成 28）年〜 2020（令和 2）年には、各
年それぞれ 18、10、21、10、11 個発生しています。2009（平成 21）
〜 2021（令和 3）年では、年平均約 56 件（海上竜巻を含む）、（海上

竜巻を含まなければ）21 件です [45]。季節別では前線や台風、大気の状態が不安定となりやすい 7 月から 11 月に多く、最も多いのが 9 月で、2 番目が 10 月です。台風は積乱雲の集合体であり、竜巻を伴うことがあります。

日本海側では、冬に発生しやすい傾向にあります。冬日本海側に大雪を降らせる積乱雲が竜巻を発生させるからです。最も少ないのは 3 月ですが、発生しない月はありません。時間帯別では太陽が出ている日中の発生率が高く、特に正午頃から日没にかけての時間帯に多く発生しています。

44. 1991（平成 3）～ 2017（平成 29）年の 27 年間の統計では、寒い北海道と、暑い沖縄県が 1 位、2 位になっており、竜巻の発生地域に、気温は関係がないことを示しています。太平洋側と日本海側、どちらのエリアでも竜巻は発生します [46]。

45. 北海道から九州まで全国で発生しています。沿岸で多く発生し、発生が少ないのは、主として瀬戸内海と内陸です。竜巻の発生には、明らかに地域差がみられます。答えは地形です [47]。

46. 竜巻の恐ろしさは、巻き上げられた瓦や看板などが猛スピードで飛んでくることです。こうした飛散物に当たると、命を落としたり、重軽傷を負ったりします。実際に竜巻に対する注意が必要なのは、発達した積乱雲の近くにいる人だけです。避難場所としては地下室が最も安全とされています [48]。竜巻の常襲地帯であるアメリカ中部・南部では地下室や地下シェルターが普及していますが、日本ではほとんど普及していません。

47. 規模の指標＝「藤田スケール」とは、竜巻を風速別に分類するものです。建造物や草木などの被害にもとづいて算定されます。シカゴ大学藤田哲也とアメリカの国立暴風雨予報センターのアレン・ピアソンによって、1971 年に提唱されました。日本でこれまでに起きた最大の竜巻は F3 にランクづけされています。日本では気象庁が 2007（平成 19）年 4 月 1 日から「藤田スケール」を予報用語に追加しました [49]。藤田スケー

ルは、アメリカで考案されたものであり、日本の建築物等の被害には適していないなど、多くの課題がありました。

そのため、気象庁は藤田スケールを改良し、「日本版改良藤田スケール（JEF スケール）」（表 2―1）を 2015（平成 27）年 12 月に策定し、翌年 4 月より突風調査に使用[50]しています。

藤田スケールはあくまで竜巻による被害の大きさを示したものであり、竜巻の厳密な風速を求める設計にはなっていないため、実際の被害の程度と風速の推定値が一致しないことも多かった。1992（平成 4）年に「修正藤田スケール」が考案され、より正確な風速の推定が行なわれるようになった。しかし修正藤田スケールが世に広まることはなく、従来の藤田スケールが一部の地域を除いて現在も国際的に広く用いられている[51]。

1991（平成 3）年から 2017（平成 29）年までの 27 年間に北海道では47 件、沖縄県では 43 件と 40 件以上発生している。しかし大阪府や広島県では 1 回も発生していない。竜巻は空気の渦で、グルグルと回転しながら一方向に進む。竜巻ができるには渦を巻いて進んでいくスペースが必要である。山などの障害物があれば、空気はうまく渦を巻くことはできない。起伏の小さい広大な平地・海上などのスペースが必要だということである。竜巻が沿岸で多く発生するのは、山地のある内陸に比べて沿岸部は地形の起伏が小さいから[52]である。

ただし沿岸部以外で竜巻が多く発生している地域がある。埼玉県を中心とする関東地方の内陸である。関東の内陸で竜巻が多いのは、関東平野は起伏が小さく、竜巻が発生して勢力を保ちやすい条件がそろっている[53]からである。

①真っ黒い雲が近づき、周囲が急に暗くなる。②雷鳴が聞こえたり、雷が見えたりする。③ひやっとした冷たい風が吹きだす。④大粒の雨やひょうが降りだす。これらが発達した積乱雲が近づいているときの兆候である[54]。

日本版改良藤田スケール（JEF）は、突風による被害の状況を、被害指標

（何が）と被害度（どうなった）に当てはめることによって、従来の藤田スケールに比べ、風速を絞り込んで評定することができる。被害指標が藤田スケールでは、住家、非住家、ビニールハウス、煙突、アンテナ、自動車、列車、数トンの物体、樹木の 9 種類に限定されていたが、日本版改良藤田スケールでは、住家や自動車等が種別ごとに細分されるとともに、日本でよくみられる自動販売機や墓石等を加えた事により 30 種類に増加した[55]。

　JEF0（25 〜 38m/s）〜 5（95m/s）の 6 階級に分かれ、たとえば、木造住宅の屋根瓦がめくれた被害→被害指標「木造の住宅または店舗」、被害度「屋根瓦がめくれた」→風速約 45m/s →階級 JEF1 と認定[56]される。

　2012（平成 24）年 5 月 6 日、国内最大級 F3 の竜巻が茨城県常総市からつくば市にかけて被害をもたらした。家屋の全壊による 1 名の死者と 37 名の負傷者、住宅被害の全・半壊も 300 棟近くに達し、被害分布の長さは 17km、幅約 500m にも及んだ。この竜巻はスーパーセルと呼ばれる巨大積乱雲で発生した。地上の気温は関東各地で 25℃を超え、低気圧に向かって南から湿った暖気が流れ込んだ。上空にはマイナス 21℃以下の寒気があり、上空との気温差が 40℃以上と、大気の状態が非常に不安定[57]であった。

　竜巻が恐ろしい最大の理由は、破壊的な風であるが、いつどこで発生するか予測できない、「不意打ち」をする気象現象であることである。屋内の場合は建物の地下や 1 階に移動し、壊れやすい部屋の隅から離れて、できるだけ家の中心に近いところで机などの下に身を潜め、頭を保護することが必要である。屋外の場合は鉄筋コンクリートなどの頑丈な建物のなかに避難するか、体がおさまるような水路やくぼみに隠れて頭を保護するのも適切な避難方法である[58]。

表2－1：日本版改良藤田スケール

階級	m/s	被害
JEF0	25 ～ 38	木造の住宅では、目視でわかる程度の被害、飛散物による窓ガラスの損壊が発生する。比較的狭い範囲の屋根ふき材が浮き上がったり、剥離する。園芸施設において、被覆材（ビニルなど）が剥離する。パイプハウスの鋼管が変形したり、倒壊する。物置が移動したり、横転する。自動販売機が横転する。コンクリートブロック塀（鉄筋なし）の一部が損壊したり、大部分が倒壊する。樹木の枝（直径2～8cm）が折れたり、広葉樹（腐朽あり）の幹が折損する。
JEF1	39 ～ 52	木造の住宅では、比較的広い範囲の屋根ふき材が浮き上がったり、剥離する。屋根の軒先又は野地板が破損したり、飛散する。園芸施設において、多くの地域でプラスチックハウスの構造部材が変形したり倒壊する。軽自動車や普通自動車（コンパクトカー）が横転する。通常走行中の鉄道車両が転覆する。地上広報板の柱が傾斜したり、変形する、道路交通標識の支柱が傾倒したり倒壊する。コンクリートブロック塀（鉄筋あり）が損壊したり、倒壊する。樹木が根返りしたり、針葉樹の幹が折損する。
JEF2	53 ～ 66	木造の住宅では、上部構造の変形に伴い壁が損傷（ゆがみ、ひび割れ等）する、また、小屋組みの構成部材が損壊したり、飛散する。鉄筋造り倉庫において、屋根ふき材が浮き上がったり、飛散する。普通自動車（ワンボックス）や大型自動車が横転する。鉄筋コンクリート製の電柱が折損する。カーポートの骨組が傾斜したり、倒壊する。コンクリートブロック塀（控壁のあるもの）の大部分が倒壊する。広葉樹の幹が折損する。墓石の棹石が転倒したり、ずれたりする。
JEF3	67 ～ 80	木造の住宅では、上部構造が著しく変形したり、倒壊する。鉄筋系プレハブ住宅において、屋根の軒先又は野地板が破損したり飛散する、もしくは外壁材が変形したり、浮き上がる。鉄筋コンクリート造の集合住宅において、風圧によってベランダ等の手すりが比較的広い範囲で変形する。工場や倉庫の大規模な塀において、比較的狭い範囲で屋根ふき材が剥離したり、脱落する。鉄筋造り倉庫において、外壁材が浮き上がったり、飛散する。アスファルトが剥離・飛散する。
JEF4	81 ～ 94	深刻な大被害。建てつけの良い家でも基礎が弱いものはちょっとした距離を飛んでいき、車は大きなミサイルのように飛んでいく。
JEF5	95	鉄筋系プレハブ住宅や鉄筋造りの倉庫で上部構造が著しく変形したり、倒壊する。鉄筋コンクリート造の集合住宅で、風圧によって、ベランダ等の手すりが著しく変形したり、脱落する。

気象庁HP「日本版改良藤田（JEF）スケールとは」

2－6．台風の脅威

48. 台風（Typhoon）とは熱帯低気圧のなかで北西太平洋（赤道より北、東経180度より西100度以東）、または南シナ海にあり、中心付近の最大風速が毎秒17.2m（34ノット）以上のものです。34ノット未満のものは熱帯低気圧と呼ばれます。

49. 台風は、国際分類上、東経180度より西に進んだ場合、最大風速（1分間平均）が64ノット以上のものはハリケーン（Hurricane）と呼ばれ、34ノット以上のものはトロピカルストーム（Tropical Storm）、と呼ばれます。またマレー半島以西に進んだ場合、サイクロン（Cyclone）と呼ばれます。逆に西経域で発生したものが東経180度以西に進んだ場合は台風となります[59]。

50. 台風は巨大な雲の渦で、膨大なエネルギーをもっています。エネルギーの源は暖かい海からの水蒸気です。雲の大きさは水平方向が約1000km、上空が10km以上です。空気は下層では反時計回りに吹き込みますが、上層では時計回りに吹き出します。熱帯低気圧が多く発生するのは北東貿易風が吹いている海域であり、発生後はしばらく西方へ進みます。台風に自力で進む力はなく、「風まかせ」です。中緯度高圧帯で一度減速しますが、それを過ぎて偏西風に乗りますと、進行方向を東に変え、スピードアップします。その先に日本列島があります。台風の進路は太平洋高気圧の縁に沿っています。日本に台風が多く殺到するのは、あくまで偶然の結果[60]にすぎません。

51. 台風の命名については、気象庁が台風の発生した順番に台風番号をつけており、通常はこの台風番号で呼ばれます。情報文では元号年と組み合わせて「平成7年台風第10号」のように表記し、天気図では西暦年の下二桁と組み合わせて「台風9510」、「T9510」のように表記しています。一般には「第」を省略し、年号も省略して「台風10号」と

呼ばれます。特に災害の大きかった「伊勢湾台風」のようなものについては上陸地点などの名がつけられています[61]。

52. 台風が発生するには暖かい海と空気の回転が必要です。1991 〜 2020 年の 30 年間における台風の発生をみると、フィリピンの東の海上と南シナ海で多く発生しています。台風は海水温が 26℃以上で発生し、28℃以上で発達しやすくなります。赤道付近は海水温が高いのですが、空気の回転が起こりにくく、台風は発生しません。台風は膨大なエネルギーをもつため、接近、上陸すると、いくつもの災害（暴風、大雨、洪水、土砂災害、高波、高潮など）が同時に発生する[62] ことがあります。

53. 1991 〜 2020 年にかけて、台風は年平均で約 25 個が発生し、約 12 個が台風の中心が日本列島から 300km 以内に接近し、約 3 個が上陸（台風の中心が北海道、本州、四国、九州の海岸線に達した場合）しています。しかし 2004 年には 10 個上陸し、2008 年、2000 年、1986 年、1984 年の上陸数はゼロです。年間の発生数が最も多かったのは 1967 年の 39 個、最も少なかったのは 2010 年の 14 個です。

54. 台風が日本に上陸するのは多くが 7 〜 9 月で、年間の上陸数は 9 月が最も多く、次いで 8 月です。最も早い例で 1956（昭和 31）年 4 月 25 日に鹿児島県に上陸した台風 3 号で、最も遅い例は 1990 年 11 月 30 日に紀伊半島に上陸した台風 28 号です。

55. 歴史に残るといわれる「伊勢湾台風」は 1959 年 9 月 21 日にマリアナ諸島の東海上で発生した台風 15 号で、9 月 26 日 18 時頃、和歌山県潮岬の西に上陸しました。伊勢湾台風並みの台風は 50 年以上、上陸していません。この災害を契機に災害対策基本法が制定されるなど、現在の災害対策の原点となっています[63]。

56. 2004（平成 16）年は真夏日が過去最高であった年であるとともに、台風の上陸が過去最多の 10 個であった年です。発生数では 29 個とそれほど多い年ではありませんが、接近数は 19 個で過去最多タイ、上陸数は 10 個と過去の最多数 6 個を大きく上回りました[64]。

57. 地球温暖化のシミュレーションによりますと、長期的には台風の発生数は増えず、台風が日本に上陸する数は減っていくと考えられています。海面水温と降水の傾向が変わり、台風の発生する場所が、現在より東にずれると予想される[65]からです。一度できた台風の勢力は強まり、強い勢力を保持したまま、上陸すると予想されています。台風上陸数と被害甚大化が地球温暖化の影響かどうかはなお検証中[66]です。

58. 台風の勢力がどうなるかを簡単にみる際は暴風警戒域と予報円の差をみることです。差が次第に広がっているときは暴風域が広がります。勢力が強まるということです。台風の進路予報表示では平均風速が毎秒15mの強風域を黄色の円、風速25m以上の暴風域を赤色の円で表しています。12、24、48、72、96、120時間後の台風の中心が到達すると予想される範囲は点線の予報円で示されます。ただし台風の進路が予報円に入る確率は70%です[67]。

59. 台風で注目すべきは、第一に風です。台風は進路から見て、右半分が、風が強くなる傾向があります。台風に吹き込む風と台風本体を運ぶ風が同じ向きになるためです。第二は、雨で、台風本体だけではなく、外縁に発達する「外側降雨帯」＝帯状雲の雨にも注意が必要です。第三に高潮です。気圧が1hPa下がると、海面は1cm上がり（吸い上げ効果）、風が海岸に向かって吹きますと、風速の2乗に比例して潮位が上がり（吹寄せ効果）、被害を大きくします[68]。台風が接近することが予想される時の準備、台風が接近している時の準備、台風が通過したのちの注意は、いずれも主として第一〜第三に関するものです。

60. 台風の強さの階級分けは、最大風速が33 m /s（64ノット）以上〜44m/s（85ノット）未満は「強い」、44m/s以上〜54m/s（105ノット）未満は「非常に強い」、54m/s以上は「猛烈な」の3階級に分けられています。また、大きさの階級分けでは、風速15m/s以上の半径が、500km以上〜800km未満は大型《大きい》、800km以上は超大型《非常に大きい》と表現されます。台風情報では、台風の大きさと

強さを組み合わせて、「大型で強い台風」のように呼んでいます。

しかし、強風域の半径が 500km 未満は大きさを表現せず、最大風速が 33m/s の場合には、強さを表現しません [69]（65m/s『130 ノット以上』をスーパー台風と呼んでいますが、これは気象庁ではなく、米軍合同台風警報センターが用いています）。

61. 気象庁では大きさ（規模）と強さ（勢力）とで階級分けをしています。なお、「強さ」の基準である「最大風速」は、「10 分間の平均風速の最大値」です。「最大瞬間風速」は、瞬間的に吹く風速の最大値で、瞬間風速は「風速計の測定値（0.25 秒間隔の 3 秒間の平均値）」です。

62. 一般に「低気圧」といえば温帯低気圧のことで、暖気と寒気によってつくられており、その境目には前線があるのが特徴で、暖気と寒気の温度差が大きいほど低気圧は発達します。気圧の単位には hPa が用いられ、標準的な地表の気圧である 1013hPa を 1 気圧といっています。

　1970（昭和 45）年の台風 13 号は西経域で発生し、一時、東経域に移動したが、すぐに西経域に去ってしまったため台風ではなくなった。逆に 2006（平成 18）年のハリケーン・イオケは西経域で発生し、東経 180 度を越えたため台風 12 号になった。

　「伊勢湾台風」は上陸時の中心気圧が 929.2hPa と大型で非常に強く、伊良湖（愛知県）で最大風速毎秒 45.4m、暴風域は 300km 以上であった。高潮の被害が顕著で 5098 名という風水害では最大の犠牲者を出した。

　マーシャル諸島の東の海域で発生した令和元（2019）年台風第 19 号は、10 月 6 日から 7 日にかけて中心気圧が 24 時間で 77hPa も低下し、急発達した。マーシャル諸島通過後は北に向きを変え、小笠原諸島、伊豆諸島周辺を通過後、12 日 19 時頃に中心気圧 955hPa・中心付近の最大風速 40m/s で伊豆市付近に上陸、北東に進み、三陸沖に抜けた。東海・東日本の広範囲に大雨を降らせ、各地で河川の氾濫が相次いで発生した他、千葉県市原市では竜巻の被害を出した [70]。

天気予報での「台風は温帯低気圧に変わりました」という解説は、台風の強弱の変化を示すのではなく、熱帯低気圧から温帯低気圧へと台風の構造が変化した場合に使用される。温帯低気圧に変わったとしても、雨、風が弱くなるとは限らない。温帯低気圧特有の前線を伴って広範囲にわたって、雨、風が強まることがある。まだ台風並みの勢力を維持していることがあるので、注意が必要である。

　「台風は熱帯低気圧に変わりました」は、最大風速が台風の最低基準を下回った（中心の最大風速が 17.2 m 未満に変わる）場合に使われる。したがって台風に復活する場合もありえる。しかし台風から変わった温帯低気圧では暖気と冷たい空気が渦を巻きながら混ざり合い、台風が北上して北方の冷たい空気を巻き込み始めると温帯低気圧に変わることが多い。二度と熱帯低気圧に変わる[71]ことはない。

　高度が高くなるほど空気の量が少なくなるので気圧は低くなる。高さが 5km で、気圧は地表の約半分の約 500hPa になり、高さが 10km では地表の約 4 分の 1 の約 250hPa になる。

　防災のポイントは、(1) 台風の接近が予想される時、風、雨、浸水、高潮、停電、断水への備え、(2) 台風接近時、屋内での在室。浸水、土砂災害の危険がある時の避難、(3) 台風通過後の注意、吹き返しの風、波、増水への注意が必要である。

　「今後、日本に上陸する台風は、減るかもしれないが、上陸するような台風は、スーパー台風の割合が増えてくる可能性が大きい[72]」。

63.「爆弾低気圧（"bomb" cyclone）とは急速に発達し、熱帯低気圧並みの暴風雨をもたらす温帯低気圧を指す俗語です。台風は熱帯低気圧ですが、爆弾低気圧は温帯低気圧です。1980 年に気象学者フレデリック・サンダースらが提唱しました[73]。通常の低気圧は寒気と暖気とがぶつかり合って発生しますが、爆弾低気圧は強い寒気と非常に湿った暖気（温度差が非常に大きい）がぶつかり合って、爆弾が爆発するよ

うに急速に発達します。日本付近では 10 ～ 1 月頃の冬の嵐の時期、2
～ 3 月の春一番の時期に最も多く発生します[74]。

64. 日本は温帯低気圧ができやすい場所に位置しています。南北の差が大き
    くなると発生します。まず暖気と寒気の間に停滞前線ができ、次第に渦
    を巻くようになって、温暖前線と寒冷前線ができます。温帯低気圧の中
    でも、発達して爆弾低気圧になるものと、ならないものがあります。

65. 寒冷前線は、寒気が暖気の下に潜り込むことでできる前線で、寒冷前
    線上では、急な上昇流が起こり、積乱雲ができて、大雨や突風、落雷
    をもたらします。

66. 台風のもととなる熱帯低気圧は南方から来ます。また冬に来ることはあ
    りません。しかし熱帯低気圧ではない低気圧＝温帯低気圧がもとになっ
    ている爆弾低気圧はどこからでも来ます。何もない場所にいきなり発生
    するという危険性があります。多くは日本海低気圧が日本海から北日本
    を通過するときに急速に発達し、三陸沖でさらに猛烈に発達します[75]。

67. 台風の寿命（台風の発生から熱帯低気圧または温帯低気圧に変わるまで
    の期間）は 30 年間（1981 ～ 2010 年）の平均で 5.3 日ですが、中に
    は 1986（昭和 61）年の台風第 14 号の 19.25 日という長寿記録もあり
    ます。長寿台風は夏に多く、不規則な経路をとる傾向がみられます[76]。

68. 日本付近では中心気圧が 24 時間以内に北緯 30 度で 14hPa、北緯 40
    度で 18hPa 以上低下する場合、爆弾低気圧とされています。気象庁で
    は爆弾低気圧とは呼ばず、「急速に発達する低気圧」と呼んでいます。
    低気圧の大きさは水平距離で数千 km におよび、日本列島より大きい
    ということになります。

　台風は、春先は低緯度で発生し、西進してフィリピン方面に向かうが、夏
になると、発生する緯度が高くなり、太平洋高気圧のまわりを回って日本に
向け、北上するものが多くなる。発生数では、8 月が年間で一番多い月であ
るが、台風を流す上空の風がまだ弱いため、台風は不安定な経路をとる事が

多く、9月以降には、南海上から放物線を描くように、日本付近を通るようになる。この時、秋雨前線の活動を活発にして、大雨を降らせることがある。室戸・伊勢湾台風など過去に大災害をもたらした台風の多くは9月にこの経路をとっている[77]。

図2—1：台風の月別の主な経路

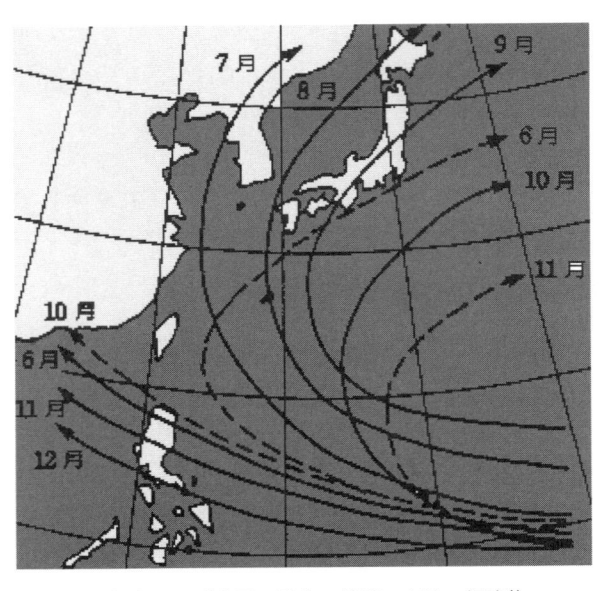

（気象庁 HP 「台風の発生、接近、上陸、経路」）

2013（平成 25）年 1 月 14 日に九州南岸で発生した温帯低気圧は、北東進しながら、14 日にかけて猛烈に発達しながら日本列島へ接近し（南岸低気圧）、広い範囲に強風や大雨、大雪をもたらした。死者 5 名を含む人的被害、交通障害、建物被害、ライフラインの障害などが発生した。中心気圧は 13 日正午には 1008hPa であったが、14 日正午には 984hPa、翌日正午には東海上で 942hPa へと急成長し（24 時間で 66hPa 下がり）[78]、爆弾低気圧となった。

この低気圧の影響で 14 日に最大瞬間風速が千葉県銚子市で 38.5m/s を記録するなど、関東地方を中心に暴風が吹き荒れた。また横浜 13cm、東京都心 8cm の積雪を記録するなど、関東を中心に大雪となった。東京都心で積雪が 8cm を記録したのは 2006（平成 18）年 1 月以来 7 年ぶりであった。15 日には低気圧の通過で、冬型の気圧配置になり、北日本を中心に 293 地点で真冬日となった[79]。「台風→温帯低気圧→爆弾低気圧」と変化することがある。年間を通して発生する可能性があり、注意が必要である。

前述した台風 19 号による大雨によって大水害を被った地域は、元来、あまり雨の降らない地域であった。年降水量は 1000 〜 1400mm 程度（日本の平均 1800mm 程度）、10 月の平均降水量 100 〜 200mm の地域である。このように本来であれば、あまり多量に雨が降らない地域に、台風が多量の水蒸気を含む空気を運び、長時間にわたって大雨を降らせたことが大水害になってしまった原因である[80]。

台風並みの勢力を誇る爆弾低気圧であるが、台風とは発生メカニズムと構造も異なる。台風は、熱帯低気圧が発達したもので、熱帯で生まれ、天気図の等圧線が同心円状に並び、前線を伴わない。他方、爆弾低気圧は温帯低気圧が発達したものであるため、前線を伴うことが多く、等圧線も同心円状ではなく、ゆがんだ形をしている[81]。

温帯低気圧が爆弾低気圧にまで発達しやすいのは、冬から春先にかけてで、大陸の寒気が海に抜ける時に、海から大量の水蒸気をもらうことによって、発達するため[82]である。

近年の爆弾低気圧の発生数と地球温暖化との相関関係は、明確ではない。地球が温暖化すれば、高気温のところが高緯度側に移動、低気圧も現在よりも北側で発生しやすくなると考えられるため、温帯低気圧が日本を通過することは少なくなると考えられるためである。しかし、偏西風の大きな蛇行が起こると、日本付近で時として、温帯低気圧が発生し、発達しやすくなる。

「数は減るものの、ひとたび日本付近で温帯低気圧ができると、爆弾低気圧化する可能性が大きい」ということである。

これから一体、どうすればいいのか。簡単な話ではない。「河川側での対策には限界があり、河川が氾濫した際に浸水する土地に、日本の大部分の人口と資産が配置されており、しかも河川が氾濫するような治水の計画を超える豪雨が発生する可能性は気候変動によって高まっている。降雨を流域で受け止め、浸透・貯留・ゆっくり流出させる総合治水対策がいっそう重要になる」[83] ことは事実である。もしも家を建てるなら、水害の危険が高いと分かっている場所を開発して、宅地にするのだけはやめる必要があるということである。

── 註 ──

1　「ゲリラ豪雨とは？」HP、「防災用語集」HP。
2　佐藤公俊『天気と気象　異常気象のすべてがわかる！』学研、2013 年、14 ページ。
3　斉田季実治『知識ゼロからの異常気象入門』幻冬社、2015 年、84 〜 85 ページ。
4　「ゲリラ豪雨」HP、「防災用語集」HP、前掲佐藤『天気と気象　異常気象のすべてがわかる！』16 ページ。
5　Tenki.jp HP「ゲリラ豪雨のしくみ」。
6　前掲 佐藤『天気と気象　異常気象のすべてがわかる！』18 ページ。
7　「集中豪雨」HP、前掲「防災用語集」HP。
8　前掲 佐藤 20 ページ。
9　前掲 佐藤『天気と気象　異常気象のすべてがわかる！』38 ページ。
10　同上、21 ページ。
11　河宮未知生『異常気象と温暖化がわかる』技術評論社、2016 年、112 ページ。
12　前掲 佐藤『天気と気象　異常気象のすべてがわかる！』24 ページ。
13　同上、22 ページ。

14　同上、26 〜 27 ページ。

15　伊藤桂子・鈴木純子『いざというときに身を守る気象災害への知恵』求竜堂、
　　2016 年、43 〜 44 ページ。

16　「平成 23 年台風第 12 号」HP、2 ページ。

17　前掲 斉田『異常気象入門』81 ページ。

18　同上、83 ページ。

19　同上、91 ページ。

20　前掲 佐藤『天気と気象　異常気象のすべてがわかる！』28 ページ。

21　前掲 河宮『異常気象と温暖化がわかる』130 ページ。

22　奈良まちジオグラフィック「南岸低気圧とは何か？」。

23　同上 HP、気象庁 HP。

24　前掲 斉田『異常気象入門』71 ページ。au 天気 HP「冬の南岸低気圧」。

25　前掲 佐藤『天気と気象　異常気象のすべてがわかる！』21 ページ。

26　気象庁 HP。

27　前掲 奈良まちジオグラフィック HP。

28　防災ニッポン HP「南岸低気圧」。

29　同上。

30　同上。

31　気象庁「平成 18 年豪雪」HP。

32　気象庁 HP。

33　前掲 奈良まちジオグラフィック HP。

34　同上。

35　前掲 防災ニッポン HP。

36　同上。

37　東京管区気象台 HP「南岸低気圧」。

38　前掲 河宮『異常気象と温暖化がわかる』132 ページ。

39　前掲 佐藤『天気と気象　異常気象のすべてがわかる！』32 ページ。

40　前掲 河宮『異常気象と温暖化がわかる』120 ページ。

41 同上。

42 前掲『天気と気象 異常気象のすべてがわかる！』32 〜 33 ページ。

43 同上、33 ページ。

44 前掲 河宮『異常気象と温暖化がわかる』116 ページ。

45 「竜巻」HP、気象庁 HP「竜巻の危険性」。

46 気象庁 HP。

47 防災ニッポン HP「竜巻」。

48 同上。

49 「藤田スケール」HP。

50 気象庁 HP「藤田スケールの策定」。

51 同上。

52 防災ニッポン HP。

53 同上。

54 政府広報オンライン HP「竜巻」。

55 気象庁 HP。

56 同上。

57 前掲 佐藤『天気と気象 異常気象のすべてがわかる』38 ページ。

58 気象庁 HP「竜巻」。

59 「台風」HP、前掲 斉田『異常気象入門』89 ページ。

60 「台風」HP、前掲 斉田『異常気象入門』129 ページ、気象庁 HP。

61 同上。

62 前掲 佐藤『天気と気象 異常気象のすべてがわかる！』38 〜 39 ページ。

63 同上、40 ページ。

64 気象庁 HP「台風の統計資料」。

65 前掲 河宮『異常気象と温暖化がわかる』104 ページ。

66 同上。

67 同上、42 ページ。

68 前掲 斉田『異常気象入門』91 ページ。

69　気象庁 HP「台風の大きさと強さ」。

70　岐阜大学流域圏科学研 HP「令和元年台風 19 号による大水害について」。

71　「台風と爆弾低気圧の違い」HP。

72　前掲 河宮『異常気象と温暖化がわかる』104 ページ。

73　前掲 佐藤『天気と気象　異常気象のすべてがわかる！』48 ページ。

74　「爆弾低気圧」HP、「防災用語集」HP。

75　「低気圧」HP、同上「防災用語集」。

76　気象庁 HP「台風の発生、接近、上陸、経路」。

77　同上。

78　「爆弾低気圧データベース」HP。

79　同上。

80　前掲「令和元年台風 19 号による大水害について」HP。

81　前掲 河宮『異常気象と温暖化がわかる』108 ページ。

82　同上。

83　同上。

補2A　エルニーニョ / ラニーニャと日本への影響

1. エルニーニョ現象とは、赤道近くの熱帯太平洋の東側、日付変更線から南米のペルー沖辺りまでの海域で、海面水温が平年より高くなった状態が半年から1年程度続くことをいいます。地球上で自然に生じる最も大きい気候の変動現象[1]といわれています。

   気象庁の定義では「1年程度続く」となっています。1982〜2023年1月まで、約40年間で、エルニーニョ現象は8回発生しています[2]。

2. スペイン語の「el Niño」は、少年あるいは子どもという意味であり、この頭文字を大文字にした「El Niño」は幼子のイエスという意味で、クリスマスの時期（北半球では冬、南半球では夏）になりますと、ペルー沿岸にいつもの冷水に代わって暖かい海水が現れ、それが数ヵ月間続くことに由来しています[3]。通常、海水が冷たいのは冷たい海水が底から湧き上がっている（湧昇）からです。この現象が起こると海岸地方の魚と魚の群れが姿を消します[4]。

3. 赤道付近の状態は貿易風（東風）が吹いているため、暖かい海水は東から西に向かって移動してきます。平年並の年は、インドネシア付近の海面温度は、28℃〜30℃に達する暖かい海が広がっています。

   太平洋の熱帯域では、貿易風である東風が常に吹いているため、海面付近の暖かい海水が太平洋の西側に吹き寄せられています。普通は太平洋の東側は水温が低く、西側は水温が高くなっています。西部のインドネシア近海では、海面下数百mまでの表層に暖かい海水が蓄積し、太平洋東部の南米沖では、西に流された海水を補うため、この東風と地球の自転の効果によって深い所から冷たい海水が海面近くに湧き上がっています。このため、海面水温は太平洋赤道域の西部では高く、東部では低

くなっています。海面水温の高い太平洋西部では、海面からの蒸発が盛んで、大気中に大量の水蒸気が供給され、上空で積乱雲が盛んに発生し、大量の雨を降らせます[5]。

4. 南アメリカに近い太平洋東岸の赤道域の海面は、普通水温20℃以下の冷たい海水が湧き上がる湧昇流と寒流による影響で22〜27℃に抑えられていますが、貿易風（東風）が平常時より弱まると、西太平洋側では、留まっていた暖かい海水が東方へ戻ってきます。

　東部では、冷たい水の沸き上がりが弱まります。このため太平洋赤道域の中部から東部では、海面水温が平常時よりも上昇します。これをエルニーニョ現象と呼んでいます。海面温度が上昇すると、海面からの蒸発が盛んになり、大気が加熱され、その水分が上空で冷却され、冷却された水分は雲となり、活発な積乱雲が発生します。エルニーニョ現象の発生時は、東風が弱まるため、積乱雲が盛んに発生する海域が平常時よりも東へ移ります[6]。通常とは異なる場所に雲ができ、遠方の地方にも影響を及ぼします。

　東太平洋側では、大気が冷却されるため、下降気流が生まれ、この大気の循環が、日本の夏に大きな影響を及ぼす太平洋高気圧や偏西風の位置や強さを左右します。

5. ラニーニャ現象の発生時には、貿易風（東風）が平常時よりも強くなると、西側の暖かい海水が東へ移動できなくなり、西部に温かい海水がより厚く蓄積する一方、東部（ペルー沖）では冷たい水の湧き上がりが平常時よりも多くなります。このため、太平洋赤道域の中部から東部では、海面水温が平常時よりも低い状態が長く続き、東西の海面水温の差が平常時よりも大きくなります。ラニーニャ現象発生時は、インドネシア近海の海上では積乱雲がいっそう盛んに発生します[7]。

　エルニーニョ現象が東側で、ラニーニャ現象が西側で、同じようなことが起こるということです。

6. ラニーニャ現象はエルニーニョ現象に対して逆、大気と海洋の相互作用

で生じる気候変動の寒冷な局面と言われますが、正確に鏡合わせのように
はなっていません。例えば、熱帯太平洋東部でのエルニーニョ現象に
よる海面水温の上昇は、ラニーニャ現象による低下よりも大きいことが
多く、継続期間はラニーニャ現象の方が長いケースが多くみられるなど、
2 つの現象は非対称性[8] をもっています。

7. エルニーニョは、貿易風の弱まりによって発生すると考えられています
が、その原因はまだ解明されていません。エルニーニョ現象・ラニー
ニャ現象発生の根本原因は解明されていません。地球温暖化と関係があ
るかどうか、まだわからないのです。大雨や台風を止められないのと同
様に、エルニーニョ現象を止めることはできません。異常な天候を引き
起こすと考えられているエルニーニョ現象・ラニーニャ現象ですが、世
界共通の定義は、まだありません[9]。

8. 図 2A—1 には四角形が 3 つあります。右から東部太平洋赤道域
（NINO.3）、西太平洋熱帯域（NINO.WEST）、インド洋熱帯域（IOBW）
と定義されています。

9. 気象庁では、エルニーニョ監視海域（NINO.3）を定め、監視海域の 30
年間の各月の平均値を基準値としています[10]。

10. より詳しくは、東部太平洋赤道域で、図 2A—1 の一番右側の四角形の
「NINO.3」海域（北緯 5 度〜南緯 5 度・西経 150 〜 90 度）と呼ばれ
る領域で、海水の温度が上がっているかどうかで判断します。「その年
の前年までの 30 年間の各月の平均値」と「5 ヵ月移動平均値」（=5 ヵ
月間の温度差を平均したもの）との差が、6 ヵ月以上連続して +0.5℃
以上になった場合、エルニーニョ現象、−0.5℃以下になった場合、ラ
ニーニャ現象[11] と呼んでいます。

11. 西太平洋熱帯域は、図 2A—2 の真ん中の四角で囲まれた「NINO.
WEST」の海域（赤道から北緯 15 度、東経 130 〜 150 度の矩形）、イ
ンド洋熱帯域は図表の左端「IOBW」の海域（北緯 20 度〜南緯 20 度、
東経 40 〜 100 度の矩形）として定義[12] しています。

両海域は、平年の海面水温が 1 年を通じてそれぞれ 28 度以上、および 27 度以上で暖水プールと呼ばれ、熱帯の対流活動に大きな影響を及ぼしています。

12. 西太平洋熱帯域の海面水温は、エルニーニョ現象時に平年よりも低くなり、ラニーニャ現象時には平年よりも高くなる傾向があります。インド洋熱帯域の海面水温は、エルニーニョ現象が発生すると、1 季節程度遅れて平年よりも高い状態になり、ラニーニャ現象が発生すると、1 季節程度遅れて平年よりも低い状態になる傾向があります。両海域の海面水温が、日本を含むアジアの気候に影響を及ぼしていること[13] が明らかになりつつあります。

13. 「エルニーニョ」（温暖化）と「ラニーニャ」（冷涼化）はまったくの正反対ではないものの、逆の傾向になります。ラニーニャがあると、インドネシア、オーストラリア、ブラジル北部では適度な雨によって好ましい農業が期待でき、エルニーニョがあると、同地域では干ばつが起こりやすくなります[14]。

アメリカの北西部やカナダは、冬に影響が大きく、エルニーニョ現象発生時には温暖で、南部は湿潤な冬となる傾向があり、ラニーニャ現象発生時には、全くの正反対ではないものの、逆の傾向になります。

14. 日本の異常気象を考える上で、ポイントになるのはエルニーニョはもちろんのこと、北極振動、偏西風の蛇行、インド洋高温の 4 点です[15]。エルニーニョは地球の温暖化によって起こるという考えもありますが、温暖化していなくともエルニーニョやラニーニャは発生すると、考えられています。フィリピン付近の対流活動と日本付近の高気圧の関係が太平洋・日本テレコネクションパターンです。

15. エルニーニョ現象が発生すると、東風が弱まるので、暖かい海水が例年よりも東側に留まります。太平洋高気圧の位置が東や南にずれると、本来なら、太平洋高気圧が梅雨前線を押し上げ、梅雨が明けるが、太平洋高気圧の日本への張り出しが弱くなるため、梅雨明けが遅れます[16]。

16. この時の日本の夏は、冷夏になります。太平洋西岸には暖かい水が集まらず海面水温は平常より低下します。そのため、フィリピン付近の対流活動が弱く、積乱雲があまり発生せず、日本付近では夏の太平洋高気圧が弱まり、平常は、日本を覆うほど北に張り出している太平洋高気圧が日本列島まで届かなくなります。日本は太平洋高気圧に覆われにくくなります。夏の高気圧が弱まると、安定した晴天と暑さが続かず、本来暑い夏のはずが、日照時間が少なかったり、大量の雨が降るなど、冷夏になりやすくなります。

    農作物の生育に影響を及ぼします。暑い夏を見越してのクーラーなどの電化製品、夏の衣料などの消費の低迷によって、経済にも大きな影響を及ぼします。日本海側では、降水量が増加傾向にあり、長雨による災害も懸念されます[17]。

    冬は、東南アジア付近の海水温が影響します。エルニーニョ現象時は、通常より暖水が東の方に寄ってしまっており、東南アジア付近ではいつもほど海水温が高くならず、上昇気流の発生が抑制されます。そのため、通常よりも、太平洋高気圧が発達し、その結果、日本付近まで高気圧が延びてきて、北側の冷たい空気を運んでくるシベリア高気圧を押し上げます。シベリアからの冷たい空気が日本に届きにくくなり暖冬になります。暖冬になると、冬物関連の消費が落ち込み、冬物の衣料品や暖房器具、スキーなどのレジャー製品など、身近な商品の消費が低迷します[18]。このように、日本の経済活動は、大きな打撃を受けます。

17. 夏にラニーニャが発生している時には、フィリピン付近の対流活動が活発となります。日本では、夏の高気圧が強まる＝西高東低の気圧配置が弱まる＝寒冷な北西季節風が弱まる＝安定した晴天と暑さが続く＝猛暑となりやすい。冬にラニーニャが発生している時には、フィリピン付近で積乱雲が多く発生します。その結果、日本付近で強い寒気が流れ込みやすくなり、寒い冬になります。日本海側は大雪[19]になりやすくなります。

18. 北極振動とは、北極付近と日本などの中緯度の気圧がシーソーの関係のように変動する関係のことで、1998年にデヴィッド・トンプソンとジョン・ウォーレスによって提唱されました。これは、北緯60度を境に、それより北で気圧が高いときは、南で低くなり（＝負の北極振動）、北で気圧が低いときは南で高くなる（＝正の北極振動）という現象です[20]。日本では、負の北極振動になると、北から寒気が流れ込みやすく寒い冬に、逆に正の北極振動になると、暖冬[21]になりやすくなります。

19. 偏西風が蛇行することによって高気圧や低気圧が切り離され、北にはブロッキング高気圧（切離高気圧）、南には切離低気圧（寒冷低気圧）が独立した大きな気圧として発生し、それぞれ並んだ形になります。偏西風が北に蛇行する領域では動きの遅いブロッキング高気圧によって猛暑になり、南に蛇行する領域では、冷たい切離低気圧によって大雪や寒さがもたらされ、大気が不安定になります[22]。

20. 偏西風の大きな蛇行によって高気圧や低気圧が切り離され、独立した大きな高気圧や低気圧が長く同じ地域に居座り続けます。この独立した高気圧がブロッキング高気圧または切離高気圧で、その直径は数千kmに及びます。また独立した低気圧は寒冷低気圧又は切離低気圧と呼ばれます。このようなブロッキング型になると、偏西風は高気圧よりも高緯度側を、もうひとつは低気圧よりも低緯度側を回り込むように流れるため、大きく蛇行することになります。この状態は1ヵ月以上も続くことが多く、長雨や高温、大雪や寒波などの異常気象を引き起こします[23]。ブロッキングの時にみられる特徴は、ブロッキング高気圧の南側では東風、西側では強い南風、東側では強い北風になることです。

21. インド洋上の海水温がインドネシア・フィリピンを経て日本の気象に影響を及ぼしています。インド洋の海水温が平年よりも高くなれば、その影響は遠くの地域にまで及びます。インド洋と日本の気象はつながっているということです。その結果、フィリピンと日本はシーソーのような関係になります[24]。

夏にフィリピン付近が高気圧に覆われる時は、日本は気圧が下がり冷夏に、逆にフィリピン付近が低気圧で覆われる時には、日本は暑い夏になります[25]。

22. 地球温暖化がエルニーニョの時期、頻度や規模に及ぼす影響について、まだ確信をもって述べることはできませんが、人為的な活動が現在の気候変動を加速させていることは事実[26]のようです。

図2A－1：エルニーニョ監視海域

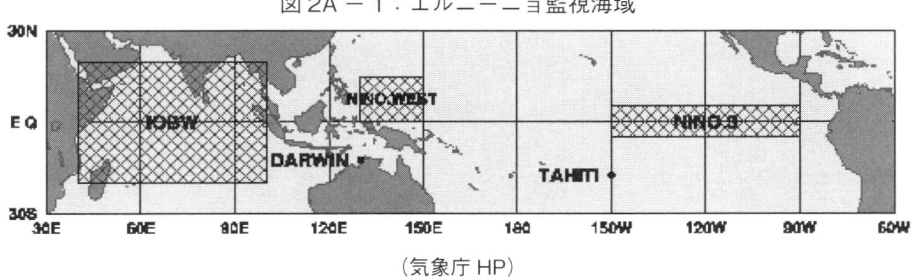

（気象庁HP）

何が起こっても不思議ではない時代に入ったと言えるのではないか。まず異常気象が可能な限り、発生しないように努力することが必要である。しかし、異常気象をゼロにすることはできない。重要なことは異常気象が起こった時に、どう対応するかであろう。責任逃れ（?）ともいえる「想定外」という口上は、もはや通用しないのではないか。

（追）

台風への影響について、「宇宙環境エネルギー研究所」の研究結果は、両方の現象の影響を受けていることを示している。

「エルニーニョ現象発生期間は、台風の発生数が少ないこと、発生場所は通常よりも、夏に南、秋に南東にずれ、夏に台風がもっとも発達した際の中心気圧が低くなり、秋に寿命が長くなる傾向がある。ラニーニャ現象発生時には台風数には違いはないが、発生場所は西にずれ、秋に寿

命が短くなる傾向がみられる」。

—註—

1　Beyond Our Planet（NTT 宇宙環境エネルギー研究所）「エルニーニョ現象とは？　世界の天候に影響をおよぼす大気と海洋の相互作用－仕組み編－」2023 年 6 月 28 日。

2　気象庁 HP「エルニーニョ現象及びラニーニャ現象の発生期間」。

3　マイケル・H. グランツ著、金子与止男訳『エルニーニョ　自然を読め！』ゼスト、1998 年、24 〜 25 ページ。

4　同上。

5　気象庁 HP「エルニーニョ / ラニーニャ現象とは」。

6　同上。

7　同上。

8　同上。

9　同上。

10　同上。

11　宇宙環境エネルギー研究所 HP。

12　同上。

13　同上。

14　前掲 邦訳金子『エルニーニョ　自然を読め！』24 ページ。

15　同上。

16　宇宙環境エネルギー研究所 HP。

17　同上。

18　同上。

19　佐藤公俊『天気と気象　異常気象のすべてがわかる！』学研、2013 年、56 〜 57 ページ。

20　前掲 邦訳金子『エルニーニョ　自然を読め！』53 ページ。

21　同上。

22　同上、54 ページ。

23　同上、57 ページ。

24　同上、55 ページ。

25　同上、58 ページ。

26　同上、60 ページ。

第3章　気候変動と日本のエネルギー危機

　エネルギーは世界中どこでも必要です。

　エネルギーの消費は、経済発展のために必要不可欠です。人類にとって、エネルギーは大きな問題を孕んでいます。世界的な大問題の上に、日本はさらに独自のエネルギー危機を抱えています。日本のもつエネルギー危機とは何でしょうか。

1.　世界の各国で使われているエネルギーには違いがあります。アメリカは石油と天然ガスが大きな割合を占めています。中国では石炭、ロシアは天然ガスの割合が大きくなっています。これは、その国で石炭や天然ガスが大量に産出されることが理由[1]として考えられます。

2.　フランスは原子力の割合が大きくなっていますが、国の方針で原子力発電を積極的に行っているためとされています。日本は石油の割合が大きく、全体の約40%を占め、ほとんどを中東地域からの輸入に依存[2]しています。

3.　気候変動の影響で、日本を襲う自然災害や異常気象が今後とも相次いで発生すると考えられます。そのため、エネルギーの安全性を確保することは非常に重要です。

4.　日本の弱点は、エネルギー自給率があまりにも低いことです。大きな原因は、国内にエネルギー資源が乏しいことです。日本のエネルギーは、石油（37.1%：2019）・石炭（25.3%）・天然ガス（22.4%）などの化石燃料に大きく依存し、そのほとんどを海外から輸入しています[3]。2019年の化石燃料依存度は、84.8%です。

5. その内訳は、原油総輸入量約 10.9 億バレル、サウジアラビア 39.7%、UAE31.2%、クウェート 11.0%、カタール 10.4% など依存率 99.7% です。天然ガスは総輸入量約 7733 万トン、オーストラリア 36.7%、マレーシア 17.2%、カタール 12.3%、ロシア 7.2%、ブルネイ 6.1%、アメリカ 5.4% など、依存度 97.7% です。また、石炭は、総輸入量 11355 万トン、オーストラリア 68.0%、インドネシア 12.0%、ロシア 12.0%、アメリカ 3.8% など、依存率 99.5% となっています[4]。

6. 自給率が高ければ、他国の影響を受けずに安定的に発電することが可能です。しかし、石油の多くを依存する中東地域は、政情が不安定であり、また最近では、ロシアのウクライナ侵攻など、何か問題があれば、需給バランスが崩れ、エネルギーの安定供給が不可能になったり、価格の高騰が起こり、即電気料金の値上げとなり、大きな影響を受ける可能性が大きくなります。日本にとっては大問題です。

7. 電気料金は、経済活動に影響を及ぼす重要な要因です。エネルギー資源に乏しい日本では、輸入する燃料価格が電気料金に大きく影響します。燃料価格は、2020（令和 2）年以降、高騰しています。例えば、家庭向け電気料金の平均単価は、2010（平成 22）年に 1kWh20.4 円であったのが、2020 年には 23.2 円と約 14% 上昇しています[5]。

8. 日本は外国から石油・石炭・天然ガスを輸入しています。その分、国内のお金が海外へ流出し、経済的に大きな損失が生じています。2018（平成 30）年の化石燃料輸入額は、19.3 兆円で、G7 の中で最大で、2 位のドイツ（9 兆円）の 2 倍余であり、貿易収支もマイナス 1.2 兆円の赤字に転落しました。もし 19 兆円の輸入額を半分の 9.5 兆円に削減できれば、貿易収支もかなりの改善となり、国民の生活にも好影響[6]となります（財務省によれば、2022《令和 4》年の化石燃料輸入額は、資源高と円安の関係で、33 兆 5000 億円で、貿易収支 19 兆 9713 億円の赤字）。

9. 資源の枯渇や地球温暖化の問題を解決する再生可能エネルギーの利用

が考えられています。しかし、日本は世界に比べ、物価や人件費が高く、山地が多く、再生可能エネルギーのための施設が作りにくい地形です。そのため、発電コストが高く、国民の金銭的負担が重くなり、再生可能エネルギーの利用がなかなか進まないのが現状です。

しかし、経済的問題と環境面の問題（気候変動）、この両者を解決するのが再生可能エネルギーです。再生可能エネルギーの普及は、まだまだ先進的になることができず、今後の取り組みが必要です。地球温暖化を食い止めるためにも、再生可能エネルギーの普及が期待[7]されます。

10. 日本政府は、3 つの E（Energy Security. Environment. Economic Efficiency）+Safety を満たしつつ、2030 年に「温室効果ガス 26% ➡ 46% 削減に改訂」と再生可能エネルギーや化石燃料、原子力を用いた発電など、多様なエネルギー源を用いて電源を構成する「エネルギーミックス」の実現を目指しています[8]。

11. 2030 年の電源構成は次の通りとなっています。

再エネ 36 ～ 38%、原子力 20 ～ 22%、天然ガス 20%、石炭 19%、石油 2%。2030 年の時点では、再生可能エネルギーを主力電力化することはできません[9]。

12. 2050 年には、「温室効果ガス 100% 削減」と「エネルギー転換・脱炭素化」を目標としています。シナリオ参考値のケースでは、2050 年、再生可能エネルギーを主力電源化（54%）とした脱炭素化を目指しています。原子力発電（10%）も脱炭素化の選択肢として引き続き行い、そのための安全炉の追究や、放射性廃棄物処理・使用済み核燃料再処理をどうするかの課題の解決が必至です。当分の間、CCUS 火力（23%）も主力[10]となります。

国際エネルギー機関（IEA）が示すシナリオでは、50 年の世界の再エネが占める割合は 88% であり、日本の目標値は低い[11]、ということになります。

13. 日本では、原発の再稼働が積極的に進められようとしています。2020

（令和 2）年 1 月 1 日現在、世界の 31 の国と地域で 437 基の原子力発電所が運転され、39 の国と地域で 59 が建設中、82 基が計画中となっています。2022（令和 4）年 9 月に公表された『世界原子力産業現状報告書（WNISR）2022 年』から、再生可能エネルギーと原子力の比較データを見ますと、原発が終わりに向かっている [12] ことをはっきりと示しています。

　原子力発電は、化石燃料の供給割合を減らすためには有効であるが、地震の多い日本では、不安な点が多く、すでに「安全神話」は崩壊している。しかし、日本は現在、エネルギー危機に直面しており、「原発を再稼働すべきである」という声が大きくなっている。忘れてはならないのは、日本は世界で唯一の被爆国であること、2011 年 3 月 11 日に発生した福島第一原発事故の爪痕が未だ大きく残っている。このような背景から、「賛成派」と「反対派」で大きく意見が分かれている [13] ことである。

　エネルギー基本計画では、原子力を「優れた安定供給性と効率性の低炭素の準国産エネルギー源」であり、CO_2 削減とカーボンニュートラルに寄与するエネルギー [14] としている。

　一方で、東京電力福島第一原発事故の真摯な反省と原子力発電に対する国民の不信・不安感を払拭する [15] ため、

○いかなる事情よりも安全性をすべてに優先する安定的な事業環境の確立
○国民・自治体・国際社会との信頼関係の構築
○原発再稼働には原子力規制委員会による世界で最も厳しい規制基準の適用を掲げ、原発依存度を可能な限り低減させる、という方針を示している。

　しかし、エネルギー基本計画では、原子力の電源構成は、上述の通り、20 〜 22% となっており、これは国内の 27 基で 80% という高い利用率を想定した数字である。さらに政府は 2022 年 12 月に、原発の建て替えや運転期間の延長容認を盛り込んだ「原発回帰」とも言うべき方針の転換 [16] を行なった。国民は今後の動きに注目する必要がある。

　太陽光発電をはじめとした再エネは、天候の影響を受けやすいのが弱点である。そのため、たとえ再エネが活用できない場合でも、安定的な需給状況を保てるよう、他の発電方法も確保しておかなければならないのが現状である。

　一方で、再稼働に伴うリスクがあまりにも大きいという事情がある。「核のゴミ」が無害化するまでに 10 万年かかるということである。最低 10 万年は隔離しておかなければならないということである。さらに問題なのは、核のゴミの最終的な処分方法について、まだ正式に決まっていないということである。現在、国内には約 1 万 9000 トンの核のゴミが保管されており、これだけの核のゴミを抱えていながら再稼働するということは、かなりハイリスクであるといえる [17]。

　再び大地震が発生し、原発事故が発生する可能性がある。原発事故が発生すれば、復興には長時間が必要である。しかし、現在、日本は 2050 年までに炭酸ガス排出量をゼロにする目標を掲げており、達成に向けて石炭火力発電の段階的抑制や、再エネ割合の増加に取り組んでいる [18]。

　2022（令和 4）年ウクライナ戦争が発生し、戦場にある原発は世界的に懸念されている。特にドイツとフランスでは、ウクライナの影響を受け、燃料不足で原発の運転延期の議論が目立っている。日本でも燃料の値上げや不安が懸念され、世論調査でも国民は以前より原発の再稼働に賛成するようになり、政府も政策を大きく変えようとしているが、長期的には日本も見通しは良くない [19] と考えられている。

　同報告書によると、原子力発電は、初めて世界の総発電量の 10% を下回り、9.8% となり、風力と太陽光発電の合計が初めて 10% を超えた。世界No.1 の原子力国、アメリカでも同じ傾向を示していると記している。以上が一般的な世界の趨勢である。

　日本では、2023（令和 5）年 2 月 24 日現在、原発の稼動中のもの 7、停止中 3、再稼動 10、設置変更許可 7、新規制基準審査中 10、未申請 9、廃炉 24 基となっている。環境や経済に配慮しつつ、「パリ協定」の目標を達

成するためには、原発の稼働率を完全にゼロにすることは困難かもしれない。環境、経済、人々の暮らしにとって、何が最善なのか、一人一人がエネルギー問題について理解を深めることが必要である。特に原発については、後述する原発の持つ特性やその影響をよく知り、覚悟のうえで、稼働を容認することが必要である。繰り返すが、原発は「絶対に安全」ではないこと、世界のどの原発も、「戦時下で稼働するように設計されていない」[20]ことを決して忘れてはならない。

― 註 ―

1　MRI(三菱総合研究所)HP「カーボンニュートラルを契機とした日本のエネルギー安定供給と経済成長(後編)」。

2　同上。

3　資源エネルギー庁 HP。

4　同上。

5　資源エネルギー庁 HP「日本のエネルギー供給構成」。

6　Energy Shift HP「2021 年、日本におけるエネルギー問題」。

7　同上 HP。

8　同上 HP「2021 年、日本におけるエネルギー問題　2030 年：エネルギーミックス」。

9　エネルギー庁 HP。

10　Energy Shift HP「2021 年、日本におけるエネルギー問題　2050 年：エネルギー転換・脱炭素化への挑戦」。

11　「迷走『エネ基』に募る不安」週刊東洋経済、2021 年 11 月 27 日、45 ページ。

12　原子力資料情報室 HP。

13　yh 株式会社 HP「エネルギー危機の今、原発は再稼働すべきか？」。

14　資源エネルギー庁 HP「第 6 次エネルギー基本計画」。

15　同上。

16　同上。

17　前掲 yh 株式会社 HP「エネルギー危機の今、原発は再稼働すべきか？」。

18　同上。

19　前掲 原子力資料情報室 HP。

20　原子力資料情報室 HP「世界原子力産業現状報告書（WNISR）2022 年：原発は戦争に負けている」—「世界のどの原発も、戦時下で稼働するように設計されていない」。

補 3A　放射能の安全学

3A—1．放射能への不安

放射線、放射能、放射性物質はどのように違うのでしょうか。

半減期とは何でしょうか。

ベクレルとシーベルトはどのように違うのでしょうか。

1．2011（平成 23）年 3 月 11 日、福島第一原子力発電所で原発事故が起こりました。地震と津波両方の被害を受けました。原子力発電所が二重の被害を受けたのは世界ではじめてのことです。特に福島県の方々は地震・津波のほかに放射線という、人類のだれもが経験したことのない三重苦を背負わされる[1] ことになりました。

2．放射性物質が放射線を出す能力を放射能といいますが、放射線は無色・無臭で、みることはできませんし、相当な量を浴びない限り感じることはありません。しかし体に良くないことだけは確かです。放射能も能力ですから目にみえません。放射性物質は物質ですから、一定の大きさなら目にすることができます。今回の原発事故で、国民は放射性物質とともに生きていく道を歩むことになってしまいました[2]。

3．様々な単位を耳にします。ベクレル（Bq）は数値自体、つまり放射線の量のことで人体とは直接関係はありません。グレイ（Gy）は純粋に「放射線の人体への強さ」を表す単位で、シーベルト（Sv）は、「人間の体がダメージを受ける放射線の量」を表す単位です。後述する β 線、γ 線は 1 グレイ＝ 1 シーベルト、α 線は 1 グレイ＝ 20 シーベルトで換

算されます。

4. 原子炉事故など人為的な原因で放出される放射性物質のうち、際立って多いのはヨウ素（I）131、セシウム（Cs）137、ストロンチウム（Sr）90 の 3 種類です。

5. ふつうの元素は永遠にその元素のままですが、放射性物質は崩壊することによって α 線、β 線、γ 線などの放射線を出しながら安定した別の元素に変化します。安定した物質に変われば放射線を出すことはなく、いつかは放射能を失い、放射性物質としての寿命を迎えます。これを半減期といい、放射性物質ごとに決まっています（表 3A － 1）。

6. ヨウ素 131 の半減期は 8 日間です。したがって 1 ヵ月ほどで 10 分の 1 以下にまで減少するため、ヨウ素 131 の汚染は、一応、時間が解決してくれるといえます。しかしすべての放射性物質がヨウ素 131 のように半減期が短いものばかりではありません。

セシウム 137 の半減期は約 30 年です。ストロンチウム 90 の半減期も約 29 年と長く、ストロンチウムの放射性同位体の代表です[3]。

7. ヨウ素 131 とセシウム 137 は空気中で冷やされると微粒子になり、風に乗ると遠くまで運ばれます。何千 km 離れていても飛んできます。大気中に放出された放射性物質は同心円状に拡散するとは限りません。汚染された食品が全国に流通し、消費されていると考えられます。福島県産でなければ安心というわけではありません。ストロンチウム 90 は比較的重い物質であるため土壌や海など下のほうに放出されます[4]。

8. 原発事故ではいくら風下へ遠くに逃げても死の灰は風に乗って追いかけてきます。遠くに逃げるのではなく、「風向きに対して直角に逃げる」ことが求められます。

9. 原発の爆発によって発生するのは「放射線」ではなく、「放射性物質の小さなチリ」なので、原発からの風向きをみて直角に逃げること、そのチリは新型インフルエンザウイルスよりも大きいので、初期被曝を避けるには幼児・児童・生徒には必ずマスクをつけさせること、放射性物質

で汚染された水を飲まないこと、つまり肺にも胃にも放射性物質を入れないこと[5]が必要です。

10. チリ（放射性物質）は子供（大人も同じ）が呼吸すると空気といっしょに肺や胃のなかに入ります。体内に入った放射性物質は元素の種類によって長く体内に留まるものと、すぐに排泄されるものがあります。たとえばヨウ素 131 は甲状腺に入り、β 線と γ 線を出します。放射性ヨウ素による甲状腺ガンが有名ですが、初期の被曝では最も危険なものです。

11. 放射線の種類によって透過力も異なります。α 線は透過力が比較的弱く、紙 1 枚で防ぐことができます。外から α 線を浴びても皮膚で遮られ、人体への害はありません。しかしこれを体内から浴びると直接、組織や臓器に影響をおよぼし、大変危険です。β 線は α 線よりも透過力は強いですが、アルミなど薄い金属やプラスチックで防ぐことができます。γ 線は β 線よりも透過力が強く、鉛や厚い鉄板などでなければ防ぐことができません[6]。

12. 国民の放射線の被曝線量の限度は 1 年間 1mSv（1000 分の 1 シーベルト）です。放射線の有害作用から人体を守るため、CRP（国際放射線防護委員会）が勧告した値で、世界的な基準となっています。この値を少しでも超えると人体にとって危険であることを示しています。自然界からの放射線（年間平均 2.4mSv）と医療目的の被曝は含まれていません。ちなみに胸部 X 線撮影の場合は 0.3mSv です。被曝量 1Sv ごとに発ガン率が 5%高くなる[7]といわれています。

13. 被曝限度はそれぞれの被曝量を足し算する必要があります。また被曝限度は、「正当化の原理」のもとで決められ、放射線に関しても、必ず「得」＝「損」という等式が成り立ちます[8]。

14. 被曝限度は「国民の通常の 1 年間 1mSv」に沿って許容できる Bq 数を計算することになります。Bq を mSv に簡単に換算できる武田式計算式があります。

> 「1kg の食材のなかのベクレル」を「1年間に内部被曝するミリシーベルト」に簡単に換算できる計算式[9]。
>
> 1年間に内部被曝する mSv ＝ 1kg 当たりの Bq÷100

表3A―1：放射性元素の半減期

核種	半減期
I（ヨウ素）－129	1570 万年
I － 131	8.04 日
I － 133	20.8 時間
Cs（セシウム）－ 134	2.06 年
Cs － 136	13.1 日
Cs － 137	30.0 年
Pu（プルトニウム）－ 238	87.7 年
Pu － 239	2.41 万年
Pu － 240	6564 年
Sr（ストロンチウム）－ 89	50.5 日
Sr － 90	29.1 年

（MEMORVA　HP「ベクレルをシーベルトに換算する方法」）

3A―2．放射性同位体の性質と被曝限度

ヨウ素には数多くの同位体があるが、安定した同位体はヨウ素127の1種類だけである。セシウムにも様々な同位体があり、セシウム133だけが安定した同位体である。ヨウ素の代表的な放射性同位体としてヨウ素129、131、133がある。福島第一原発から放出され、ホウレンソウなどの葉物野菜、牛乳、水道水を汚染したことで有名になったヨウ素131の原子核は53個の陽子と78個の中性子から成り立っている（この131は53個の陽子と78個の中性子を足した数）。

ヨウ素131は構造が不安定なため β 線（電子）と γ 線（電磁波）を出して安定な元素であるキセノン131に変化する（表3A―2）。セシウム134、

135、137 も放射性同位体である。放射性セシウムのうちセシウム 137 は
β 線を出し、最終的には安定した元素であるバリウム 137 に変化する（表
3A─3）。

表 3A─2：放射性ヨウ素

	Ｉ－127	Ｉ－129	Ｉ－131	Ｉ－133
放出陽子	（安定） 53	γ 線、β 線 53	γ 線、β 線 53	γ 線、β 線 53
中性子	74	76	78	80
質量数	127	129	131	133
存在比	100％	－％	－％	－％

（排出放射性物質影響調査　用語解説「ヨウ素」　aomori-hb.jp）

表 3A─3：放射性セシウム

	Cs－133	Cs－134	Cs－135	Cs－137
放出陽子	（安定） 55	β 線 55	β 線 55	β 線 55
中性子	78	79	80	82
質量数	133	134	135	137
存在比	100％	－％	－％	－％

（排出放射性物質影響調査　用語解説「セシウム」　aomori-hb.jp）

　ストロンチウムは 84、86、87、88 が安定同位体で、89、90、91 が放射
性同位体である。放射性ストロンチウム 90（半減期約 29 年）は β 線を放
出して半減期約 64 時間のイットリウム 90 になり、さらに β 線を放出し続
けて最終的にジルコニウム 90 に変化して安定する。
　このように構造の不安定な放射性物質が安定した別の原子に変化すること
を放射性崩壊といい、種類によって放出される放射線が異なる。
　セシウム 137、ストロンチウム 90、ヨウ素 131 の粒の大きさは、大体
0.3 ミクロン以上で、ほとんどは 1 ミクロン以上である。これに対して新型

インフルエンザのウイルスの大きさは約 0.1 ミクロンで、インフルエンザ用のマスクを保育所や幼稚園、学校に常備しておけば幼児・児童・生徒の内部被曝を極端に減らすことができる[10]。

　セシウム 137 の場合、体内に留まる平均の時間は約 3 ヵ月、幼児や児童など小さな子供の場合は約 1 〜 2 ヵ月といわれており、主として筋肉にたまる。セシウムと並んで主要な放射性物質であるストロンチウムはカルシウムと性質が似ているので骨に蓄積し、なかなか排泄されない。セシウムもストロンチウムも半減期が約 30 年と長く、10 分の 1 になるのに約 100 年を要する[11]。

3A—3．放射性降下物の危険性

　放射性物質は、1 つずつ単独で飛んでいるのではなく、化学反応しながら、塊になって飛んでくる。その塊が体内に入って、周囲の細胞に爆弾のような被害を与える。これが本当の放射線の危険性である[12]。

　チリ（放射性物質）は、呼吸すると空気といっしょに肺や胃のなかに侵入する。体内に入った放射性物質は元素の種類によって長く体内に留まるものと、すぐに排泄されるものがある。たとえばヨウ素 131 は甲状腺に入り、β 線と γ 線を出す。放射性ヨウ素による甲状腺ガンが有名で、初期の被曝では最も危険なものである。一定以上の被曝が予想される場合、安定ヨウ素（放射能で汚染されていないヨウ素）剤であらかじめ、甲状腺を飽和させておけば、放射性ヨウ素が入り込まないことを期待して、安定ヨウ素剤を服用することになっている。

　標準的なヨウ素の量は、新生児 12.5mg、生後 1 ヵ月以上 3 歳未満125mg、3 歳以上 13 歳未満 38mg、13 歳以上 40 歳未満 76mg である。服用するヨウ化カリウム（KI）それぞれ 16.3mg、32.5mg、50mg、100mgとなる。成人の 1 日必要量の 300 倍である。

　安定ヨウ素剤は、1回だけ服用するのが原則である。24時間、服用効果があるからである。ヨウ素剤によって、防御するのが目的ではなく、安全なところに避難するための時間稼ぎをするのが目的である。例外的な場合を除き、何回も服用しない。連続して摂取すれば、甲状腺機能低下症の危険性が高くなるためである。大人の場合は影響はないが、妊婦と新生児、乳幼児には影響が大きい[13]。

　国民の放射線の被曝線量の限度は1年間1mSv（1000分の1シーベルト）である。放射線の有害作用から人体を守るため、ICRP（国際放射線防護委員会）が勧告した値で、世界的な基準となっている。便宜上、決められた放射線量を許容量と呼んでいるが、これは「これだけ放射線を浴びても安全ですよ」という値ではなく、「それくらいまではしかたがないでしょう」という値である。自然界からの放射線（年間平均2.4mSv）と医療目的の被曝は含まれていない。ちなみに胸部X線撮影の場合は0.3mSvである。被曝量1Svごとに発ガン率が5％高くなる[14]といわれている。

　何mSvまで被曝しても大丈夫かを考えるときには被曝量を足し算しなければならない。つまり自然放射線による被曝量と福島第一原発事故による被曝量を比べて、どちらが「多い」、「少ない」というのは無意味で、被曝量を考えるときには「自然被曝量である1年1.5mSv」＋「人工的に受ける1年1mSv」＝2.5mSvと足し算する[15]のが正しい計算である。

　それに放射線検査（健康診断のX線検査）を受けると、胸部撮影―0.2mSv/回、腹部撮影―1.0mSv/回、胃のX線検査―3~5mSv/回、胃（透視）―10mSv/回となっている。いずれかでも、受けると、プラスする必要がある。

　被曝限度は「正当化の原理」のもとで決められる。たとえば胸部のレントゲン1回0.05mSvでも被曝することは「損」だが、肺結核などの病気がレントゲンによってみつかり、早期の治療が可能になるなどの健康上の「得」を享受できるので、受け入れられる数値だということである[16]。放射線に関しても、必ず「得」＝「損」という等式が成り立つ[17]。

宇宙や地球内部からの放射線＝自然放射線も発ガンの危険性がある。しかし被曝は一瞬であり、しかも大昔から自然界の放射線に関して、人間の身体はそれとのつきあい方を心得ており、すぐに内々から尿などの形で排出される[18]。

3A—4．被曝に対する不安

　原子炉事故の場合、放射性物質による二次被害のほうがはるかに影響が大きいといわれるのはなぜでしょうか。

　胎児・乳児・子供は危ないといわれるのはなぜでしょうか。

　食材に影響はないのでしょうか。暫定基準値とは何でしょうか。

　女性のほうが放射能によるガンにかかりやすいといわれるのはなぜでしょうか。

　安全な校庭にするには、また安全な農業用地を取り戻すにはどうすれば良いのでしょうか。

　原発の立地に問題はないのでしょうか。

　原発事故が収束するのにどれくらいの費用と時間が必要なのでしょうか。

1．被曝には外部被曝と内部被曝とがあり、両者はまったく異なります。一般の人々にとって怖いのは内部被曝です。放射性物質は空気中に漂流しており、それを吸い込んだり、放射性物質を含んだ水や食べ物を口にすれば放射線のもとを身体に取り込むことになります。様々な形で体内に取り込まれた放射性物質は血液を通じて各臓器に達し、そこに留まり、最終的に体外に排出されるまでの間、体内から放射線を出し続けます。その結果、内臓がズタズタにされてしまいます。これが内部被曝であり、内部被曝の怖さ[19]です。

2．なぜ放射線は人命を奪ったり、病気を引き起こすのでしょうか。放射線を

浴びることを放射線被曝といいます。放射線は人間の細胞分裂を害します。放射線が体内を通ったり、達すると細胞内に活性酸素という物質ができ、これがDNA分子と化学反応を起こし、遺伝子を傷つけます[20]。

3．被曝後、白血球の減少によって免疫力の低下や貧血などが起こります。また白血病や（特に小児における）甲状腺ガン、妊娠初期の妊婦が被曝した際に胎児に現れる奇形なども被曝の影響と考えられています。

4．被曝の影響は大人よりも子供、子供より胎児のほうが大きいといわれています。乳幼児や胎児では細胞分裂が盛んに行なわれているため、大人よりも大きな影響を受けることになります。特に身体の器官が形成される妊娠初期には最大限の注意が必要[21]です。すぐに影響が出なくても、いずれ影響が出ると考えなければなりません。

5．被曝する機会は大人より子供のほうが多いという認識も必要です。背が低いため呼吸する位置が地面から近いこと、砂場で遊んだり、グラウンドで運動したりする機会が多いからです。しかも子供はあと何十年も生きなければなりません。子供たちは何としても守る必要があります。

6．実際、被曝で身体にどのような害があるでしょうか。その答えは何十年も先にならないとはっきりわかりません。被曝を心配している日本のお母さんは、子供が被曝して「直ちに」病気になると心配しているのではないと思います。今、5歳の子供が15歳になってガンを患ったとき、自分は死ぬほど悔やむだろう[22]と心配しているのです。

7．妊婦だけでなく、妊娠可能な女性は放射線被曝を避ける必要のある理由が2つあるといわれています。ひとつは胎児に対する直接的な影響です。放射線は細胞分裂を阻害します。したがって被曝線量が同じでも細胞分裂が盛んな胎児や小児は大人よりもリスクが高いということです。もうひとつは女性は卵母細胞をもっており、卵子のもとになるこの細胞は生まれる前にできあがっていて、出生後に新たに生成できません。したがって被曝時に胎児、少女、20代を問わず、卵母細胞に影響を受けるという点では同じ[23]だということになります。

8．子供の被曝を抑えるために安全な校庭にする方法とは、汚染された表面の土を取り除くことです。しかし園庭や校庭の子供を守るという観点からは暫定的な措置で、汚染された土が表面に出ているよりはマシ、と考えたほうが良い[24]と思われます。

9．放射性物質による田畑、牧場など農業用地の汚染は深刻な問題です。特に農業に従事している人にとって土地は生命です。土壌汚染対策には表層土壌を入れ替えることが必要です。セシウムは放っておけば減少するものではありません。周囲に放射線を放出し続けるのを避ける意味でも重要です。ただ汚染土をどこに捨てる（保管する）のでしょうか[25]。何も解決していません。

10．空中を飛散していた放射性物質が地表に落ち、ホウレンソウのような葉の大きい野菜が真っ先に汚染されています。3月21日には、第一原発から約16km南の海水から、基準の16.4倍を超えるヨウ素131が検出されました。海に放射性物質を流している以上、魚介類が汚染されて当然です[26]。

11．舗装された道路やマンションの屋上に積もった放射性物質は水で洗い流せば、その部分からはなくなります。しかし放射性物質がほかの場所へ移動するだけで、何ら解決にはなりません。

12．原発事故当時、食品については放射線被曝に関する基準がありませんでした。魚も野菜についての基準もなかったのです。食品による内部被曝を防ぐため、厚生労働省では2011（平成23）年3月17日から食品に含まれる放射性物質について暫定規制基準値を定め、翌2012年4月より新基準値を定めました（表3A － 4）。

13．新基準値は放射性セシウム、ストロンチウム、プルトニウム、ルテニウムからの被曝量が合計で年間1mSvを超えないように設定されています。実質的に考慮されているのはセシウムだけです。基準をパスした食品とほとんど汚染されていない食品がスーパーマーケットでは同じ棚に並べられていますが、消費者はどのようにして見分ければ良い

のでしょうか。

14. 年間被曝限度量が 1 年 1mSv から 20mSv に突然引き上げられました。福島の子供たちには 1 年 20mSv までの放射線は我慢しなさいということでしょうか。児童・生徒に対して、1 年 20mSv の外部被曝、給食全体で 17mSv、合計 37mSv という非常に高い基準を使用したことになります。

15. 今回の福島第一原発による被曝量はかなり正確に計算できると考えられます。したがって大変不幸にも、「子供たちがどのくらい被曝すればどのような障害が出る」かが、将来、人類史上はじめて明らかになると予想されます。子供を使った人体実験[27]に言葉がありません。

16. ふつうの状態では 10 万人に 1 人も出ないとされる小児甲状腺がんが、チェルノブイリ原発事故の 4 年後から急増しはじめ、約 6000 人にものぼる小児甲状腺ガンが発生したといわれています。いずれも 15 歳未満の子供たちです。またチェルノブイリ原発事故から約 10 年後に、今度は妊婦の体に異常が起き、事故当時、少女だった人が成長して妊娠したときに死産や流産が相次いだ[28]とのことです。

17. 放射線で被曝した場合、即死しなければ、早くて 4 年、ふつうは約 10 年でガンになったり、遺伝子がおかしくなったりというように発症します。当然、直ちに身体に症状が現れるわけではありません。避難すればすむというわけでもありません。しかしそのままそこにいても良いとは限りません。

18. 放射線を 1 年間に 100mSv 浴びると、1 億人に対して 50 万人が「被曝によるガン」になることがわかっています。しかし 1 年間に 100mSv 以下の被曝は安全だという根拠は、どこの学問的知識にもありません。1 年 100mSv 以下の被曝で生じるガンが放射能によるものか、そうでないのかを確定できないからです。低線量のデータを定量的・学問的に結論を出すことは今の科学では不可能だということです。低線量被曝と疾病の関係は「不明」だというのが正しい[29]のです。し

かしチェルノブイリの例は、高い線量でも、低い線量でも放射線が健康に被害を与える[30]ことを示しています。

19. ウクライナでは、「『年間 5mSv』を基準として、それ以上の線量の地域を、住んではいけない場所、それ以下の地域を、住んで良い場所」としています。日本政府が避難指示や防護対策の基準としている数値は「年間 20mSv」です。この「年間 5mSv」と「年間 20mSv」は、ウクライナの現実をどのように福島とつなげれば良いかを考える際のキーワードになる[31]と思われます。

20. 「広島に原爆が落ちても、すぐに人が住むことができたではないか」というのは量の問題です。今回の福島の事故から放出された放射性物質の量は、政府発表で約 80 京ベクレルで、広島原爆の約 200 倍になります。これだけ量が違えば、広島の例をあげることはできません[32]。

21. 専門家を説得するためには、「疫学的手法で証明できないことは科学的ではなく、事実として認められない」のです。「ある病気について被曝線量が多い人ほど、病気発生の割合が極端に高い」という関係が成立してはじめて、「その病気が放射線の影響だと証明される」[33]のです。

22. 放射性ヨウ素、特に問題となるヨウ素 131 の半減期は 8 日にすぎません。2 ヵ月もすればほとんどなくなってしまうはずです。したがって 2 ヵ月後に妊娠した子供やそのときにチェルノブイリにいなかった子供が甲状腺ガンになるはずはないのですが、実際には発生している[34]のです（図 3A － 1）。

23. 放射能を浴びた人の近くにいっても、放射能がうつることは絶対にありません。放射線とは光の一種なので、体内に残ることはありません。

　放射能を浴びた人の近くにいても、放射能がうつることは絶対にない。放射能は伝染病ではない。細菌やウイルスではない。放射線は光の一種なので、被曝者が放射能を出すことはない。「放射線を浴びるとうつる」というのも間違いで、蛍光物質にあてると光るが、人が浴びても光らない。体や衣

服に放射性物質がついた可能性がある場合は、洗い流せば、放射線は出なくなる。放射線物質はホコリや花粉みたいなもので、人から人へうつることはない。「放射能がうつる」というのは、新たに生まれた迷信である。

　放射線は人命を奪ったり、病気を引き起こす放射線被曝によって、人間の細胞分裂を害する。表面にはあらわれないＤＮＡの傷が子孫に伝えられるので、生物の中に、長期にわたって、DNA の損傷が蓄積されていく可能性がある[35]。

　卵子や精子のような生殖細胞の DNA に一文字でも間違いが起これば、その間違いは、生まれてくる子供すべての細胞に正確にコピーされて、伝えられる。どちらか一方の親だけが、異常であるだけで、子供にそのまま異常があらわれる突然変異も多くみられる[36]。

　年間被曝限度量が年間 1mSv から 20mSv に突然引き上げられた（文部科学省通達）。年間 1 mSv を厳密に守れば、福島だけではなく、東北・関東の広い範囲で居住できなくなるためである。20mSv という基準は、結局、避難区域を原発 30km 圏前後にとどめ、福島市や郡山市（さらには柏市や松戸市）のような人口集中地域が避難区域にはいらないようにするための、結論ありきの決定ではないのか。このようにすれば、政府や東電は避難・農産物・被曝症などへの補償を少なくすることができる[37]。

　原子力安全委員会は、「20 ミリシーベルト」は基準として認めていないと発言している。誰がどう決めたのか不明である。20mSv はあくまで外部被曝だけで計算し、内部被曝は考慮に入れていない。ICRP は 2007 年勧告で、緊急時の公衆被ばくの参考レベルとして、20 〜 100mSv という数値を掲げているが、この数値は人体への安全性を保証していない[38]。内部被曝の方が外部被曝の数倍から数十倍、危険であり、20mSv の場所で生活すれば、0歳児は、33 人に 1 人がガンで死亡する。内部被曝を考慮に入れると、さらに深刻である。

表3A—4：食品中の放射性物質の新基準値

（放射性セシウムの新基準値(mSv)）

食品群	規制値
飲料水	10
牛乳	50
一般食品	100
乳幼児食品	50

（特別な配慮が必要と考えられる「飲料水」「乳児用食品」「牛乳」は区分を設け、それ以外の食品（野菜類・穀類・肉・卵・魚など）を「一般食品」とし、全体で4区分とする）

（厚生労働省　食品安全審査会）

図3A—1：被曝線量と
　　　　ガン発病の関係

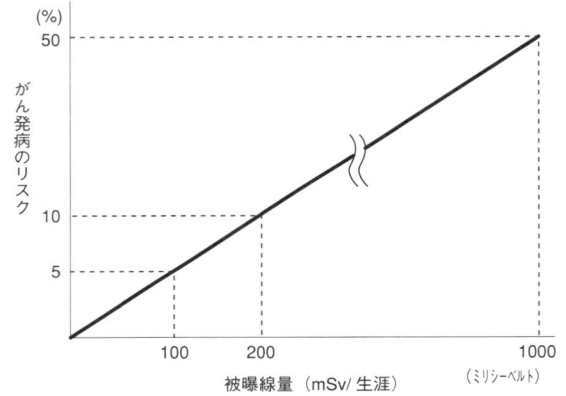

（馬場朝子・山内太郎『低線量汚染地域からの報告』NHK出版、2012年、26ページ）

「広島では、鎮火するとすぐに家を建てるなど、諸活動が開始されたが、すぐに人が住むことができたではないか」というのは量の問題である。広島の放射線量の高い地域は、少なくとも2〜3年間、立ち入り禁止にしていれば、被害者はもっと少なかったのではないかと悔やまれる。

3A—5．放射線による人体への影響

　セシウム137が人体に入ったとき、骨、肝臓、腎臓、肺、筋肉などに多くくっつき、白血病や肝臓ガン、不妊の原因になるといわれている。放射性ヨウ素は、甲状腺という喉の部分、すなわち気管を前側から取り囲むように存在する内分泌器官に選択的に取り込まれる。取り込む量は甲状腺ホルモン

の分泌が多いほど増加する。そのため低年齢の子供ほどホルモン分泌量が多く、放射性ヨウ素を取り込みやすい[39]ということになる。成長途上にある10歳以下の子供は注意が必要である。ところが安全なヨウ素は不可欠な栄養素のひとつで、人体組織のどこかで使われ、その最大の用途（99％）が甲状腺ホルモンの原料である。人間は身体に入ってきたヨウ素を放射性ヨウ素かどうか区別できないため、甲状腺に集めてしまう。事故の直後、ヨード剤を飲み、放射性ヨウ素131を取り込むことがないように甲状腺をヨウ素で満たしておくことが重要[40]なのである。このようなときのために住民用のヨード剤は備蓄されていたが、今回の事故ではヨード剤は配布されなかった。

　水道水に乳児に対する基準が設けられているのは、乳児の主食である粉ミルクは水、お湯を溶かしてつくられるからである。粉ミルクで育つ乳児はミルクを溶かすための水を大部分、体に取り込むということである。さらに赤ん坊は子供のなかでも最も多くの成長ホルモンを分泌するため、放射性ヨウ素を取り込みやすく、特に注意が必要である。

　福島原発事故により、牛からしぼった原乳からも暫定基準値を上回る放射性ヨウ素が検出された。これはエサである牧草に放射性物質がついていたこと、また牛は牧草といっしょに土も食べるので土に放射性物質が付着していたことが理由として考えられている。牛の体内に取り込まれた放射性ヨウ素は甲状腺にたまるだけでなく、乳からも出るため、原乳が基準値を超えたのである。原乳をはじめ、食物の放射性物質の管理が重要で、遠く離れているからといって安心[41]というわけにはいかない。

　被曝に対する感度は、子供の場合、大人の3倍で、被曝確率は大人の3倍、合計で子供は大人に比べて約10倍危険だと考えるのが妥当である。「被曝による健康障害は4年目から」という遅発性の疾病が多く、白血病、ガン、ほかの障害を問わず、普段の生活で発病するのと区別がつかないので、「どのくらい被曝すると、どの程度の病気になるか」はわかっていない[42]のが現状である。

　チェルノブイリの例は、「なぜある子供は1990年に甲状腺ガンを発病し、

ある子供は95年に、またある子供は20年後に発病しているのか、明らかになっていない。ただし、皆被曝したのは86年である」[43]ことを示している（どんなに微量でも、絶対安全ということはなく、内部被曝をすれば、「これ以下であれば影響がない」という「閾値」はないと考えられる）。

3A－6．原子力発電所の「安全神話」の崩壊とその教訓

　原発事故の主な原因は何だったのでしょうか。

　被災地は本当に復興するのでしょうか。

　原発の「安全神話」は崩れ去りました。多くの原発が再稼働されようとしています。問題はないのでしょうか。

1．日本でなぜ原発が爆発したのでしょうか。この事態をなぜ予測できなかったのでしょうか。この点を最も真剣に考える必要があります。
2．住民をどのように避難させるのか、そのときどのような服装が望ましいのか、住民が避難したあと、その地域をどうするのか、など何も決まっていなかったのです。
3．幸い、西風だったので、日本人の生命が奪われることはありませんでした。しかし福島の人はずいぶん被曝していると考えられます。政府の無策で被曝したわけで、これは明らかに人災だといわれても弁解の余地はないと思われます。
4．危険を予想し、保護者とも話し合いをしておく必要がありましたが、教育関係者は何もしていませんでした。危機管理意識がなかったということになります。単に「危険」と口でいっているだけでは危機管理にはなりません[44]。原発が存在する限り、今でも同じです。
5．保育所や幼稚園、学校は子供を守らなければならない場所です。原発が爆発したとき、現場の教育者の誘導、引率、様々な問題をどうする

かも重要な検討課題になります。

　たとえば本来なら得られるはずの教育の機会を原発事故によって失った場合の補償を教育界としてどうとらえていくのか、子供や保護者に「泣き寝入り」させるのかどうかを検討する責任があります[45]。

6. 地震によって福島原発が爆発しましたが、日本の原子力発電所について多くのことが明らかになりました。まだ人類は大地震に耐える原発をつくることができないこと、「津波がきた、想定外のことだった」のではないということです。

7. 世界中で稼働している原発は 2020 年現在、437 基です。そのうち約 60 基が地震の起こりやすいところに建設されています。巨大地震多発地帯に建てられているのは日本の原発だけという状態です。ほかの国では、日本のようにプレート型の巨大地震にみまわれることのない地質構造のところにあります。残りの約 370 基は地震や津波が起こりにくいところに建てられています[46]。

8. 「安全」というのであれば、本当は東京や大阪の近くに原子力発電所をつくればいいのです。送電線も短くてすみ、ロスも少なく、非常に効率的で、優秀な技術者も集めやすいなど、多くの点で有利です。電力の大消費地の東京の電気を新潟の柏崎市でつくっています。「安全です」といいながら、人のあまり住んでいない、いわゆる僻地に多額の「危険手当」ともいわれる交付金を出して、原発は建てられています。

9. 日本の原発は海岸線につくられています。大都市の近くでは「危険」で、国民の賛成が得られないからです。フランスではパリを流れるセーヌ川の上流に 2 基、ワインの産地であるロワール川の上流に 20 基と、日本では考えられない場所に建てられています。日本のように隅に追いやるのではなく、全国に散在させています。「原発は安全」という神話に頼っていない[47]のです。

10. 今回の事故で、事故の補償などを入れると、原子力発電所の電気代は石油火力、石炭火力より高くついていることがはっきりしました。現在

の発電コストは原子力発電所のほうが 1KW/h 当たり 5 円も安いといわれています。しかし原子力発電には、たとえば研究開発費だけで年間 2000 億円、また地元対策費や様々な組織の費用がかかり、その上、放射性廃棄物の処理場を約 2 兆 1000 億円かけて青森県につくっています[48]。今後とも被災地の 1 日も早い復興・復旧のために多額の費用をかける必要があります。

11. 被曝限度基準を年間 1mSv から唐突に 20mSv に引き上げました。将来の日本人の健康だけでなく、国際的な約束に違反したわけですから、どのような影響がおよぶか、今後の日本のあり方を考える上で重要です。最悪の場合には、日本の子供のガンが増えることがわかると、その影響が輸出や観光産業などにも出てくると覚悟しておく必要がありそうです。

12. 日本は政府自体が「原発は安全だけれども危険」という複雑な論理を展開しています。東京で使う電気を、原発が危険だからといって遠くにつくり、長い送電線を引き、その地方にお金を落とすというやりかたでは近代国家の品格が問われるのではないでしょうか。

3A—7．原発の恐怖と管理

2007（平成 19）年の新潟県中越沖地震による震度 6 の地震で、柏崎刈羽原発は損傷し、運転できなくなった。東日本大震災では運転中の志賀、東通、女川、福島第一、第二、東海第二の発電所がすべて自動停止し、このうち 4 ヵ所の発電所が電源を失い、そのうち 1 ヵ所が爆発した。これまで原発の事故はチェルノブイリやスリーマイル島のように、「実験中か大きな運転ミスが続いたとき」だけに起こっており、「装置上の問題で大事故を起こした」原発はない[49]。

福島第一原発は水素爆発を起こし、放射性物質を大気中に発散させた。そ

の影響によって原子炉から半径 20km 以内の住民に避難指示が出され、4 月 22 日には警戒区域として立ち入り禁止になった。そして 20 〜 30km 圏内の住民は屋内退避となった。当該地域の住民は家を出て、離れた避難所での生活を余儀なくされた。避難はどれだけの期間続くのか誰にもわからない。その上、避難指示が出た以上、震災の後片づけや復旧だけでなく、被災者の救助、遺体の収容さえままならないことを意味する[50]。精神的苦痛は計り知れない。

　フランスは消費電力の 75％を国内の 58 基の原発に依存している。「安全神話」に頼らず、いざというときには、「逃げる」、「ヨウ素剤を飲む」など身を守る備えをしている。国も企業も事故を想定した備えをしている[51]ように思われる。

　あれほど大きな事故が起きても、原発所在地の市町村は原子力発電所が安全か危険かという議論をすることなく、損得だけを考え、再稼働をするという。「大人が事実をみる勇気がないために子供が被害をうけることになる」という見本である。お年寄りとは違い、今の赤ちゃんは平均寿命 80 歳だから、今後 80 年の間に大地震がきたら終わりなのである。お金の魔力は思考力すら失わせるのであろうか。

　放射線の管理、被曝管理をどのように行なうかが、今後、大きな問題になると、武田邦彦は次のように指摘している[52]。

1. 今回、福島原発から漏れた量が 80 京ベクレルと非常に多いということである。スリーマイル島原発事故の 30 万倍、新潟の柏崎刈羽原発事故の約 30 億倍である。これを日本人 1 人当たりの量になおすと 80 億ベクレルになる。問題ないとされるベクレル数は数百万ベクレルが限度である。単純にいうと、もしも福島第一原発から漏れた放射性物質が均等に日本人ひとりひとりの上に降ってきたとすれば、日本人は間違いなく全員死んでしまうという量に相当する。

2. 外国との関係である。日本国内では 3 月 11 日以来、被曝限度が 1 年

1mSv ではなく、1 年 20mSv でも良いとされ、かなりルーズな放射線管理がなされている。しかしこれは国際的に決められた基準と諸外国との約束に反する。何かを輸出する際、当該商品が安全だという証明書が必要となる。

さらにつけ加えれば、原発の収束にどれくらいの金額が必要であろうか。大きな原子炉を処理するためにはコンクリートで固めてしまう必要がある。炉の処理が終わっても、周囲に広がった放射能汚染は残る。放射性物質が自然消滅するのを待つとすれば、完全に消えるのには何億年も要する。

このように、今回の原発を被曝という面からみると、その影響は人体への影響にとどまらない。事故直後の避難、通報、避難の方法、汚染されたものの基準、暫定基準や臨時法の制定、また国土に放出された膨大な量の放射性物質をどうするか、さらには外国との関係をどうするか、にまで波及する。多くの課題が残されたままだということである。

広範囲にわたって国土が被曝してしまった。「福島」で何が起こっているのか、だれも説明できないのではないか。国の規制値は信用できるのか。やはりあくまでもゼロベクレルを目指さなければならないことがもちろんである。20 年後、ガンが多発したときはもう手遅れである。そしていつ故郷へ帰ることができるかわからない人々がたくさんいる。いつこの事態は収束するのか、明確に答えられる人はいないのではないか。記者会見での発表は慰みにすぎないのではないか。

事故を起こしてしまったが最後、日本が破綻するくらいのお金を使ってももとの状態に戻せないと思われる。今後、原発の敷地の周りには、数十年間、人間は住めないと覚悟しておいたほうが良いであろう。原発は事故が起きれば、人間の手には負えないということである。今回のことは、「国はあてにするな！　自分の身は自分で守れ（子供とともに）」ということを、国が国民に暗示していると思われてならない。

日本の製造物責任法（平成 6 年法律第 85 号）では、原子力事故の場合の

責任主体は原子力事業者（電力会社等）だけであって、原子火力メーカーは責任を負わないとなっている[53]。

　事故のリスクと最終処分を一切無視できるなら、原発ほど安価なエネルギー源はない。多くの国では、製造メーカーが製造物の全責任を負うことが規定されているが、日本の法律（製造物責任法）は、原発を輸出する場合にも、輸出者がリスクを負担するようにつくられている[54]。今回の福島第一原発は、アメリカのゼネラル・エレクトリックなどが中心となって建設された。この例外規定によって、一切の責任を免れている。

3A—8．福島原発事故の現実

　原発事故による直接の死者は確認されていない。放射線の長期的な影響は、議論が決着していない。世界保健機関（WHO）は 2013（平成 25）年の報告書で「原発事故によって、関係地域のがん発症率が測定可能なほど高まることはないだろう」とした。また、原子放射線の影響に関する国連科学委員会（UNSCEAR）は、2020 年報告を発表し、「これまで県民に被爆の影響によるがんの増加は報告されておらず、今後も放射線による健康影響が確認される可能性は低い」と評価し、「放射線被ばくが直接の原因となる健康影響（例えば発がん）が将来的に見られる可能性は低い」と言及している。

　しかし、危険はもっと大きいと信じる人も多く、住民らは警戒を解いていない。元の家に戻った人は少ない。かつての住民の中には、放射線への恐怖から 2 度と元の家には戻らないと決め、別の土地で新たな暮らしを築いている人たちもいる。

　原発事故から 10 年が経過した現在も、福島には立ち入り禁止の区域が残っている。原発事故で避難指示が出された 11 市町村のうち、放射線量の高い帰還困難区域でも一部解除が進み、2022（令和 4）年 8 月末には福島県内すべての人が住めるようになった。しかし、避難の長期化に伴い、住民の帰還は思うようには進んでいない。東日本大震災から 11 年半、被災自治体

は居住者の確保に悩んでいる[55]。

　帰還困難区域のうち、除染やインフラ整備を行う「特定復興再生拠点区域」の避難指示が8月30日に解除された双葉町。原発事故後初めて居住できるようになり、今月5日には役場新庁舎が業務を始めた。しかし、住民の帰還意欲は低い。全町民約7000人が避難し、今も42都道府県に分散して暮らしている。解除時の準備宿泊は、29世帯50人にとどまった。来秋までに町営住宅86戸を整備するが、その後は未定であり、町役場でも職員約100人の8割超が避難先から通勤している状態である。

　帰還しても、町内で日用品が買えるのはスーパーの移動販売車のみ、医療機関の不足も高齢者にとっては深刻な問題となっている。

　チェルノブイリの場合、就学前の子供の5%近くが5000ミリシーベルトを超える甲状腺被爆を受けた一方、被ばく量が50ミリシーベルト以下はわずか0.2%にすぎない。福島の子供では99%が30ミリシーベルト以下で、チェルノブイリと福島では、甲状腺の被ばく量がケタ違いに異なる。福島では、本来子供たちが持っていた「無害な」甲状腺がんを、精密な検査によって発見しているに過ぎない。がんが「増加」しているのではなく、「発見」が増えている[56]のである。

　東京電力福島第一原発事故後に福島県で行われている「県民健康調査」の検討委員会が2022（令和4）年7月3日、福島市内で開かれ、新たに12人が甲状腺がんと診断された。これまでに、県の検査によってがんと診断された子供は296人となり、がん登録で把握された集計外の患者43人をあわせると、事故当時、福島県内に居住していた18歳以下の子供の甲状腺がんは、338人となった[57]。

　「風評被害」があるが、国内で食べられている、食品の輸入を停止、または証明書を要求している国と都市が、2012（平成24）年9月5日現在、43ヵ国もあった。特に福島、群馬、栃木、茨城、千葉の農産物の汚染レベルは、世界中で危険視されている。今回のアメリカの規制撤廃により、規制国

は14ヵ国・地域に減少した。日本政府としては、引続き、規制撤廃に向けて働きかけを行っていく[58]としている。

「日本のすべての食品、または一部の食品の輸入を停止している国（輸入停止というもっとも厳しい措置をとっている国）」のみを記載すれば、下記の通りとなる（2021（令和3）年9月現在）[59]。

中国	福島、群馬、栃木、茨城、宮城、長野、埼玉、東京、千葉（全食品＋飼料）新潟（米を除く食品＋飼料）
台湾	福島、群馬、栃木、茨城、千葉（全食品、酒類を除く）。
香港	福島（野菜、果物、牛乳、乳飲料、粉乳）。
マカオ	福島（野菜、果物、乳製品、食肉・食肉加工品、卵、水産物・水産加工品
韓国	青森・岩手・宮城・福島・茨城・栃木・群馬・千葉（全水産物）。上記各県＋山形・埼玉・神奈川・新潟・山梨・長野・静岡（米・大豆・小豆・野菜・果物・原乳‐飼料・茶の一部品目）。

—註—

1　齋藤勝裕『知っておきたい放射能の基礎知識』ソフトバンククリエイティブ、2011年、171〜172ページ。

2　同上、200ページ。

3　別冊宝島編集部『世界一わかりやすい放射能の本当の話』宝島社、2011年、22ページ。

4　武田邦彦『原発事故とこの国の教育』ななみ書房、2013年、55ページ。

5　同上、55ページ。

6　同上、84ページ。前掲 別冊宝島編集部『放射能の本当の話』24〜25ページ。

7 　前掲 武田『原発事故とこの国の教育』36 〜 37 ページ。前掲 別冊宝島編集部『放射能の本当の話』45 ページ。

8 　前掲 武田『原発事故とこの国の教育』33 〜 34 ページ。

9 　同上、31 ページ。

10 　同上、57 ページ。原子力資料情報室 HP「ストロンチウム− 90、ヨウ素− 131」。

11 　前掲 武田『原発事故とこの国の教育』55 ページ。

12 　八王子市 HP くらしの情報「放射能、何が本当に危険なのか」。

13 　厚生労働省 eJIM（「統合医療」に係る情報発信サイト）。

14 　前掲 武田『原発事故とこの国の教育』36 〜 37 ページ。前掲 別冊宝島編集部『放射能の本当の話』45 ページ。

15 　前掲 武田『原発事故とこの国の教育』36 〜 37 ページ。

16 　同上、33 〜 34 ページ。

17 　同上、33 〜 34 ページ。

18 　前掲 別冊宝島編集部『放射能の本当の話』32 〜 33 ページ。

19 　同上、30 ページ。

20 　同上、31 ページ。

21 　別冊宝島編集部『世界一わかりやすい放射能の本当の話　完全対策編』宝島社、2011 年、44 ページ。

22 　武田邦彦『放射能列島　日本でこれから起きること』朝日新聞出版、2011 年、74 ページ。

23 　前掲 別冊宝島編集部『放射能の本当の話』48 〜 49 ページ。

24 　前掲 武田『原発事故とこの国の教育』87 ページ。

25 　前掲 別冊宝島編集部『放射能の本当の話』83 ページ。

26 　前掲 齋藤『知っておきたい放射能の基礎知識』191 〜 192 ページ。

27 　前掲 武田『原発事故とこの国の教育』48 ページ。

28 　馬場朝子・山内太郎『低線量汚染地域からの報告』NHK 出版、2012 年、38 ページ。

29 　前掲 武田『原発事故とこの国の教育』158 ページ。

30 　前掲 馬場・山内『低線量汚染地域からの報告』56 ページ。

114

31　同上、25 ページ。

32　前掲 武田『原発事故とこの国の教育』148 〜 149 ページ。

33　前掲 馬場・山内『低線量汚染地域からの報告』38 ページ。

34　同上、82 ページ。

35　柳澤桂子『いのちと放射能』筑摩書房、2007 年、70 ページ。

36　同上、58 〜 59 ページ。

37　小出裕章『原発はいらない』幻冬舎新書、2011 年、25 ページ。

38　日本弁護士連合会 HP「第 58 回人権擁護大会シンポジウム第 3 分科会『放射能と
　　たたかう〜健康被害・汚染水・汚染廃棄物〜』」。

39　前掲 武田『原発事故とこの国の教育』52 ページ。

40　前掲 別冊宝島編集部『放射能の本当の話』46 ページ。

41　同上、61 ページ。

42　前掲 武田『原発事故とこの国の教育』156 ページ。

43　前掲 馬場・山内『低線量汚染地域からの報告』83 ページ。

44　前掲 武田『原発事故とこの国の教育』46 ページ。

45　同上、94 ページ。

46　同上、146 ページ。

47　ニューズウィーク日本版編集部 HP「フランス人は原発をどう受け入れたのか」。

48　前掲 武田『放射能列島　日本でこれから起きること』51 ページ。

49　同上、24 〜 25 ページ。

50　前掲 齋藤『知っておきたい放射能の基礎知識』188 ページ。

51　前掲 ニューズウィーク日本版編集部 HP。

52　前掲 武田『原発事故とこの国の教育』92、94 ページ。

53　Westlaw Japan HP「第 138 回　原子炉メーカーの製造物責任（道垣内正人）」。

54　同上。

55　読売新聞オンライン「『帰還困難区域』解除進んでも住民戻らず…住環境整備に遅
　　れ、避難先に定着」2022 年 9 月 11 日。

56　中川恵一「がん専門医が語る福島の真実」国際環境経済研究所　福島レポート。

57 Our Planet-TV. HP。

58 SMART AGRI HP「日本産食品の放射線物質による輸入規制を米国が撤廃 規制国は 14 カ国に減少」。

59 外務省 HP。

第4章　車社会日本

4-1.　車社会の光と影

車社会とはどのような社会をいうのでしょうか。
私たちの生活にどのような影響をおよぼすのでしょうか。

1. 1960年代（昭和35年ごろ～）以降、日本では自動車による輸送量が急激に伸び、モータリゼーションの時代を迎えました。70年代前半には、自動車は鉄道を抜き、日本の交通手段の主役となりました。その背景にはマイカーの急速な普及がありました（表4-1）。

2. 自動車の普及は経済成長を表す最もわかりやすい尺度となっています。大部分の人は車を「早く簡単に移動するための機械」とだけみているわけではありません。車はそれをもつ人の豊かな暮らし、自由、進歩のシンボルでもあります。人々は自動車を求め、運転することに生きがいさえ感じているかのようです。

3. 多くの自動車はガソリンを燃やして走りますが、しばらく走るとガソリンを入れなければなりません。燃えてしまったガソリンはどこに行ったのでしょうか。大部分は炭酸ガスと水分として排出され、2021（令和3）年度には自家用乗用車だけで、炭酸ガスが8191万トンも排出されました。その他に大気汚染物質として窒素酸化物なども排出されます[1]。

4. 日本の自動車保有台数は、2021年には約7600万台、うち自家用乗用車は約6200万台（1台当たり2.018人）へと急増しています。乗用車1台当たり、年に平均約1万575km走っています。

5. 自動車がもたらすプラスよりもマイナスの方がはるかに大きくなってきました。たとえば、速くて便利というプラスの面よりも交通事故、大気汚染、騒音などのマイナスの面の方がより深刻な問題になってきたということです。
6. 車は地球や自然、人をも痛めつける主役でもあります。そろそろブレーキをかけなければ、車の暴走は止まらなくなります。

　自動車の出現によって、人間のモビリティ（移動性）は、かつてなく飛躍的に進歩し、ますます長い距離を走ることができるようになった。自動車はもはや単なる機械ではなく、文化的なシンボルとなり、壮麗なゴシック様式の大聖堂とほとんど同じ価値をもっている[2]。日本では、自動車の保有は国民生活の豊かさを象徴するものでもある。しかし、十分に社会的な対策がとられないまま、自動車は諸外国に例をみない速さで普及したために、自動車による便益に対して、私どもはもはや支払いきれないほどの高い代償を払わなければならなくなってきている[3]。

　自動車は移動の自由、快適な生活（その範囲、速さ、快適さの点で、また天候、距離を気にすることなく仕事に通い、買い物に出かけ、旅行することができる。田園的な雰囲気のなかで生活しながら通勤・通学したり、またこれまで想像もできなかった旅行ができる）を人々が最大限に享受するために不可欠であり、生活水準の向上は自動車の利用・普及を前提としてはじめて可能となった[4]と考えられる。狭い裏通りまで舗装され、自動車の通行はますます便利になって、人々はこぞって自動車を求め、運転することに生きがいを感じている[5]ように思われる。車がかなり以前から環境破壊の凶悪犯になっているにもかかわらず、それを認めようとする人は少ない。

表 4 - 1：用途別保有台数　　　　　　　　単位：千台

| 年 | 乗用車 | | | | | | | トラック | | | | | | | バス |
| | 自家用 | | 営業用 | | 計 | | | 自家用 | | 営業用 | | 計 | | | 計 |
	普通車	小型車	普通車	小型車	普通車	小型車	計	普通車	小型車	普通車	小型車	普通車	小型車	計	計
2001 平成 13	14132	38061	31	225	14163	38286	52449	1680	15270	901	79	2581	15349	17930	236
2011 平成 23	16791	41097	48	204	16839	41301	58139	1415	12415	857	76	2272	12713	14985	227
2019 令和元	19495	41917	59	163	19554	42080	61634	1487	11566	924	73	2411	11639	14050	233

（国土交通省自動車局『数字でみる自動車 2013』日本自動車会議所 2013 年、4 ～ 5 ページ、国土交通省 HP「自動車保有台数」2019 年）

　自動車保有台数は、1970（昭和 45）年の 1725 万台のうち、乗用車 878 万台（1000 人当たり 84 台）から、2021（令和 3）年には 7600 万台のうち、乗用車 6200 万台（1000 人当たり 496 台）へと増加した[6]。最近の傾向は、2011（平成 23）年から 2021（令和 3）年の 10 年間に国内の乗用車の台数が 5800 万台から 6200 万台へと増え、トラックは 1500 万台から 1400 万台へと減少している[7]ことである。

　バブル期に大型・高価格の自動車が売れるという贅沢化が進み、バブル期以降も、普通乗用車（いわゆる 3 ナンバー車）が普及している。2021 年末現在で乗用車の約 32% が普通乗用車となっている。普通乗用車が生産から廃棄までに消費するエネルギー量は小型乗用車のほぼ倍であり、普通乗用車の普及は環境面からみても不適切[8]である。

　ガソリン消費量は年間一世帯当たり 554L となっている[9]。2019（令和元）年の全国の輸送人員は鉄道の 250 億人に対して、営業用自動車は年間で 100 億人である[10]。また貨物輸送（トンキロ）の 2018 年の分担率は営業用自動車の 55.5% に対して、鉄道はわずか 4.3% にすぎない[11]。

　燃料の消費量が増え続けている。自動車が増える⇒燃料の消費量が増える⇒燃料関係の税収が増える⇒それが道路建設に使われる⇒さらに自動車を呼び

寄せる、という「破滅のサイクル」を、私たちはまだ止めることができない。

7. 自動車の増加の原因は、人口に関連する要因、経済的要因、社会的要因、政治的要因まで様々です。

8. 家庭生活から出る炭酸ガスのなかで最も排出量が多いのは、やはりマイカーです。現在の我が国では、家庭内で消費されるエネルギーとほぼ同量のエネルギーがマイカーで消費されています。（日常的にマイカーを利用している）平均家庭でのガソリンの消費量は、年間平均554Lです。マイカーから出る炭酸ガスの量を減らすことが、私たちができる手っ取り早い地球温暖化防止策ということになります（図4-1）。

9. 1台の車を生産するのに20万Lの水と1500Lの石油エネルギーが必要です。組み立てに有毒な重金属と発ガン性のある溶剤が不可欠です。塗装から出る毎年20万トンの危険な有害廃棄物も処理しなくてはなりません。車をスクラップするには大量に使われているプラスチックなど合成樹脂の処理が問題となります。自動車はわずかなメンテナンスをするだけで15年間は使用できるといわれています。日本の乗用車の廃棄までの使用年数は平均12.91年です[12]。

10. 道路が人間のためではなく自動車のために設計されたために、多くの都市では一層住みにくくなっています。マイカーの要求にしたがうことが多くの都市にとって受け身のしきたりになっているからです。

11. 広い道路と駐車場のために子供は道という最も良き遊び場を奪われ、老人は安全で心地よい散歩道を奪われています。歩行者は生命の危機にさらされ、しばしば生命を奪われています。

12. 歩・車道が完全に分離されていない道路に、依然として自動車の通行が許されています。（都市と農村とを問わず）学校でも家庭でも、子供は最初に自動車に注意するようにしつけられます。

13. 自動車の増加は数多くの生命を交通事故で奪い、大気汚染と騒音公害を悪化させています。2021（令和3）年には年間、30.5万件の交通事

故が発生し、2583 人が死亡、36 万人余が負傷しました [13]。

14. 歩行者の保護を本気で考えるのなら、歩行者に接触すればバラバラになるような車体の弱い自動車を作る以外に方法はありません。そうすればドライバーももっと慎重に運転するようになるのではないでしょうか。

15. 車道の横断には自動信号機が自動車の通行にできるだけ都合良く設置されています。至るところに横断歩道橋が作られていて、高い、急な階段を昇り降りしなければ横断できないようになっています。老人、幼児は道を歩く必要はないという想定のもとに設計されているかのようです。

　自動車の増加の原因は人口に関連する要因（都市化、人口の増加、一世帯当たりの人数の減少）をはじめとして、経済的要因（所得の向上と自動車価格の低廉化）、社会的要因（レジャー時間の増加やステータスとしての自動車の保有）、政治的要因（自動車産業を経済成長の推進力と考える強力な圧力団体や政府）まで様々である。自動車を購入する初期費用を負担するゆとりのある人々にとっては、自動車は速くて便利で比較的安価な移動手段である。自動車保有台数の増加は外出頻度の増大、社交やレジャーという新しい形態の外出や長距離の外出も増加させている [14]。

　「かつて自動車は、スピードと自由と便利さに満ちた、目もくらむような世界を約束していた。道路のあるところであれば、魔法のじゅうたんのように、どこにでも運んでくれるのが自動車であった。しかし、自動車を中心とする社会は、今やきわめて厳しい現実に気づきつつある」 [15]。自動車がもたらすプラスよりもマイナスの方がはるかに大きくなったということである。

　家庭生活から出る炭酸ガスのなかで最も排出量が多いのは、やはりマイカーである。家庭での炭酸ガス排出量は自動車を保有しているかどうかでエネルギーの消費量が大きく異なり、最大 5 〜 6 倍にも達している。これは自動車による負荷が非常に大きいこと、自動車の利用を控えることで、エネルギーの消費量を簡単に半分以下に削減することができると思われる。

図4-1：移動手段別炭酸ガス排出量

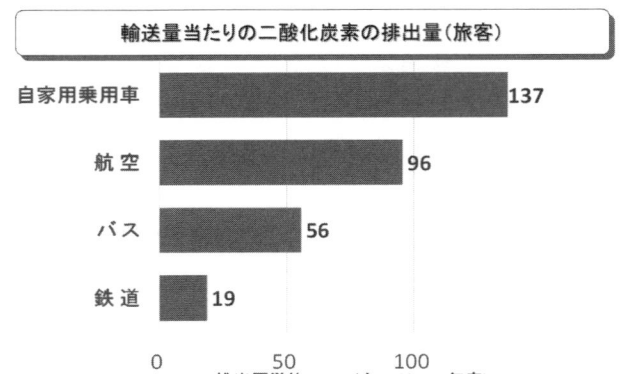

輸送量当たりの二酸化炭素の排出量（旅客）

自家用乗用車	137
航空	96
バス	56
鉄道	19

CO_2排出原単位[g-CO_2/人km](2017年度)

※温室効果ガスインベントリオフィス：「日本の温室効果ガス排出量データ」、国土交通省：「自動車輸送統計」、「航空輸送統計」、「鉄道輸送統計」より、国土交通省 環境政策課作成

（国土交通省 HP「運輸部門における二酸化炭素排出量」）

　車が環境に大きな悪影響を与えていることは周知の事実であり、自動車の問題は地球環境にとって手に負えないほど大きな脅威である。（炭素換算で）2021（令和3）年に約10億6400万トンの炭酸ガス、このうち約17.4%が運輸部門から排出（うち自家用自動車から44.3%）[16] され、地球を温暖化させている（"車の六悪"の①）。生産からスクラップにするときまで、環境に非常に大きな被害を与えている。

　自動車はフロンガスを大量に消費し、車が走れば酸素を消費し、排気ガスが大気を汚染し、森林枯死の原因となり、地球温暖化をさらに促進する。現在、最終的な廃車台数は2016（平成28）年に年間360万台である[17]。

　政府も個人もモビリティを自動車に求めている。しかし自動車交通への転換は、あまり利益をもたらしていない。モビリティは増大しても、目的地へのアクセスは向上していないからである。大都市は交通混雑と大気汚染で苦しみ、石油依存のために脆弱になり、石油が不足するような事件が起こったり、ガソリンの価格が高騰するたびに一喜一憂している。エネルギー資源を大量に輸入しなければならない日本では重荷となっている。マイカーへの依

存度を増やすような規模で都市化が進行している。自動車が唯一の原因ではないが、都市の拡大を可能にしているのも確かに自動車なのである。自動車による移動が都市生活の性格そのものを規定してきた。

　住宅環境は依然として貧しいままで、自然を荒廃させ、都市から緑を年々奪う都市開発と交通政策が自動車のために実施され、自動車を優先し、他の交通システムを軽視してきた[18]。自動車が日常生活に不可欠なものになっていくにつれて、都市のスプロール現象、公共交通機関の衰退、郊外のショッピングセンターの増加、職場の分散化が進んだ[19]。都市郊外が周辺に広がっていくにしたがって、家族一人ひとりが自動車を必要とするようになった。市民の生活を豊かにするためにではなく、むしろ自動車の通行を便利にするために道路が建設されてきた。自動車の通行が市民生活に与える被害はもはや無視できないものになっている。都市と農村とを問わず、子供たちにとって自動車を避けるという技術を身につけることが生きてゆくためにまず要求される[20]。

　ほとんどの道路を自動車は無料で使用することができ、そのために歩行者、住民は大きな被害をうけている。車は列車のように隔離された特別な空間を走っているのではなく、（自転車の利用者も含む）歩行者が往来するのと同一の空間を走っている。自動車の有する運動エネルギーは、重量とスピードの2乗に比例する。したがって死亡事故も避けることができない[21]。

　自動車のために自転車乗用中および歩行中に毎年 168 人もの 15 歳以下の子供たちの命が奪われ、2 万 7000 人の子供たちが負傷している（その中には重度の傷害を受ける子供もいる）のは冷厳たる事実である[22]。これは別の意味の大人による「子供のいじめ」[23]である。自動車事故に伴う被害は多くの交通遺児をもうみだしている。さらに 65 歳以上の高齢者の死者は歩行中の人に限っても 722 人[24]と、歩行中の死亡事故が多い。歩行者の保護を本気で考えるのなら、もっと車体の弱い自動車を作る以外に方法はないと思われる。交差点では、自動車以外の交通のために横断橋または横断地下道を整備している都市が多いが、この安全交通策はスカイウォークや孤立した自転

車道路など、自動車専用空間から子供、自転車利用者や歩行者を排除したにすぎない[25]。横断歩道橋は社会の貧困を象徴している。

　利用できる地上空間がすべて自家用車に征服されてしまうと、駐車場は空中と地下に向かっている。交通渋滞を解消するために道路建設を行なっても、これまで車庫に眠っていた車も動き出すこともあって、道路が完成するや否や、新道は自動車で埋まってしまうという状態は変わらず[26]、道路網の拡張が適切な解決策であることは稀である。

4－2．車の六悪

1. 交通渋滞のために道路を延長しても渋滞はなくなりません。現在、車庫に入っている自動車も走り始めるからです。その結果、環境をますます悪化させることになります。
2. 車には"六悪"があります[27]。
   ①地球を温暖化させる。
   ②大気を汚染する。
   ③酸性雨を降らせる。
   ④騒音をまき散らす。
   ⑤"走る凶器"になる。
   ⑥大量の廃棄物を出す。
   たとえばガソリンが 1L 燃焼するごとに 2.4kg（牛乳パックで約 500 本分）の炭酸ガスが排出されます。ガソリン 1L で約 8km 走る車なら、1km 走るだけで 300g の炭酸ガスを排出することになります。
3. 「道路の建設費は自動車利用者が払う税金でまかなわれている」といわれています。しかし、実際には自動車諸税は全体の約 50％にしかならず、利用者は半分以下しか負担していません。
4. 「時代遅れ」「交通のじゃま」として路面電車が追い払われ、そのあとを

大量の自動車が埋め尽くしました。その結果、渋滞は解消せずに大気汚染がひどくなりました。路面電車を残していれば、これらの問題はひどくならなかったのではないでしょうか。

　高月紘の研究から、1991 年の時点での先進 16 ヵ国（アメリカ、オーストラリア、フランス、スウェーデン、日本、イギリス、スイス、オランダなど）の道路の総延長距離と自動車数を面積当たりに換算すると非常に強い関係があり（相関係数 0.89）、渋滞を解消しようとして道路を建設しても、自動車が増加する図式を読み取ることができる。「より多くの道路を建設することが、必ずしも交通問題の解決にはならない」こと、「交通の混雑を解決するために幹線道路を建設したり、拡幅したりすることは、太りすぎの問題を解決するために、より大きなズボンを買うようなもの」である [28]。

　自動車は道路がなければ交通手段として無意味である。したがって、自動車の問題とは道路の問題でもある。もはや経済が右肩上がりの時代ではないにもかかわらず、道路に対する投資額は膨張し続けてきた。ガソリン税を財源とする道路建設は続いている。しかし鉄道への公共的な投資額はわずかである。自動車の増加に伴って、至るところで交通混雑・交通事故が起きている。道路の渋滞で毎年何十億時間も無駄になり、経済的生産力が大きく阻害されている。2012（平成 24）年度の日本の交通渋滞による損失は、年間 12 兆円、1 人当たり年間 30 時間、38.1 億人時間 [29] と試算されている。

　移動時間の約 40% は、渋滞によって生まれるムダで、渋滞損失時間という。これは渋滞によって遅れた時間を表現する数値で、実際にかかった時間と、過去のデータをもとに定めた標準的にかかる時間（基準所要時間）との差によって計算される。渋滞による経済損失額、いわゆる渋滞損失とは、ある区間を自動車で走行する際に要する基準旅行時間から実際の旅行時間を引いた時間を指す。これを国土交通省が貨幣価値に換算したものである。12 兆円は、日本の自動車の総輸出額に相当する。自動車から排出される CO_2 は、渋滞で 50% 増加する。乗用車の速度と CO_2 の排出量には大きな相関が

あることを意味している。

　数多くの生命が交通事故で失われ、大気汚染と騒音公害を悪化させている。自動車の安全性の向上にもかかわらず、日本では連日、交通事故が起こり、多数の死者、負傷者が出ている。自動車は歩行者にとっては、常に「走る凶器」となっている（“車の六悪”の⑤）。

　自動車事故を防止する様々な手段が取られているが、移動の自由、速さ、快適性、効率性などの自動車のもつ魅力、自動車のもつメリットを捨てない限り、また自動車の利用者が自らの利益のみを追求して犠牲者の被害を考えず、その行動を社会が容認している以上[30]、事故を完全に防止することはできない。

　排気ガス削減の効果も自動車の台数と大型化とによって相殺されようとしている。車は走る大気汚染源である。窒素酸化物（NOx、ノックス）汚染が深刻化し、呼吸器の気道を刺激するために呼吸器障害を引き起こしている。また光化学スモッグの原因として注目されている。特に道路沿線では環境基準の達成見通しがたっていない。環境への影響は非常に大きい（二酸化窒素の環境基準値は1日平均0.04〜0.06ppm）。また車の排気ガスは大気を汚染するだけでなく、光化学スモッグや酸性雨（純水はPH7の中性だが、普通の水は空気中の炭酸ガスがとけており、そのなかでも酸性雨はPH5.6以下の雨のこと＝「緑のペスト」）の原因にもなる。最大の要因である窒素酸化物の40%が車の排気ガスである[31]。

　硫黄酸化物（SOx、ソックス）のなかの二酸化硫黄SO_2（環境基準値は1時間値の1日平均値が0.04ppm以下であり、1時間値が0.1ppm以下であることとされている）は、四日市ぜんそくの原因物質で、慢性気管支炎やぜんそく性気管支炎の原因とみられている。大気汚染によって健康被害を受ける人は確実に増加している。健康被害が低年齢化しているだけでなく、アトピー性皮膚炎が大人にまで広がっている。

　東京など大都市地域におけるNOx排出量の50〜70%は自動車からであり、ディーゼル車がそのうちの50%を占めている[32]と推定されている。

ディーゼルエンジンはガソリンエンジンと比べて燃費が良く、炭酸ガスの排出量の抑制には非常に有効だが、問題は大気汚染物質の排出量が非常に多い[33]ことである。

　ディーゼル車は高温で燃料を燃やすためガソリン車に比べて 2 倍から 30 倍もの窒素酸化物（NOx）を排出し、浮遊粒子状物質（SPM）の排出量は、都市部では発生源の 50% を占め（ガソリン車 1.4%）、一層大気を汚染[34]している。大都市地域での大気汚染問題が未解決である以上、特に大都市でのディーゼル車の普及には問題があると考えられる。

　ガソリンエンジンは完全燃焼しやすく、燃え残りの煤がほとんど出ないのに対して、ディーゼルエンジンは空気と軽油が十分に混ざらず、不完全燃焼が起き、燃え残りの煤が生じるため浮遊粒子状物質が発生しやすい。ディーゼル車急増の原因はガソリン車と比べて燃料効率が良いこと、燃料が安いこと、馬力が出ること、エンジンの耐久性が良いことである。製品の段階で、ガソリンはガソリン税、軽油には軽油引取税がかけられている。ガソリンには 1L 当たり 53.8 円、軽油引取税は 1L 当たり 32.1 円となっている[35]。

　1973（昭和 48）年の第 1 次石油ショックでガソリンの価格が高騰し、軽油の価格がガソリンより 40 〜 50% も安いという現象が起こった。軽油は燃費も約 30% 優れており、さらに排出ガス規制が非常にゆるく、メーカーにとって公害対策費が安くてすんだ。ガソリン車の排ガス規制は 1km 走行当たり窒素酸化物の排出量が 0.25g 以下であるのに対して、ディーゼル車ははるかにゆるく、0.7 〜 1.15g で、ディーゼル乗用車の規制はディーゼルトラック、ディーゼルバスとの一括規制のため、ゆるい規制のまま放置されてきた[36]。発ガン性物質や大量の窒素酸化物を排出するディーゼル車が税制上優遇され、皮肉にも政府が高公害車の普及を促進していることになる。

　「うるさい」「排ガスが汚い」などのマイナスイメージが強いディーゼル車だが、地球温暖化問題への関心が高いヨーロッパでは、新車販売台数の半分近くは、燃費も良く、炭酸ガス排出量の少ない「環境にやさしい」ディーゼル車である。しかし大気汚染が問題となってきた日本ではディーゼル乗用車

は新車販売台数の3%にも満たない。2019（令和元）年には、乗用車のうち、ガソリン車が乗用車全体の97%を占めている。逆に、バスはガソリン車が7%で、ほとんどがディーゼル車である。またトラックはディーゼル車が67.3%と、ガソリン車の32.6%を大きく上回っている[37]。

ブレーキ部品にアスベストが耐摩耗性を活かして用いられている問題も起きている。自動車がブレーキをかけるたびに少しずつアスベストが粉になり、大気中に放出され環境を汚染している。1995（平成7）年以降に生産された新車には、アスベストがブレーキに使われていないが、古い自動車の多くはアスベストを使用している。またアスベスト代替品が無害かどうかはまだわかっていない[38]（"車の六悪"の②）。

もうひとつ忘れてはならないのは、都市に充満した振動を含む自動車騒音による健康被害である。静かな空間、たとえば図書館は40デシベルであり、表向きには「静かだ」とされている自動車でさえ、普通の会話と同じ60デシベル以上の騒音を出し、自動車の警笛は110デシベルに達する[39]。特に苦痛なのは睡眠に影響が出る場合である。騒音自体がひどい車両、たとえば重量の大きい車両や過積載の車両、整備の悪い車両、騒音の大きいタイヤ（ラグ型）をつけた車両等、また騒音は普通であっても騒音エネルギーは速度のほぼ3乗に比例するため、高スピードで走れば睡眠への影響はより顕著になる。発進時・加速時の騒音が加われば、ほとんど確実に睡眠は妨げられる[40]。

自動車騒音は、主としてタイヤと路面の接触音、エンジンの爆発音、エンジンに車体が共振する音、走行時に車が風を切る音等があるが、「急発進」やクラクション、車のドアを特に勢いよく閉める必要はないのではないか。自動車などから発生する騒音は住宅街などの周囲に害をおよぼさないように、あらかじめ考慮して道路建設を行なうことが必要である（"車の六悪"の④）（表4－2）。

表 4 － 2：丹波と羽田の季節による環境音の変化

季節 場所	夏		秋		冬		春	
	音の種類	時間（分）	音の種類	時間（分）	音の種類	時間（分）	音の種類	時間（分）
丹波	川のせせらぎ	855.0	川のせせらぎ	1178.8	川のせせらぎ	1164.0	川のせせらぎ	1019.4
	やまびこ橋の曲	373.2	やまびこ橋の曲	120.3	やまびこ橋の曲	95.8	鳥	166.2
	車	18.0	車	70.2	車	67.8	車	79.8
	子供	15.8	鳥	11.0	トラック	41.6	やまびこ橋の曲	75.6
	人声	14.7	トラック	10.2	鳥	8.7	トラック	18.3
	花火	5.1	チャイム	7.5	バイク	8.5	飛行機	10.8
	橋上の足音	3.7	人声	7.5	カラス	5.9	人声	7.1
羽田	ジェット機	441.3	ジェット機	381.6	ジェット機	375.0	ジェット機	360.0
	ヘリコプター	38.6	船	58.1	船	73.2	ボート	60.0
	車	37.9	波の音	43.3	工事の音	70.2	車	41.7
	波の音	24.0	車	43.1	トラック	58.8	船	40.8
	釣り船	22.4	釘を打つ音	36.6	ボート	46.2	波の音	39.6
	漁船	21.0	トラック	32.0	空港内の作業音	37.1	鳥	36.6
	グラインダー	13.7	プロペラ機	30.3	車	28.0	人声	19.1

（本谷勲他編『新版環境教育事典』旬報社、2000 年、614 ページ）

　いずれにせよ、ドライバーの利便性が優先されている。ドライバーも自分の都合と環境とを秤にかけながら走らなければならない時代であること、つまり自分の出した汚染物質は自分の肺に戻ってくることを認識することが必要である。「北海道や九州の生鮮食料品を東京で」あるいは「季節にかかわらずいつでも好きな食料品を」というライフスタイルの見直しが物流による環境負荷の削減に役立つ[41]はずである。トラックはマイカーとは異なり、他人から依頼がない限り走ることはない。生産だけでなく、消費のシステムもあわせて考えることが大切である。

　貨物輸送の主役が鉄道からトラックに移行した影響よりも物量の総量が増えていることの方がより大問題である。1985 年に 6 億 5000 万個であった宅配便取扱量は、2021（令和 3）年には 49 億個と増加している（図 4 － 2）。鉄道を活用するとともに、物の動きそのものを減らしていくことが不

可欠であり、「大量消費をつづけたままの大量リサイクル」[42] が環境対策とはいえない。

図4－2：宅配便取扱個数

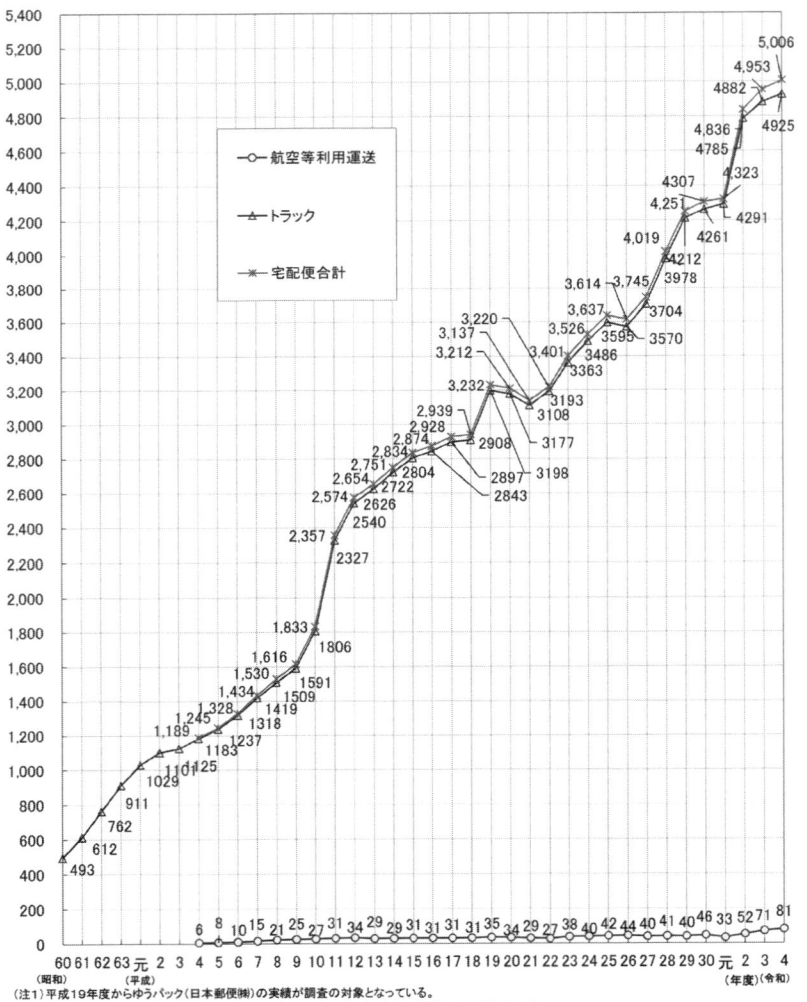

(注1) 平成19年度からゆうパック(日本郵便㈱)の実績が調査の対象となっている。
(注2) 日本郵便㈱については、航空等利用運送事業に係る宅配便も含めトラック運送として集計している。
(注3) 「ゆうパケット」は平成28年9月まではメール便として、10月からは宅配便として集計している。
(注4) 佐川急便(株)においては決算期の変更があったため、平成29年度は平成29年3月21日～平成30年3月31日(376日分)で集計している。

（国土交通省 HP）

4-3. 燃費とディーゼル車と技術の限界

　あなたの家庭では、どこかに出かけるとき、いつも自家用車を利用していますか。

　車を運転するとき、どのようなことに注意を払う必要があるでしょうか。

---

1. 毎日、車に乗りながらでも、地球の環境を良くする簡単な方法がないわけではありません。それは車の燃費をできるだけ伸ばす工夫をすることです。燃費の良い車はガソリンを浪費する車に比べて経済的であるだけでなく、地球環境に与える害も少ないからです。

2. ポイントは燃費です。車の燃費が 10％ 向上すれば、単純にいって炭酸ガスの排出量を 10％ 削減することができます[43]。車から排出される炭酸ガスの量はガソリンの消費量に正比例します。ガソリンを節約すれば、それだけ排気ガスも減少します。

3. 現代はスピードの時代といわれ、急いでもないのにスピード運転しがちですが、地球温暖化の原因になっている炭酸ガスや酸性雨の原因である窒素酸化物のような排気ガスを出さない"エコ運転"をすべきです。

4. "エコ運転"は決して難しくはありません。むやみにスピードを出さない運転をするのも、そのひとつです。車には経済速度[44]（最も燃費効率の良い快適なスピードのことで、一般道路なら制限速度近く、高速道路なら時速 60 〜 80km といわれています）があります。この経済速度で車を動かせば排気ガスを抑えることができ、安全運転にもつながります。

5. 速いスピードで走るのをやめ、20％ スピードを落とすだけで、ガソリンの消費量が 30％ も少なくなります。最近は燃費の良い車が製造されています。しかし 1996（平成 8）年に比べて、最近 10 年以上もの間、「エコカー」が増えているにもかかわらず、乗用車 1 台当たりのガソリ

ン消費量は 1kL とさほど減っていません [45]。私どもが以前よりもスピードを出し、また近所や市街地の道路など、車を使う必要のないところにも車で行くようになったためです。ディーゼル車の大型車の場合、時速 80km のところを時速 100km で走ると燃費は 30% も悪化します [46]。

6. 急発進はガソリンを余分に使い、不必要に排気ガスをばらまくことになります。急発進や急加速 10 回で 120cc のガソリン（この燃料で 1240m 走ることができます）が無駄に使われ、炭酸ガスを 80g 余分に大気中にまき散らす [47] ことになります。車を発進させるときはアクセルを軽く踏み、ゆっくり動かすのが地球にやさしい運転術です。

7. アクセルを踏んで「空ふかし」をする人もいます。10 回の空ふかしで、乗用車ならガソリン約 60cc、大型トラックでは軽油約 100 〜 170cc が無駄に排気ガスになってしまいます [48]。

8. 危険な割り込み、追い越しを繰り返すことをやめれば、ガソリンを 40% まで節約 [49] することができます。

9. アイドリングを 10 分間続けると、乗用車の場合、ガソリンを約 140cc 消費します。400cc で約 1440m 余分に走ることができます。10 分間のアイドリングで、乗用車では 25g、大型トラックでは 200g の炭酸ガスを排出します。東京都内の自動車が毎日 10 分のアイドリングをやめると 12 万トンもの炭酸ガスを削減することができます [50]。

10. 渋滞に巻き込まれたとき、仕事で車から荷物を降ろしているとき、コンビニエンスストアに立ち寄って少し買い物をするとき、どこかで人を待っているとき、エンジンをつけたままにしがちです。エンジンを切るだけでガソリンの無駄使いを防ぐことができます [51]。

11. 車のトランクに余計なものが入っていませんか。10kg の荷物が余分にあるだけで 100km 走行した場合、20cc のガソリンが無駄になります。この燃料で 206m 走る [52] ことができます。

12. 住宅地の制限時速が 50km でも、時速 30km で走れば、車の騒音は半分になります [53]。

「隣のスーパーに車で行く」というライフスタイルが普通のことになっているが、特に近所に出かけるときは車を使わないこと、車を「ツッカケ」がわりにしないということである。車は発進後の数 km を走っているときに、最も汚れた空気をまき散らすからである（まだエンジンが温まりきっていない発進直後は、温まったエンジンで走っているときと比べ、約4倍も汚れた排気ガスを出しているというデータもある）。歩いて行ける場所に面倒くさいからと車を使ったのではわざわざ空気を汚すために車に乗るようなもの[54]である。

大都市では交通渋滞が当たり前になっており、渋滞に巻き込まれた車は極端に燃費が悪くなり、炭酸ガスだけではなく、大気汚染物質もまき散らす。マイカーは新幹線に比べて6倍も炭酸ガスを排出する。旅行など渋滞が予想されるときには車で出かけないよう心掛けることが必要である。

---

13. 日本では有鉛ガソリンはほとんど使われていません。しかしディーゼルエンジン車は減少傾向にありますが、630万台あるディーゼル車のうち 62.3% が貨物用自動車です。日本で走っているトラックの 67%、バスの 93% がディーゼル車で、RV 車も増加しています。軽油はガソリンよりも燃費が良く、安価であることも増加の原因となっています。

14. ディーゼル車が出す微粒子はガンの引き金になり、ぜんそくや花粉症とも大きな関係があるといわれています。

15. 「地球を守る」ために「燃費の良いクルマに乗ろう」というスローガンは、利用者がディーゼル車への依存を強めるだけで、かえって地球環境を悪化させることになると考えられます。

16. 自動車の排気管と乳母車の赤ん坊の顔とがちょうど同じ高さです。このことにどれだけの人が気づいているでしょうか[55]。

自動車に関する環境問題として、一般の人が移動する乗用車が注目されるが、環境汚染、騒音、事故などは貨物を運ぶトラックの方が深刻である。

2019（令和元）年のトラックの貨物輸送量は 2100 億 t・km と、鉄道の貨物輸送量 216 億 t・km の 10 倍であった[56]。

　特に大気汚染の被害を大きくしているのはディーゼル車である。軽油はガソリンよりも安く、大きな馬力が出ることなどから、1973 年の石油ショック以降、大型化が顕著となり、90 年代に入ると経済状況の影響で、再び軽自動車の保有が増加する一方、RV などの大型車も増加するなど二極化が進んでいる。

　「四駆」がブームとなったバブル期以降、自動車販売総数が低迷しているにもかかわらず、RV 車（レクリエーショナル・ビークル）の売れ行きは好調である。RV ブームは日本人の好みの多様化とライフスタイルの変化が大きな原因となり、2021（令和 3）年には保有台数 12 万 7400 台に達している。しかし多くの荷物と多くの人を同時に乗せる目的で作られているため、普通の乗用車と比べて車体が大きく、重量が増加している。そのため燃費を悪化させ、大気汚染物質の排出量を増やし、またディーゼルエンジンのものが多いことから、地球環境、地域環境に悪影響を与えている[57]。

　ドライバー自身、自分の出した汚染物質は自分の肺に戻ってくる時代であり、「車社会を変えないと地球が壊れる」ということを認識する必要がある。何よりもドライバー自身が問題の解決に参加しなければならない。

---

17. 私どもが以下の 3 つの基本点[58]をしっかり念頭におくようにすれば、いくらかは前進できるはずです。
　① 環境にやさしい車はありません。
　② 車を動かさないのが最も環境を汚さない方法です。
　③ 車より他に方法がないのなら、少なくともその生産・使用・処理はできるだけ環境にやさしい方法で行なうことです。

　ガソリンと軽油との負荷を比べることが必要である。燃費は明らかに後者の方が優れている。しかし環境への負荷は後者の方がはるかに大きい。した

がって、利用者の自動車選びも重要となる。自動車の購入に際して、できる
だけ軽い自動車を選ぶとか、排気量が小さいものを選ぶなどが重要である。

　自動車に環境へのやさしさを求めながら、確実に環境にやさしくない自動
車が増え続けている。自動車メーカーのもつ大きな矛盾である[59]。利用者ひ
とりひとりにも目的にあった自動車を選ぶことが求められる。

　廃車からエンジン、エアコン、ボディ部品、電装品などは取り外され、中
古部品として再利用される。車体の 35 ～ 40％を占める鉄部分はほとんど
がリサイクルされる。エンジンの素材は主にアルミニウム合金のため、アル
ミ合金として再生される。しかしシート、ダッシュボード、計器などは通常
回収されない[60]。

　リサイクル率は（重量比で）99％である。ほぼ完全に近い[61]。2018 年に
使用済みとなったタイヤは、「タイヤ取り換え時」、「廃車時」と合わせて約
9600 万本（99 万トン）で、リサイクル率は 97％（43％が製紙用に、再生
ゴム 12％、輸出 15％)[62] である。傷みが少なく、品質の良いものは再生タ
イヤの材料として外国に輸出されたり、国内で再生タイヤとして使用される
ほか、たとえば何倍も長持ちさせるためにゴムの屑をアスファルトに混ぜて
道路や運動場などの舗装に使用されている。

---

18. 2018（平成 30）年度に実用段階にある低公害車は（電気、天然ガス、
　　ハイブリッド）などである。低公害車保有台数のうち、ハイブリッド車
　　保有台数（乗用車）は 986 万台、電気自動車は 12.4 万台です[63]。環境
　　問題が深刻化するなかで低公害車への期待が高まっています。低公害車
　　の多くは、大気汚染物質を排出しない、あるいは排出量が少ない燃料を
　　用いていることから、現在の自動車から低公害車に移行することによっ
　　て、環境問題解決の糸口にしようとしています。

　低公害車は、窒素酸化物（NOx）や粒子状物質（PM）等の大気汚染物質
の排出が少ない、または全く排出しない、燃費性能が優れているなどの環境

性能に優れた自動車のことである。「低公害車」は強力な電池を積んだ「電気自動車」、天然ガスを燃料として走る「天然ガス車」、「ハイブリッド車」などが開発されている。「無公害車」は走行中に炭酸ガスをまったく排出しない電気や水素などを動力源とするもので、太陽電池で発電しながら走る「ソーラーカー」、水素を燃料とする「水素自動車」[64]などである。低公害車のなかの電気自動車（EV）は環境にやさしい電気の生産ができるか、簡単に充電することが可能かどうかなどが鍵となる。12万台を突破しているが、保有台数に占める割合は、まだ 0.2% にすぎない。

　EV はガソリンを燃焼させることがないので、非常に環境にやさしく、エネルギー効率もよく、燃料代も安く、経済的であるのがポイントである。大規模な内燃機関も必要ではなく、その分、室内空間を広くとることができる。しかし現時点では、ガソリン車に比べて、車両本体があまりにも高価で、走行距離も短く、そのためあまり普及していないのが現状である[65]。

　　「複雑なハイブリッド車（後述）を磨き上げてきた日本企業のエンジニアたちは、機械としては単純な EV から心を揺さぶられることもなかった」。さらに悪いことには「日本政府と自動車メーカーは、水素を使用する燃料電池車（後述）への思い入れが非常に強い。実際、政府は EV よりも燃料電池車に多くの補助金を割り当てている」[66]。

　海外、例えば EU では、排ガスを出さない電気自動車を軸に電動化が進んでいる。2022（令和 2 ）年の EU 全体の新車販売における EV のシェアは、12.1%（約 112 万 4000 台）に上り、初めて 100 万台を越えた。「欧州グリーンディール」に関する法案が発表され、CO_2 排出量を「2030 年までに2021 年比で 55% 削減」など、この中で自動車分野については非常に厳しい目標が設定されている。「事実上、2035 年には、PHEV（プラグインハイブリッド）・HEV（ハイブリッド車）も含めてすべてのガソリン車・ディーゼル車が禁止される[67]」。

　このEVの普及は、ドイツや北ヨーロッパ諸国等で、徐々にPHEVに対する購入補助金が縮小された結果、PHEVよりも購入助成額の大きいBEVを選択していることとも関係している。ただ、ヨーロッパの中でも、国によって大きな格差がある。30%を超えるスウェーデン、20%を超えるオランダやデンマークがある一方、スペイン・イタリアなどは3%台にとどまっている。ノルウェーは、2022年の新車販売台数におけるEVの割合が約79.3%とEVの普及が最も進んでいる国として有名である[68]（日本では、買い物や宅配などの短距離利用を目的とした1〜2人乗り超小型EVの売れ行きは好調である）。

　環境の面から非常に有望な代替エネルギー自動車がうまれている。そのひとつがハイブリッド自動車である。これは低速度域では燃費が良く、有害排気ガスをまったく排出しない電気自動車と航続距離が長く、比較的高速度域で燃費が良い内燃機関を組み合わせた自動車である。1997（平成9）年10月にトヨタが発表した「プリウス」（「PRIUS」は、ラテン語で「〜に先立って」の意味）は、従来の自動車の燃費の約2倍に相当する1L当たり28kmを達成し、排気ガス中の有害物質を10分の1に、炭酸ガスも半分に削減して地球温暖化への影響を大幅に軽減してきた[69]。乗用車クラスでの開発・市場投入が急速に進んでおり、プリウス、そして他社のハイブリッド車も含め、年を追うごとに販売台数を伸ばしている。乗用車に占める割合は15.9%で、現在走っている乗用車の6台に1台がハイブリッド車ということになり、電動化が加速している。今後、諸外国がどのような政策を採用するかが、世界市場の成長速度を左右することになると思われる。

　水素自動車に代表される燃料電池自動車（FCV）は、燃料電池で水素と酸素の化学反応によって発電した電気エネルギーを使って、モーターを回して走る自動車で、水素自動車「MIRAI（ミライ）」はそのひとつである。エネルギー効率が高く、走行時に発生するのは水蒸気だけで、CO_2排出量を低減できる上に騒音が少なく、実航続距離が500kmと長く、短時間の燃料充填が可能で、ガソリン車並みの性能である。ガソリン自動車がガソリンス

タンドで燃料を補給するように、水素ステーションで燃料となる水素を補給する必要がある。一般的なガソリンスタンドの整備費が1億円以下であるのに対して、水素ステーションの整備費は4〜5億円である。これが燃料電池自動車の普及が遅れている大きな理由である。

　しかし、燃料電池自動車（乗用車）が走り始めた。ヨーロッパ諸国では、CO_2ガス排出量の削減の厳格化が進められている。「排気ガスゼロ」を急速に進めるためには、水素の貯蔵方法、水素ステーションの整備などの解決が急務である。

　2021（令和3）年3月末の日本の乗用車保有台数（軽自動車を含む）は、6191万7112台である。そのうち電動車の内訳は、ハイブリッド車（HV）986万2897台、プラグインハイブリッド車（PHV）＝これはハイブリッドの電池が大きくなったもので、家庭用電源から充電できるのがポイント[70]である。短距離の場合は電気自動車として、電気が切れてきてからはハイブリッド車として走るので無駄がない。従来の電気自動車と違い、充電量を気にすることなく走ることができる。保有台数15万1241台、電気自動車（EV）12万3708台、燃料電池自動車（FCV）5170台で、合計1014万3106台、乗用車全体に占める割合は、16.4%である（表4―3）。

　2021年3月末現在の日本のガソリンスタンド数は、2万9005ヵ所、EV充電施設数1万6772ヵ所（2021年12月末）、水素ステーション数157ヵ所（2022年1月末）となっている。EV保有台数とEV充電施設数の間、またFCV保有台数と水素ステーション施設数との間には、それぞれ0.8274、0.8303と相関関係がみられる（表4―3）。EVやFCVの普及には、これらの充電施設や水素ステーションのインフラ整備が必要なことを数値も示している[71]。

　EUの2022（令和4）年のEV新車販売台数は約112万4000台、初めて100万台を超え[72]、新車販売の割合は、全体の12.1%を占めており、日本にとって朗報というべきである。

　買い換えの際、こうした低公害車を選ぶことで、炭酸ガスや大気汚染物質

などを減らすことができる。しかし技術的な対策に頼るより、自動車への依存を減らすことが先決であろう。日常生活を車に頼っている現状では、まったく車なしというわけにはいかないであろうが、ドライバーが地球環境を守る最大のコツは車に乗らないことである。

表4－3：電動車保有台数

乗用車保有台数の内訳（2021年3月末現在）

		群馬県		全　国	
		保有台数(台)	構成比	保有台数(台)	構成比
電動車	HV	222,002	16.1%	9,862,987	15.9%
	PHV	3,229	0.2%	151,241	0.2%
	EV	2,432	0.2%	123,708	0.2%
	FCV	39	0.0%	5,170	0.0%
		227,702	16.5%	10,143,106	16.4%
電動車以外		1,155,072	83.5%	51,774,006	83.6%
合　計		1,382,774	100.0%	61,917,112	100.0%

ガソリンスタンド、EV充電施設、水素ステーションの設置数

	群馬県	全　国
ガソリンスタンド数	595	29,005
EV充電施設数	419	16,772
水素ステーション数	1	157

注)ガソリンスタンドは21年3月末現在、EV充電施設数は21年12月末現在、水素ステーション数は22年1月現在

（群馬経済研究所「ぐんま経済」2022年5月号）

4－4．車社会への対応と交通問題の解決

1. 自家用車の場合、1km 走るのに1人当たり約500kcal 使用するのに対して、電車の場合は50kcal とエネルギーの消費量が10分の1になり、炭酸ガスの排出量は自動車が年間235kg であるのに対して、電車は23kg（いずれも炭素換算）です[73]。バスで通勤しても炭酸ガスの排出量は年間45kg 程度であり、最も多くエネルギーを消費するのはマイカー（平均乗車人数1.5人）で、ジャンボ機（乗員500人）よりも多く、またマイカーは新幹線に比べ、6倍も炭酸ガスを排出します[74]。炭酸ガスの排出を少なくするという意味からも、マイカーではなくてバスや地下鉄、電車を利用したり、自転車に乗ったり、歩いたりすることが必要です。
2. 環境に優しい交通を実現するためには、歩行者の目的地までの移動距離が短くなるように工夫することも方策のひとつです。

3. ドライバーには社会が負担している環境コストや社会コストを明確にすることが必要です。

4. 軽油引取税、ガソリン税を大幅に引き上げることも、よく実施されている有効な方法です。ガソリン税が安いと、少しの走行は実質的に無料だと錯覚しやすいからです。ディーゼル車を増やさないためには軽油の価格をガソリンよりも高くすることです。

5. 炭酸ガスの排出量に応じて課税するのが「炭素税」です。世界で最初に炭素税を導入したのはフィンランドで、1990 年 1 月のことです。スウェーデンでも導入されています。税収は一般財源として使われています。この他、炭素量に応じた課税ではありませんが、ノルウェー、デンマーク、スイス、フランス、ドイツなどで導入されています。日本では、「地球温暖化対策のための税」が 2012（平成 24）年から段階的に導入され、2016（平成 28）年、最終税率への引き上げが完了[75] しました。

6. 世界共通の炭素税ができれば、うまく機能すると思われます。ただ人類には国際課税の経験はありません。

7. 自動車がもたらす大気汚染や交通渋滞をみれば、車が人間社会の進化の象徴といえない[76] ことはすでに明らかです。

　自動車がぜいたく品から事実上の必需品へと変わるとともに、自動車への依存が非効率な土地利用を招き、それが走行距離を増加させるという悪循環に陥っている。買い物やその他の個人的な用件（業務出張、学校や病院への往復、その他の用件）のために走行距離が増大している[77]。人と雇用が都市外縁の郊外に移動するにつれて、郊外に住む金もなく、自動車がないために郊外の職場にも行けない都市住民は最も過酷な犠牲を強いられることになる。

　世界の大都市をマヒさせている交通混雑をみるとき、自動車の速度によって時間が節約できるようになったというのは幻想にすぎないのかもしれない。毎年 10 〜 20 億時間を交通渋滞で無駄にしているアメリカの大都市地域の人々、朝のラッシュアワー時の自動車の平均速度が時速 10km にも満

たないパリなど、「5 時半にオフィスをでても、オフィスに午後 7 時まで残っていても、家に着くのは、大して変わらない[78]」という。多くの都市は同じような状態におかれている。

　ガソリンで走る自動車が発明されてからまだ 100 年ほどしかたっていない。短期間であるにもかかわらず、日本での自動車総保有台数は、2021（令和 3 ）年には 7600 万台である。車社会が行き着く先を、私たちは毎日のように実際に体験している。仕事に行きたくても、家に帰りたくとも、渋滞のなかで動きがとれなくなったり、駐車できる場所を探して、いくつものブロックをぐるぐるといたずらに走ったり、などは日常茶飯事[79]である。

　環境に優しい交通を実現するためには土地利用を根本的に変革することが必要である。できるだけ自動車に乗らなくともよいように工夫することも方策のひとつである。住宅を職場から分離するのは最悪の例である。徒歩や自転車で簡単に移動できないからである。

　交通問題と環境問題共通の最大の理由は、「1 人しか乗っていない自動車が多すぎ、それが長距離を走りすぎる[80]」ことであるという。たとえばアメリカの調査では、乗客 1 人・走行 1km（人キロ）当たりのエネルギー所要量は、乗客 55 人の軽便鉄道では 1 人当たり 161kcal であるのに対して、1 人しか乗っていない自動車は 1 人キロ当たり 1154kcal である[81]。また排気ガスはアメリカの典型的な通勤では軽便鉄道は 100 人キロ（乗客 1 人が 100km 通勤する）ごとに窒素酸化物 43g に対して、1 人しか乗っていない自動車は 128g 排出[82]すると推定されている。

　通常の訓練任務のために発進する F16 ジェット戦闘機は、アメリカの平均的ドライバーが 1 年間に消費するガソリンの約 2 倍の量にあたる約 3400L もの燃料を 1 時間たらずの間に消費する。戦車、空母など、大量のエネルギーを浪費し、大量の大気汚染物質を排出している軍隊[83]についてはあまり明確にされていないが、別途考える必要のある事項である。

　自動車交通のフルコストを無視する交通政策が政府の予算配分や通勤者の住まい選びなど重要な意思決定を歪め続けている[84]。自動車の通行によって

様々な社会的資源を使い、第三者に迷惑をかけていながら、所有者は十分にその費用を負担していない。他の交通手段と比較して自動車のドライバーは安い価格で快適なサービスを得ている。

　「価格はエコロジーからみた真実を知らせていない[85]」。フルコストを認識するための政策、換言すれば、ドライバーが支払うお金がカバーするコスト＝「内部コスト」と他の人あるいは社会全体によって支払われるコスト＝「外部コスト」を区別することが必要である。渋滞によって失われた時間の価値、エネルギー消費、地域的および地球規模の大気汚染、騒音公害、騒音のひどい道路近くの資産価値の低下、自動車燃料に使う石油確保のためのコスト、交通事故による死亡と負傷、肺の病気、地球温暖化など、ドライバーが社会に負担させる環境コストや社会コストを明確にする必要がある[86]。

　ドライバーはガソリン税、道路通行料金、道路の建設費や維持費のすべてを負担していない。自動車走行に要する費用の一部しか支払っておらず、地方自治体の財源が使われている。歩行者に対する危険、排気ガス、騒音、振動など車の利用が多種多様な負荷を社会や人間に与えている[87]のは明らかである。このような製品を使う以上、車の利用者に自らが作り出す負荷の償却費を課すべきである。道路には税金がつぎ込まれながら、鉄道路線はJRのローカル線や中小私鉄が存廃の瀬戸際に立たされている[88]。

　マイカー族は費用全体のことを念頭におけば、公共交通機関の方が自動車よりも魅力があることに気づくはずである。たとえば1人を1km運ぶのに消費するエネルギーは鉄道を100とすれば、バスは340、乗用車は1214である[89]（図4－3）。

　排気ガス基準の強化など、法による規制も有効である。また環境に悪影響をおよぼす物質の排出源などに税負担を求め、その物質の排出、消費を抑制することを目的とした環境税も必要である。スウェーデンでは所得税を総額16億5000万ドル減税－税収総額の1.4％－する一方、1995年までに1トン当たり3050ドルの二酸化硫黄税と、炭素1トン当たり120ドルに相当する炭酸ガス税を創設した。二酸化硫黄税創設の1年後には硫黄排出物

は 16% 減少[90] している。現在、119 ユーロ /tCO$_2$ で世界最高の税率となっている。フィンランド（炭素税）、ノルウェー、デンマーク、スイス（以上 CO$_2$ 税）、アイルランド、イギリス、フランス、ポルトガル、カナダ BC 州（以上炭素税）でも導入されている。これらの税の税収は、一般会計として幅広い行政事業に充てられており、政府の財源確保に役立っている[91]。

図 4 - 3：輸送機関別エネルギー消費原単位の比較（2009 年度）

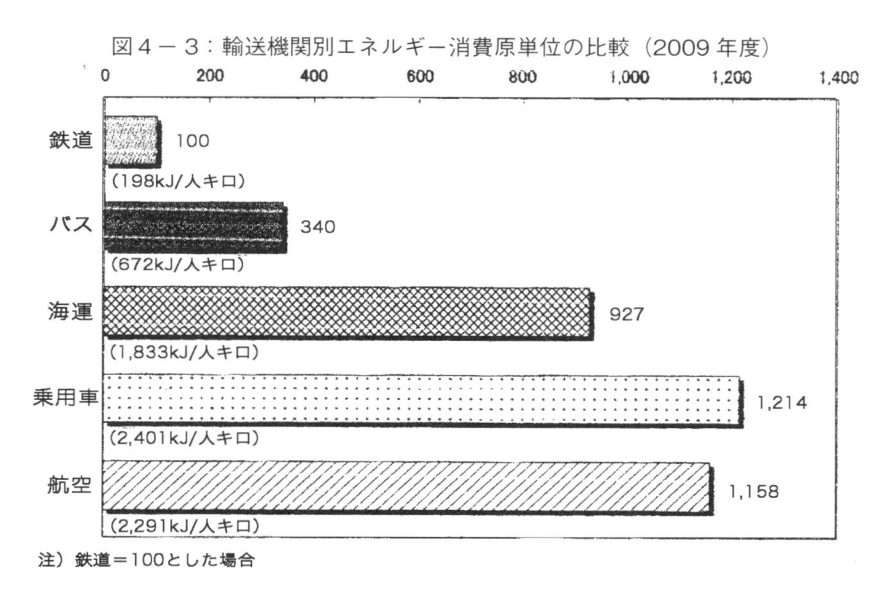

注）鉄道＝100とした場合

（日本省エネルギー編『省エネルギー便覧 2010 版』省エネルギーセンター、315 ページ）

　西側先進工業国では数百の環境税があり、プラスチックの買い物袋やモーターオイルから炭素排出物まであらゆるものに課税され、その歳入は環境プログラムの資金に使われている。「炭素税」の他、「車体課税（車体の取得・保有・利用に対する課税）」がデンマーク、オランダ、フィンランド、イギリス、フランス、ドイツをはじめとした国で実施されている。その上、「フロン税（オゾン層破壊物質や含有製品の使用・販売行為等への課税）」がアメリカ、オーストラリア、デンマーク、ノルウェーなどで実施されている。

近年の海洋ゴミ問題を受けて、デンマーク、アイルランド、ベルギー、イギリスなどでは、「容器包装に対しての課税」も実施されており、EU では、2021（令和 3）年から「プラスチック税」を導入している。

　日本では「地球温暖化対策のための税（温対税）」がすでに国税として2012（平成 24）年に導入されている。石油・天然ガス・石炭といった全ての化石燃料の利用に対し、CO_2 排出量に応じて、広く公平に負担を求める税制となっている。税負担が CO_2 排出量 1 トン当たり 289 円に等しくなるよう単位量当たりの税率を設定している。税は直接には化石燃料を利用する企業が負担するが、消費者に転嫁される。家計負担の点では、一世帯当たり月 180 円程度、年約 2100 円程度[92] となっている。税収については、低炭素社会の実現に向けた再生可能エネルギーを省エネ対策のために使用するとしている。「シャワーを 1 日に何分減らすかではなくて、国民が自ら進んで行動するインセンティブをどうするかに知恵を絞る必要[93]」がある。

　いずれにせよ、完全に有効な戦略は自動車の運転に伴う破壊的効果と自動車そのものの必要性を少なくする以外にはない。より重要なことは自動車が引き起こす害と危険性についての系統的な学習を学校教育、社会教育に取り入れることである。15 〜 24 歳の若者の第 2 位の死因は自動車事故である。事故死した若者は自動車の危険性について系統的に学ぶ機会を与えられなかった[94] はずである。

　日本では新たに、2024（令和 6）年度から国税の「森林環境税」が課税される。同税は、地球温暖化対策（温室効果ガスの排出削減）や、災害防止などの観点から、森林整備などにに要する財源を安定して確保するために創設された。日本国内に住所がある個人が課税対象となっており、1 人年額1000 円の森林環境税が徴収される予定である。市町村の個人住民税の均等割と併せて同税が徴収される[95] ことになる。

　環境税には国が定める税の他、地方自治体が独自に定める環境税がある。
　①産業廃棄物税（産廃税）が全国 28 の地域で課されている。
　②農林環境税、水源税は、森林や水源環境の保全を目的とした税である。

全国 38 の地域で導入されている。県民税の上乗せ方式で徴収され、税収の使い道が特定されていない普通税であるため、使途の明確化が求められている。

③観光地では、「遊漁税（河口湖での遊漁行為に課税）や、「環境協力税（旅客船等各村への入域に課税）などが導入されている。国税の「森林環境税」の課税は、二重課税の問題が指摘されている[96]。

— 註 —

1　国土交通省 HP「運輸部門における二酸化炭素排出量 2017」。

2　レスター・ブラウン編著、加藤三郎監訳『地球白書 1991-92』ダイヤモンド社、1991 年、262 ページ。

3　宇沢弘文『自動車の社会的費用』岩波新書、1996 年、14 ページ。

4　同上、24 〜 25 ページ。

5　同上、2 ページ。

6　国交省 HP「輸送機関別国内輸送量」「輸送機関別分担率」。

7　同上。

8　日本自動車会議所『数字でみる自動車 2013』2013 年、4 〜 5 ページ。

9　前掲 国交省 HP。

10　同上。

11　同上。

12　JAMA（日本自動車工業会）HP。

13　警察庁交通局 HP「平成 24 年中の交通事故の発生状況」。

14　レスター・ブラウン編著、沢村宏監訳『地球白書 1994-95』ダイヤモンド社、1994 年、144 ページ。

15　前掲 レスター・ブラウン『地球白書 1991-92』92 ページ。

16　国交省 HP。

17　前掲 JAMA HP。

18　前掲 宇沢『自動車の社会的費用』2 〜 3 ページ。

19　前掲 レスター・ブラウン『地球白書 1991-92』262 ページ。

20　杉田聡『クルマが優しくなるために』筑摩書房、1996 年、12 ページ。

21　同上。

22　時事ドットコム HP。

23　前掲 杉田『クルマが優しくなるために』80 ページ。

24　前掲 時事ドットコム HP。

25　前掲 レスター・ブラウン『地球白書 1991-92』105 ページ。

26　同上、93 ページ。

27　平成暮らしの研究会編『地球にやさしい暮らし方』河出書房新社、1998 年、196
　　〜 197 ページ。

28　前掲 宇沢『自動車の社会的費用』31 ページ。

29　国土交通省 HP。

30　前掲 宇沢『自動車の社会的費用』32 ページ。

31　前掲 レスター・ブラウン『地球白書 1991-92』196 ページ。

32　本谷勲他編『新版環境教育学事典』旬報社、2000 年、490 ページ。

33　東京都環境局 HP「ディーゼル車排気ガスによる健康影響」。

34　前掲 本谷他編『新版環境教育学事典』490 ページ。

35　川名英之『ディーゼル車公害』緑風出版、2001 年、28、29、66 ページ。

36　国税庁 HP。

37　国交省 HP「図表 2 − 1 自動車保有台数の推移②燃料別」。

38　左巻建男編著『話題の化学物質 100 の知識』東京書籍、2001 年、43 ページ。

39　アースデイ 2000 日本編『地球環境よくなった？』コモンズ、1999 年、83 ページ。

40　前掲 杉田『クルマが優しくなるために』75 ページ。

41　前掲 アースデイ 2000 日本編『地球環境よくなった？』59 ページ。

42　同上、58 ページ。

43　前掲 レスター・ブラウン『地球白書 1991-92』202 ページ。

44　同上、201 ページ。

45　ミッドウェー海戦研究所 HP、2 ページ。

46　省エネルギーセンター HP。

47　前掲 レスター・ブラウン『地球白書 1991-1992』216 ページ。

48　山本耕平『だれでもできる地球を守る 3R 大作戦』合同出版、2001 年、56 ページ。
　　PHP 研究所編『地球環境にやさしくなれる本－家電リサイクル法からダイオキシ
　　ンまで、身近な環境問題を考える』PHP 研究所、2001 年、109 ページ。

49　環境省『環境白書平成 16 年』2004 年、88 ページ。

50　前掲 PHP 研究所編『地球環境にやさしくなれる本－家電リサイクル法からダイオ
　　キシンまで、身近な環境問題を考える』109 ページ。平成暮らしの研究会編『地球
　　にやさしい暮らし方』210 ページ。

51　同上。

52　前掲 PHP 研究所編『地球環境にやさしくなれる本－家電リサイクル法からダイオ
　　キシンまで、身近な環境問題を考える』109 ページ。

53　ジ・アースワークス・グループ著、土屋京子訳『地球を救うかんたんな 50 の方法』
　　講談社、1996 年、87、94 ページ。

54　前掲 平成暮らしの研究会編『地球にやさしい暮らし方』219 ページ。

55　末石冨太郎『都市にいつまで住めるか』読売新聞社、1994 年、223 ページ。

56　国交省 HP。

57　前掲 レスター・ブラウン『地球白書 1991-92』96 ページ。

58　前掲 山本『だれでもできる地球を守る 3R 大作戦』83 ページ。

59　前掲 レスター・ブラウン『地球白書 1991-92』99 〜 100 ページ。

60　日本自動車工業会 HP「シュレッダーダスト」。

61　同上「自動車のリサイクルの現状と課題」。

62　同上 HP。

63　自動車検査登録情報協会 HP。

64　北陸信越運輸局 HP「低公害車とは」、NEV（次世代自動車振興センター）HP「EV

等販売台数統計」、JHFC（水素・燃料電池実証プロジェクト）HP「燃料電池自動車のしくみ」、山守麻衣『環境ビジネスの動向とカラクリがよくわかる本』秀和システム、2016 年、44 ページ。

65 ナビクル HP「低公害車の種類は？ 環境に優しい 8 つの車をご紹介」。

66 東洋経済オンライン。

67 EVDAYS HP。

68 同上。

69 中村三郎『リサイクルのしくみ』日本実業出版社、1999 年、447 ページ。

70 前掲 ナビクル HP。

71 群馬経済研究所 HP。

72 EVDAYS HP。

73 『グリーンコンシューマーガイド京都・1999』環境市民、1999 年、133 ページ。

74 同上。

75 地球人間環境フォーラム編『環境要覧 2005/2006』古今書院、2005 年、110 ページ。

76 NTT 西日本 HP。

77 前掲 レスター・ブラウン『地球白書 1991-92』144 ページ。

78 同上、146 ページ。

79 環境総合研究所編『新台所からの地球環境』ぎょうせい、1999 年、98 ページ。

80 前掲 レスター・ブラウン『地球白書 1991-92』157 ページ。

81 前掲 アースデイ 2000 日本編『地球環境よくなった？』97 ページ。

82 同上。

83 前掲 レスター・ブラウン『地球白書 1991-92』227 ページ。

84 高月紘『自分の暮らしがわかるエコロジー・テスト』講談社、1998 年、174 ページ。

85 レスター・ブラウン編著、浜中裕徳監訳『地球白書 1996-97』ダイヤモンド社、1996 年、298 ページ。

86 前掲 高月『自分の暮らしがわかるエコロジー・テスト』78 〜 79、82 〜 84 ページ。

87 前掲 杉田『クルマが優しくなるために』187 ページ。

88 前掲 アースデイ 2000 日本編『地球環境よくなった？』187 ページ。

89　財団法人省エネルギーセンター編『省エネルギー便覧 2005』省エネルギーセンター、2005 年、256 ページ。

90　環境省 HP『諸外国における炭素税等の導入状況 平成 29 年 7 月』。

91　環境省 HP。

92　環境・持続社会研究センター HP『環境税とは』。

93　『日本国勢図会　2006/2007』2006 年、485 ページ。

94　前掲 環境総合研究所編『新台所からの地球環境』191 ページ。

95　環境省 HP。

96　同上。

補４Ａ　微小粒子状物質（PM2.5）の脅威

PM2.5 とはどのようなものでしょうか。
どのようにして発生するのでしょうか。
健康にどのような影響があるのでしょうか。
大陸で発生した PM2.5 はどのようにして日本に運ばれるのでしょうか。
PM2.5 の影響を防ぐにはどのような方法が効果的でしょうか。
暫定的な指針が決められましたが、どのようなものでしょうか。

---

1. PM2.5 とは大気中に浮遊する小さな粒子のうち、直径 2.5μm（1 μm [マイクロメートル] ＝ 1mm の 1000 分の 1）以下の非常に小さな粒子のことで、その大きさは髪の毛の太さの 30 分の 1 程度といわれています。

2. PM2.5 には様々な大きさの炭素成分、硝酸塩や硫酸塩のような塩類、ナトリウム、アルミニウムなどの金属、有機化合物などが含まれています[1]。

3. ものを燃やすことによって、直接排出される一次生成と、様々な物質が大気中に放出されて後に、化学反応を起こして生成される二次生成とがあります。それぞれ人為的に発生するものと自然的に発生するものとに分けられます。

4. PM2.5 は粒子の大きさが非常に小さいため、肺の奥深くまで入りやすく、ぜんそくや気管支炎などの呼吸器系疾患や循環器系への影響、肺ガンになる可能性が大きい[2] といわれています。

5. 2013（平成 25）年 1 月には、一時的に環境基準を超えた PM2.5 が西日本の広い地域に飛来しましたが、総合的に判断して大陸からの越境によって大きな影響をうけたと考えられています。日本国内で観測される PM2.5 には中国から排出される粒子が多く含まれています[3]。

6. 日本に大陸からの大気汚染物質が大量に飛来するのは、移動性高気圧や低気圧、前線などが日本の南岸を通過するときです[4]。

7. PM2.5 の濃度は季節によって変動し、例年、3 〜 5 月に濃度が上昇する傾向があり、夏から秋にかけては比較的濃度が安定しています[5]。

8. PM2.5 の環境基準は、環境基本法で「1 年平均値が $15\mu g/m^3$（マイクログラムパー立方メートル）以下であり、かつ 1 日平均値が $35\mu g/m^3$ 以下であること」と定められています。その上、環境省は都道府県などの自治体が住民に対して注意を喚起する「暫定的な指針となる値」を「1 日平均値 $701\mu g/m^3$ ＝ 1 時間平均値 $85\mu g/m^3$」とし、行動の目安を示しています（表 4A － 1）。

9. マスクの着用については、一般用マスクの場合、ある程度の効果は期待できること、高性能の防塵マスクの場合、PM2.5 の吸入を減らす効果はある[6]といわれています。しかし石炭を大量に使用している国が、よりクリーンな燃料を使用しない限り、根本的な解決にはなりません。

PM とは、「Particulate Matter（粒子状物質）」の頭文字をとったものである。PM2.5 は粒径が $2.5\mu m$ 以下であることを示す。ちなみに人の髪の毛は直径約 $70\mu m$、海岸の細砂は粒径約 $90\mu m$、SPM（浮遊粒子状物質）は粒径 $10\mu m$ 以下である[7]。

PM2.5 を含む一次生成粒子の人為的な主な発生源は工場の煙突などから排出される煤塵、コークス炉や鉱物堆積場などから出る粉塵（細かいチリ）、ディーゼル車などから出る排気ガス、野焼きなどによるもの、鉄鋼製造や金属精錬工場から排出される重金属類などである。自然的な主な発生源には海水の波しぶきから水分が蒸発して生成される海塩の粒子、強風によって巻き上げられる土壌の粉塵、火山の爆発などによる火山灰、花粉、喫煙、調理やストーブの使用など家庭から発生するものがある。自然的に発生するものは少量だが、PM2.5 が含まれる[8]。

二次生成粒子を人為的に発生するものとして、火力発電所、工場や事業所、

自動車、船舶、航空機などが燃料を燃焼したときに排出する硫黄化合物（SOx）や窒素酸化物（NOx）、溶剤や塗料の使用時や石油取扱施設から蒸発したり、森林などから排出される揮発性有機化合物（VOC）などのガス状物質が大気中で光やオゾンと反応し、生成されるものがある。自然的なものとして植物からのイソプレンやテルペン類、土壌からのアンモニウムがある[9]。

　PM2.5 の発生源のなかでも二次生成粒子は重大で、特に硫酸塩は量も多く、大気中にとどまる時間も長いため環境に大きな影響をおよぼす。硫酸塩エアロゾルは重油や石炭など硫黄を含む燃料を工場などで燃焼させると生じる二酸化硫黄（SO_2）が環境中に排出され生成される[10]。

表４Ａ－１：環境省による粒子状物質の健康影響調査についての概要

調査項目		評価	主な結果
微小粒子状物質曝露影響調査			
短期曝露			
死亡	総死亡	△	PM2.5 濃度の上昇により死亡リスクがわずかに増加
	呼吸器系	○	3 日前の PM2.5 濃度の上昇により有意に増加
	循環器系	×	当日～ 5 日前の PM2.5 濃度との関連なし
疾患	喘息による受診	×	喘息による急病診療所受診と PM2.5 濃度との関連なし
	呼吸器系	○	PM2.5 濃度の上昇により喘息児のピークフロー値が有意に低下、健常な小学生でもわずかな低下
	循環器系	×	SPM 濃度の心室性不整脈との関連なし
長期曝露	呼吸器系	△	保護者において持続性の咳・痰は PM2.5 濃度が高い地域ほど高率だが、小児の呼吸器症状とは関連なし
粒子状物質による長期曝露影響調査			
長期曝露	総死亡	×	大気汚染との関連なし
	肺ガン	○	喫煙等のリスク因子を調整した後で SPM 濃度と正の関連あり
	呼吸器系	△	女性では二酸化硫黄、二酸化窒素濃度と有意な関連あり（SPM 濃度との関連は有意ではない）
	循環器系	×	SPM 濃度と負の関連あり（ただし、血圧等の主要なリスク因子は未調整）

（島正之「PM2.5 による健康影響」
日本環境衛生センター編集企画委員会編『知っておきたい PM2.5 の基礎知識』2013 年、39 ページ）

PM2.5 が、「一番危険なのは、直径が 2.5㎛に満たない粒子で、この種の粒子を取り除く技術はない」からである、つまり、「(1) PM2.5 は、長期間、大気中にとどまる酸化水銀や鉛のような重金属と、その他の有機化合物に付着するからであり、(2) 非常に小さいので、人体の防御機能では、阻止できないために、肺や血液に直接侵入してくる」[11] からである。

　特に心配なのは子供や高齢者である。子供は屋外にいる時間が多く、高齢者は喘息や不整脈など循環器系、呼吸器系の疾患を抱えている人が多く、PM2.5 は、これらの疾患と因果関係がある[12]。

　日本国内で観測される PM2.5 は越境汚染の影響を強くうけている。中国で排出された SO_2 が、「大陸に近い西日本で多く、大陸から離れるにしたがって、減少する」ことが明らかになっており、モデルの解析では、「中国の寄与率は日本列島全体で 40 ～ 80％であり、九州北部だけではなく、広い範囲で中国からの越境汚染の大きな影響をうけている」[13] と考えられている。

　注意喚起のための目安である「暫定的な指針となる値」を超えた場合には吸入量を減らすため、屋外にいるときは長時間の激しい運動や外出をできるだけ減らすこと、屋内にいるときは外気をできるだけ屋内に入れないことが必要であることなど、環境省は目安を示している（表 4A － 2）。

　PM2.5 と黄砂との関係について、環境省は日本へ飛来する粒子の大きさは、主として 4㎛前後のものが中心だが、一部 PM2.5 以下の微小な粒子も含まれているため濃度の高いときは注意が必要であること、花粉との関係についても、花粉の大きさは 30㎛程度で、PM2.5 よりもかなり大きいが、濃度の高いときは注意が必要である[14] と警告している。

　PM2.5 がついた野菜や果物を食べても問題はない。PM2.5 の主成分は硫酸塩や硝酸塩の塩類で水に溶けやすいので、食べる前に水で洗えば取り除くことができ、食べ物を通して口から体内に入る場合には、量的に非常に少なく、ウイルスのように体内で増殖しないので心配はない[15]。

　諸外国における多くの研究者によって、PM2.5 が呼吸器系、循環器系を

中心に健康に様々な影響をおよぼすことが明らかになっている。日本では PM2.5 が健康におよぼす影響についての疫学的な知見が不足している。今後は特に PM2.5 の成分や粒子の直径が健康におよぼす影響との関連性について明らかにする[16]ことが求められている。

　現在、中国から飛来している PM2.5 の大半は石炭を燃やす過程で発生したものである。石炭は化石燃料のなかでも炭酸ガスの排出量が最も多い燃料である。石炭火力発電によって何千万世帯に安定的に電力が供給され、中国の多くの人々の生活水準を向上させたが、経済発展のために今後とも石炭火力発電を続けるとすれば、自国民および諸外国におよぼす大きな影響が懸念される。中国の責任は重大である。

表4A－2：注意喚起のための暫定的な指針

レベル	暫定的な指針となる値	行動のめやす	注意喚起の判断に用いる値 ※3	
			午前中の早目の時間帯での判断	午後からの活動に備えた判断
			5 〜 7 時	5 〜 12 時
	日平均値（μg /m^3）		1 時間値（μg /m^3）	1 時間値（μg /m^3）
II	70 超	不要不急の外出や屋外での長時間の激しい運動をできるだけ減らす。（高感受性者※2においては、体調に応じて、より慎重に行動することが望まれる。）	85 超	80 超
I （環境基準）	70 以下 / 35 以下※1	特に行動を制約する必要がないが、高感受性者は、健康への影響がみられることがあるため、体調の変化に注意する。	85 以下	80 以下

※1：環境基準は環境基本法第 16 条第 1 項に基づく人の健康を保護する上で維持されることが望ましい基準。PM2.50 に係る環境基準の短期基準は日平均値 35μg /m^3 であり、日平均値の年間 98 パーセンタイル値で評価。
※2：高感受性者は、呼吸器系や循環器系疾患のある者、小児、高齢者等。
※3：暫定的な指針となる値である日平均値を超えるか否かについて判断するための値。

― 註 ―

1 政府広報オンライン HP「微小粒子物質『PM2.5 とは』」。

2 日本エアロゾル学会 HP「PM2.5 に関して寄せられた質問」3 ページ。

3 大原利真「発生源と越境汚染状況」日本環境衛生センター編集企画委員会編『知っておきたい PM2.5 の基礎知識』2013 年、28 〜 29 ページ。

4 前掲 日本エアロゾル学会 HP「PM2.5 に関して寄せられた質問」2 ページ。

5 前掲 政府広報オンライン HP「微小粒子物質『PM2.5 とは』」。

6 環境省 HP。

7 前掲 政府広報オンライン HP「微小粒子物質『PM2.5 とは』」。

8 岩本真二「PM2.5 とは何か」日本環境衛生センター編集企画委員会編『知っておきたい PM2.5 の基礎知識』2013 年、17 〜 18 ページ。

9 同上、18、26 〜 27 ページ。

10 同上、18 ページ。

11 マック・ハーツガード「想像を超える PM2.5 の本当の破壊力」ニューズウィーク日本版、阪急コミュニケーションズ、1341 号、30 ページ。

12 前掲 日本エアロゾル学会 HP「PM2.5 に関して寄せられた質問」3 ページ。

13 前掲 大原「発生源と越境汚染状況」30 ページ。

14 環境省 HP「微小粒子状物質（PM2.5）に関するよくある質問」

15 前掲 日本エアロゾル学会 HP「PM2.5 に関して寄せられた質問」3 ページ。

16 島正之「PM2.5 による健康影響」日本環境衛生センター編集企画委員会編『知っておきたい PM2.5 の基礎知識』2013 年、41 ページ。

第5章　食料の輸入大国日本の現実

5－1．食生活の変化と輸入食品の増加

　国民の食生活はどのように変化し、どのような消費構造になったのでしょうか。

　どのような問題が起きているのでしょうか。

　どうすればよいのでしょうか。

---

1. 経済成長とともに日本人の食生活は大きく変化しました。1987年には、穀物が主食から副食へと変化し、肥満体の人が多くなってきました。
2. 1963年には、コメ類が19.2％と食料消費額全体の約20％を占めて首位でしたが、1980年には8.1％と急減し、2011年には2.9％とさらに減少しました。これに対して、「調理食品（弁当類・調理パン・その他の主食的調理品とサラダ・コロッケ・カツレツなどの各種惣菜、冷凍調理食品など）」や「外食（喫茶・飲酒代を含む一般外食と学校給食との合計）」は、1963年には、それぞれ3.0％、7.0％と低い水準でしたが、2011年には、「外食」は20.6％と増加して首位となり、「調理食品」も12.1％と著しく増加しました[1]。
3. 日本人の「食」は洋風化し、外部依存化、簡便化、インスタント化しています。これを主に支えているのが輸入食品です。加工食品、外食産業の食材も同じです。輸入食品なしに食卓は成り立ちません。食料の海外依存は食の安全を脅かす要因になっています。国産と輸入ものではどちらの食品が安全でしょうか。

4. 風土に育まれた伝統的な料理や食事の知恵から切り離された「現代的」な食生活は自分の健康だけでなく、地球の資源、環境にも大きな負担をかけています。

I）食生活の変化と主食の多様化

　経済成長とともに日本人の食生活は大きく変化した。これは主食飼料の1人当たり量を示したグラフ（図5−1）から明らかである。1960〜1980年の20年間に、「たくあんポリポリかじりながら、みそ汁で飯を食う」という形から肉類、牛乳・乳製品などの畜産品を中心とする「洋風化・高度化」された形へと大きく変化した。

図5−1：主食飼料の1人当たり量

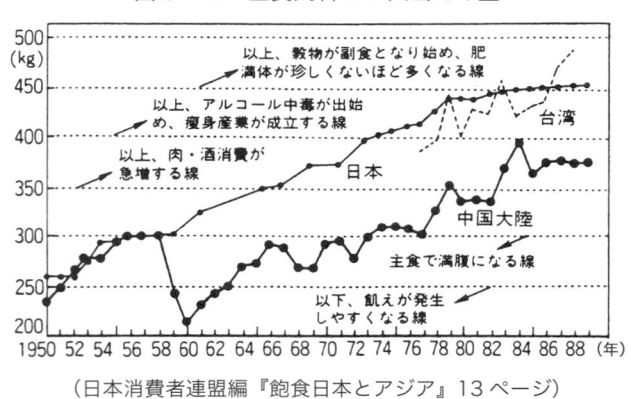

（日本消費者連盟編『飽食日本とアジア』13ページ）

　「戦後の食糧難、コメが入手できず、代用食で命をつなぐ時代から、1956年には主食で満腹するラインに、1965年の経済成長期には肉・酒の消費が急増するラインに、1974年にはアルコール中毒が出はじめ、痩身産業が成立するラインに達した。1987年には、穀物が主食から副食となりはじめ、肥満体が多くなるラインに突入」[2]した。

　高度経済成長期以後の消費者の食生活での驚異的な変貌は、「世帯員1人

当たりの食料消費の推移（品目別）」から明らかである（表 5 − 1）。

表 5 − 1：世帯員 1 人当たりの食料消費額の推移（品目別）

（単位：円、%）

	昭38（1963）	昭55（1980）	平23（2011）
食　料　計	45,431（100）	227,066（100）	310,251（99.9）
米　　　　類	8,746（19.2）	18,336（ 8.1）	9,104（ 2.9）
パン・めん・他	1,955（ 4.3）	10,821（ 4.8）	17,386（ 5.6）
魚　介　類	5,293（11.6）	31,810（14.0）	26,089（ 8.4）
肉　　　　類	3,532（ 7.8）	24,112（10.6）	24,450（ 7.9）
乳　卵　類	3,410（ 7.5）	11,540（ 5.1）	13,091（ 4.2）
野菜・海草	5,727（12.6）	28,213（12.4）	33,372（10.8）
果　　　　物	2,443（ 5.4）	11,990（ 5.3）	12,593（ 4.1）
油脂・調味料	3,010（ 6.6）	9,562（ 4.2）	13,268（ 4.3）
菓　子　類	3,360（ 7.4）	16,734（ 7.4）	26,451（ 8.5）
調　理　食　品	1,377（ 3.0）	12,660（ 5.6）	37,397（12.1）
飲　　　　料	1,138（ 2.5）	8,695（ 3.8）	18,117（ 5.8）
酒　　　　類	2,345（ 5.2）	11,184（ 4.9）	14,809（ 4.8）
外　　　　食	3,196（ 7.0）	31,409（13.8）	63,835（20.6）

（資料）総務省「家計調査年報」（各年版）
（注）1　世帯当たりの消費額を世帯員数で除した値である。
　　　2　（　）内は、食料計を100とした構成比（%）である。
　　　3　平成23年に関しては賄い費（0.1%）を除外した。

（総務省「家計調査年報」各年版）

　1960 年には年間の国民 1 人当たりのコメ消費量は約 110kg であったが、50 年後の 2010 年には 59.5kg に、2020（令和 2）年には、50.8kg に減少し、逆に、肉類は 1965 年の 9.2kg から 2021 年には、33.8kg へと増加、油脂類も 6.3kg から 13.9kg へと増加した[3]。このような食生活の「洋風化・高度化」が生鮮食品だけではなく、たとえば畜産品の場合にはハムやソーセージ、ベーコン、牛乳・乳製品などの加工食品の消費が急増するという形でも進行した。

表5－1は、各家庭で「調理食品」や「外食」といった形での食料消費が著しく増加したこと、つまり食の「簡便化・外部依存化・サービス化」を示している。これは余暇時間の増大に伴う生活意識の変化、所得水準の向上、女性の社会進出、さらに共稼ぎ世帯と単身者世帯の増加などによって外食の機会が増加し、時間節約型の消費が増加したために各家庭の外食と調理食品の消費が急増した[4]というのが主たる理由である。たしかに1980年代に入り、大幅な貿易黒字に対する諸外国からの批判が高まり、輸入制限が緩和されたことも背景にはある。しかし基本的には食生活パターンの大きな変化は国民が自らの意思で選択した結果でもある。これら社会状況の変化は食環境を変え、食の安全に影響をおよぼすことになった。

　食生活の「外部依存化・簡便化」が衣食住関連の家事労働のなかでも最も複雑かつ創造的な「調理労働」の調達方式を変えたこと、つまり家庭内給＝自給中心から家庭外給＝購入中心へと移行させたことを意味している。この結果、ファミリーレストラン、ファストフード店などの外食産業の市場規模は26兆円（2019年＝令和元年）となっている。

　農林水産省の調査[5]によると、近年、人口減少や高齢化により国内の食市場が縮小すると見込まれている一方、消費者ニーズは「多様化・個別化・食の外部化」がより進展している。

　「2009（平成21）年と2019（令和元）年を比較すると、生鮮食品（米・生鮮魚介・生鮮肉・牛乳・卵・生鮮野菜・生鮮果物の合計）の支出割合は、いずれの年齢層でも減少し、加工食品（パン・麺類・他の穀類・塩干魚介・魚肉練製品・他の魚介加工品・加工肉・乳製品・干物・海藻・大豆加工品・他の野菜＝海藻加工品・果物加工品の合計）及び外食への支出割合は、年齢層によって増減がみられるが、調理食品（主食的調理食品とその他の調理食品の合計）への支出割合は、年齢を問わず増加している」。

　年齢層が高いほど、生鮮食品と加工食品への支出割合が高く、外食への支出割合が低いという消費の傾向は、10 年前と変わっていない。調理食品の場合は、年齢層によるそのような傾向は見られないのも大きな特徴である。

　1 年 365 日 24 時間、盆も正月も深夜でも開いている店があり、お金さえ出せば好きな食べ物をいつでも入手できる。このように「便利な」国は世界のどこにもない。おにぎりを買うために、どうして 24 時間こうこうと明かりの輝くコンビニエンスストアが必要なのであろうか。消費者は食べたいときに好物の「梅」おにぎりがないとダメ、「おかか」や「昆布」ではがまんできないという。このような「消費者ニーズ」、つまり消費者の「利便性（コンビニエンス）」にこたえるため、コンビニエンスストアやスーパーマーケットは 1 日に何度も配送している。このために費やされるエネルギーと環境に与える負荷は欠品を回避し、顧客を失わないためには大したことはないということなのであろう。そのような「消費者ニーズ」は本当に尊重すべきであろうか。

　表 5 - 2 は代表的な料理と食料自給率である。かつて主食といえばご飯であった。日本固有の食文化を捨てて以来、主食は多様化した。食パン、菓子パン、ラーメン、パスタ、ピザ、グラタン、焼きそば、お好み焼きなど選択肢が増加した。しかし素材そのものは小麦粉と油脂、砂糖を組み合わせたものばかりで、「食材の種類」は決して増えていないことを記憶しておくことが必要である。食事の欧米化は食材の輸入依存を意味している。

　学校給食は自校方式から民間委託やセンター方式に変わるとともに、材料の調達や調理方法が外食産業とほとんど変わらないものとなっている。その結果、食材は加工・冷凍食品の使用が増え、化学調味料、肉に偏った献立が多用されている。たとえば大きさが違うと給食中にトラブルが起こるかもしれないため、フライ用の安価なエビを剥皮し尻尾を除去して身の部分だけをとり、何匹分かの身を集めて「型」にはめて冷凍し、除去した尻尾をさしこみ、フライにして同じ形状のエビフライに仕上げている。手間と時間のかかる生鮮食品、たとえば魚介類や野菜はあまり使用しないという問題が起きて

おり、日本の伝統的な食文化を取り入れた食事や郷土の新鮮な産物を使用する学校給食はほとんどないのが実情である。

表5−2：料理別輸入食材の割合

料理名	自給率（％）
ピザ	18
みそ汁（豆腐・油揚げ）	26
かつ丼	51
ざるそば	20
ぶりの照り焼き	96
ナポリタン	16
カレーライス	57
スパゲッティナポリタン	16
チャーハン	37
肉じゃが	29
かけうどん	27
ハンバーグ	13
天ぷら	22
サバのみそ煮	82

（食料問題研究会『図解　日本食料マップ』2012 年、23 ページ）

　厚生労働省が指導する栄養素の摂取量を満たすために和食でも洋食でも中華でもない、そのすべてでもあるというような学校給食の献立になっている。特に重視されているのがカロリー、たんぱく質、カルシウムで、「栄養バランス」とはこの３つへの偏重であり、鉄分、食物繊維は基準を満たしていないという。ご飯にみそ汁ではなく牛乳というアンバランスな献立はどう考えても奇異である。牛乳を飲まない生徒が多いということをよく耳にする。母乳は人間の赤ん坊は飲むが、大人も他の動物も飲まない。牛乳は仔牛が飲むのがふつうである。生徒に無理に飲ませる必要はないのではないか。飲まなくとも死ぬことはない。

　企業の経営が悪化したときには、よほど監視していなければ質の悪い材料

が使われる可能性が大きくなる。何よりも子供たちの食はつくる人と食べる子供がお互いに顔のみえる距離にありたいものである。

　小麦・大豆・トウモロコシ（アメリカ3品）の輸入が停滞しているなかで、特徴的なことはこれまで相対的に国内自給率の高かった果実、肉類、水産物などの品目の輸入量が急増していることである。国内消費量のうち輸入品が占める割合（＝輸入品占有率）は2021（令和3）年には果実61.0％、肉類47.0％、魚介類42.0％となっている[6]。特に同規格の大量の食材を安定的に、しかも安価に確保しなければならないため、外国産に比べて割高で季節性があり、年間一定量を確保することが難しい国内産を、外食産業が敬遠するのは当然である。「食」の高級化、ぜいたく化を物語る肉類やエビを中心とする魚介類の全消費量に占める輸入の比重は極めて高くなってきている。またペットフードの輸入量も増加し、高級化してマグロ、エビ、チキンなどがその原料として使われている。

5－2．食卓を占領する輸入食品の不安

　国産と輸入品、どちらの食品が安全でしょうか。
　フード・マイレージとは何でしょうか。どのようなことがわかるのでしょうか。
　ロス大国日本、これまでの「もったいない」の精神は、どこに置き忘れてしまったのでしょうか。

1．日本は今や世界有数の食料輸入大国となり、居ながらにして季節を問わず、世界の様々な味覚を楽しむことができるようになりました。国民は「食における幅広い選択の自由」を手にしました。しかしこの自由の享受は食生活にプラスだったでしょうか。
2．食料の大量輸入によって農薬汚染、食品添加物の危険性にさらされて

います。身体に危険な農薬を使うのはなぜでしょうか。

3．アジアはアメリカに匹敵する日本への食料供給地となっています。その中心は中国、タイ、インドネシアなどで、日本の食卓は『Made in Asia』で彩られています。日本人の食生活はますます多国籍化し、国籍不明の食品が氾濫しています。どうしてこのような国になってしまったのでしょう。輸入量が増加すれば輸送距離は増大し、炭酸ガスの排出量も増え、環境が悪化するのではないでしょうか。

4．輸送量に輸送距離をかけ合わせるだけで簡単に計算することができ、炭酸ガスの排出量も求められるフード・マイレージという指標が考案されています。計算された数値から様々な特色を知ることができます。

5． 一般家庭から捨てられる食料ゴミは、年間少なくとも 1000 万トン以上にのぼると推計されています。毎日、発展途上国で飢えている 4 万人相当分の食料を捨てているということでもあります。発展途上国では年間 500 万人を上回る子供が飢えで死亡しています。

II）輸入農産物の激増

　2021（令和 3）年の統計によると、日本は現在、世界有数の農産物純輸入国で、金額にして年間 7 兆 400 億円を上回る食料品を輸入している。このうち水産物に関しては、かつて世界最大の輸出国であったが、200 カイリ（1 カイリ＝ 1852m）時代の到来で漁業の国際環境が変化したこと、乱獲によって日本近海の資源が枯渇したこと、「食」の高級化などによって 1977（昭和 52）年以降、水産物輸入額で世界全体の約 26％を占める世界最大の輸入国となり、とる漁業から買う漁業へと変化した。このように 1 億 2500 万人の恵まれた消費者が動物性たんぱく質の半分を魚介類からとっている日本は、国際市場で大きな力をもち、近年、ますます自国の漁獲量を減らし、一方で輸入量を増やし続けている。

　肉類の輸入も 1980 年の 73 万 8000 トンから 2021（令和 3）年の 209 万トンと 41 年間で約 2.8 倍になっている。牛肉は 1980 年には 17 万 2000

トンであったが、2021（令和 3）年には国産牛肉の量を上回る 56.9 万トン、
鶏肉も約 59.4 万トンが輸入された[7]。ハム・ソーセージなどの食肉加工用
の原料としても豚肉を中心に輸入量が増加している。

　野菜はタマネギ、カボチャ、キャベツ、ジャガイモ、サヤエンドウ、アス
パラガス、枝豆などの主要品目を含め、約 130 種が輸入されている。生鮮・
冷蔵野菜の輸入量は 67.0 万トン、「冷凍野菜」83.8 万トンなど合計 275 万
トンとなっている。

　特に果実は国内生産の減少、つまり自給率を急減させながら輸入量が急
増した。2021（令和 3）年の輸入量は 264 万トンとなっている。果実の輸
入はバナナ 107 万トン、グレープフルーツ 5.1 万トンなどである。「生鮮」、
「加工食品」を問わず、輸入の自由化によって果実の輸入も増加している。

　2022 年（令和 4）年の日本の食料品の総輸入額のうち第 1 位はアメリカ
からで、23.3% を占め、2 位は中国からである。アジアはアメリカに匹敵す
る日本への食料供給地となっている。輸入相手国として韓国、タイ、ベトナ
ム、インドネシアで、日本の食卓は『Made in Asia』で彩られている。毎
日飲食しているもののうち、自信をもって国産品だといえる食品はどれくら
いあるであろうか。食品加工メーカーは労賃の安い中国へ相次いで進出して
おり、最近、アンコウ、ゴボウといった生鮮食品からロールキャベツ、まぜ
ご飯、ビスケットなどの加工・冷凍食品に至るまで、日本の「食」の中国依
存が依然として進んでいる。

　食生活が豊かになるとともに大量生産、低価格化がはかられ、種々の加工
食品が市販されている。また家庭での調理の簡便化、外食の増加とともに調
理に時間を必要としない加工食品への要望が高まり、その生産高も急増して
いる。そのため様々な農薬や食品の変質を防止するための保存料、酸化防止
剤をはじめとした種々の食品添加物が使用されている。

　便利で美味しく安価な食材であふれる「豊かな」食生活を、消費者は享受
している。これを支えているのは 3100 万トンを超える輸入食品である。しか
し食の汚染が多発している。食の安全は国内の食環境だけで保証されるわけ

ではない。食料を世界に求める以上、輸出国の環境に常に注目していなければ、国民の食の安全を守ることはできない。消費者は輸出国の食環境を知ることなく、また知ることができないという状況のなかで大量に輸入している。

　見事に盛り付けられた美しい日本料理も、食肉、魚介類、穀類、豆類など、その原料のほとんどは外国産で、輸入量は激増している。季節の味、地域の味が失われ、味が画一化している。長寿を支えてきた日本の伝統的食文化を放棄して、消費者は飽食と市場原理で、健全な食生活を実現できると錯覚しているのではないであろうか。

　食料グループ別に、2021（令和3）年の輸入額[8]をみると、水産物が1兆6114億円と多く、そのうち輸入額第1位はサケ・マスで、エビは第3位となった。エビは主としてインド、ベトナムなどから輸入されている。第1位のサケ・マス（生鮮・冷凍）はチリ、ノルウェーが二大輸入先である。次いでカツオ・マグロなどが輸入されている。

　牛肉の輸入が増加し続けており、2021年の輸入額は4079億円に達し、量的にはオーストラリアからが首位である。豚肉の輸入はアメリカ、カナダが二大輸入先で、鶏肉はブラジル、タイが主たる輸入先となっている。穀類で、トウモロコシが単一の食料では最も輸入量が多い。加工食品、果実、野菜の輸入量も多い[9]。

　毎日飲食しているもののうち自信をもって国産品だといえる食品はどれくらいあるであろうか。三度の食事のうち、朝食の原料の故郷をたどってみるだけで明白である[10]。朝食をパン食にすれば、パンの原料である小麦は83％が輸入品（主たる輸入国：アメリカ、オーストラリア、カナダ）、コーヒーは全量（ブラジル、ベトナム）、砂糖は68.0％が輸入品（タイ、オーストラリア）、卵や牛乳は国産だが、飼料にまでさかのぼると90.0％が輸入飼料、デザートがグレープフルーツであれば全量輸入（アメリカ）、野菜とオレンジジュースは国産かもしれないが、こうしてみると朝食の原料のほとんどは輸入品の可能性が大きいことがわかる。

　和食にすれば、コメとノリとネギが国産で、焼き魚のアジ、梅干し、漬物

も国産品が主流であるが、みそ汁のみそ、豆腐の原料である大豆はほとんどが輸入品、アサリは 60.0％（中国、韓国）輸入品である。朝・昼・夕食に何を食べ、何を飲んだか記録してみてはどうであろうか。

　1971（昭和 46）年に誕生した、湯を注ぐだけで食べられる便利な日本を代表する食べ物？＝カップ麺だが、一食二百数十円のこの小さなカップのなかには世界各地から調達された食材が結集している（当然、様々な環境問題が結集していることになる[11]）。これはカップとフォークで食べるファッション性を売り物とするカップヌードル、世界で最初のカップ麺である（図 5 − 2）。

図 5 − 2：日本を代表する食べ物？

かやく（具材）

世界各地から調達した食材を、彩りや栄養が損なわれないようにフリーズドライ*させてつくる。

エビ……インド
ネギ……中国
豚肉……国内、北米
卵………北米、国内

＊フリーズドライ＝食品を瞬間冷凍したあとに、真空に近い状態にして乾燥する。

麺

小麦粉を主原料にし、油で揚げている。カップの底部に空洞があり、お湯が麺全体に回りやすいように工夫されている。

小麦粉……北米、オーストラリア
フライ油……マレーシア

発泡ポリスチレン容器

耐熱性と断熱性が高く、手に持っても熱くない。

（どこからどこへ研究会『地球買いモノ白書』コモンズ、2003 年、26 ページ）

2017 年には、日本における年間生産高は約 39.8 億食（世界の消費量 1036 億食）、1 人当たり年間 30 食も食べていることになる。カップ麺の主原料は小麦だが、日本は小麦の約 90％を輸入（輸入の約半分がアメリカから）している。輸入小麦には生産の際だけでなく、収穫後にも農薬が使用されており、残留農薬への注意が必要である（2020 年度の日本の生産高＝即席めん 20 億食 + 袋めん 39.5 億食 =59.75 億食）。

Ⅲ）フード・マイレージ [12]

　農林水産省は 1994 年のイギリスのフードマイルズ運動にはじまる、食料のフード・マイレージ（食料の輸送量・距離）（単位：トン・km）＝食料の輸送量（重量トン）× 輸送距離（km）を計算している。これは食料の輸送量と輸送距離を総合的・定量的に把握することを目的とした指標ないし考え方である。しかも食料の輸送に伴い排出される炭酸ガスが地球環境に与える負荷という観点にも着目している。

　この計算方法は輸送量に輸送距離をかけ合わせるという極めて単純なものである。たとえば 10 トンの食料を 500km 輸送した場合のフード・マイレージは、10×500 ＝ 5000 トン・km となる。つまり食料の量と輸送距離（生産地からの距離）さえわかれば、だれでも簡単に計算できる。この指標は輸送距離という要素を含むことによって食料供給構造の特色、長距離輸送を伴う大量の輸入食料に支えられているという現状をわかりやすく表すことができる。輸送距離という要素を含むことは食料の安定供給（輸送距離が長くなり、経路が複雑になればなるほど、あるいは輸送に要する時間が長くなればなるほど、輸送途上で不測の事態が生じる可能性、リスクは高くなる）や食に対する消費者の安心感（＝「食と農の間の距離」と関連する）の確保という観点（輸送距離がのびること、輸送経路が多段階、複雑になることで、その食品が日本に到着するまでの全供給経路を適切に監視・管理することが困難になる）からも重要である（表 5 － 3、表 5 － 4）。

表 5 － 3：食品別輸入依存率と主要輸入国（2021 年、まぐろ以下は 2020 年）

食品名	輸入量(万t)	国内自給率(%)	輸入相手国（%）			
小麦	512.6	17	アメリカ	44.2	カナダ	35.1
とうもろこし	1524.0	0	アメリカ	72.8	ブラジル	15.4
大豆	327.0	7	アメリカ	75.9	ブラジル	15.1
牛肉	56.9	36	冷蔵品 アメリカ	52.0	オーストラリア	37.0
			冷凍品 オーストラリア	43.0	アメリカ	29.0
豚肉	92.9	49	冷蔵品 アメリカ	49.0	カナダ	42.0
			冷凍品 スペイン	27.0	メキシコ	19.0
鶏肉	59.4	65	ブラジル	74.0	タイ	23.0
コーヒー豆	40.2	0	ブラジル	36.4	ベトナム	24.9
砂糖	97.1	44	オーストラリア	86.6	タイ	11.7
まぐろ	18.0	55	台湾	31.5	中国	16.9
さけ・ます	25.1	23	チリ	66.7	ノルウェー	14.8
バナナ	106.8	0	フィリピン	75.0	エクアドル	13.0
キウイフルーツ	11.3	17	ニュージーランド	94.0		

（日本国勢図会　2022/23 第 80 版、農畜産業振興機構(alic) HP「令和 3 年度の食肉の需要動向について」）

表 5 － 4：主要輸入国から日本までの輸送距離

輸出国（地域）	輸送距離	輸出港（仮定）
インドネシア	6451.5	ジャカルタ
韓国	1612.3	釜山
タイ	5608.9	バンコク
台湾	2185.0	基隆
中国	3004.8	上海
ベトナム	6588.9	バンコク
ウクライナ	24371.2	サンクトペテルブルク
デンマーク	22034.1	コペンハーゲン
ノルウェー	21969.8	オスロ
ロシア	23979.6	サンクトペテルブルク
アメリカ	18684.5	ニューオリンズ
カナダ	20945.0	モントリオール
メキシコ	18508.4	ニューオーリンズ
アルゼンチン	22739.5	ブエノスアイレス
コロンビア	17025.3	ラグアイラ
チリ	15425.0	バルパライソ
ブラジル	23704.6	サントス
オーストラリア	8371.6	シドニー
ニュージーランド	9441.8	オークランド

（中田哲也『フード・マイレージ』日本評論社、2007 年、2-9 ページ）

また生産地が消費地から遠く離れる（農が食から遠ざかる）につれて生産者と消費者との間に「情報の非対称性」が生じる可能性が大きくなる（生産者はその食料を生産する際に、どのような農薬や飼料を使ったかを当然知っているが、一般に消費者はそのような情報を得ることはできない）ことの問題点や食料の輸送が環境に与える負荷（炭酸ガス排出量）を把握する上で不可欠である。

　しかしフード・マイレージは輸送手段による燃費の差を考慮していない。特に海外農産物を空輸する場合と、一般的な輸送手段である船便の場合を比較すると同じフード・マイレージ値であっても、空輸は輸送に伴う消費エネルギー量がかなり大きくなる。

表5－5：1960年10月（左）と98年10月（右）の典型的メニューと環境への影響

	食　事	おもな食品	生産地	食　事	おもな食品	生産地
朝食	ご飯 味噌汁 納豆	米 ネギ(旬) 味噌 大豆	新潟 近郊 長野 岩手	トースト 牛乳 グリーンサラダ バナナ	小麦粉 牛乳 レタス(温), トマト(温) バナナ	アメリカ 群馬 長野 フィリピン
昼食	ご飯 味噌汁 コロッケ	米 わかめ じゃがいも(旬), 豚肉	新潟 神奈川 近郊	天丼 味噌汁	エビ(冷) 豆腐 味噌	ベトナム アメリカ 中国
夕食	ご飯 焼き魚 筑前煮 茶碗蒸し	米 サンマ(旬) 里イモ(旬) にんじん(旬) 卵	新潟 静岡 千葉 近郊 近郊	サイコロステーキ 焼き鳥 アスパラベーコン 枝豆 ぞうすい	牛肉(冷) 鶏肉(冷) アスパラ 枝豆(冷) 米	オーストラリア タイ フィリピン 北海道 新潟
輸送エネルギー	133.17kcal		耕地面積 1.254m²	775.23kcal		耕地面積 国外3.69m² 国内0.28m²
CO₂排出量	0.0093gC			0.0613gC		

（注1）旬＝旬のもの，温＝温室・ハウスもの，冷＝冷凍もの.
（注2）輸送エネルギー＝単位あたりの輸送エネルギー×生産地（国）からの距離×材料の実質的な量.
（注3）ｇＣは炭素の重量に換算した重さの数字.
（注4）耕地面積＝料理の材料の実質的な量＋その作物の収量.
資料：「地球にダイエットキャンペーン」パンフレット，1998年. データは「環境・持続社会」研究センターの試算.

（アースデイ2000日本編『地球環境よくなった？』33ページ）

　フード・マイレージ値を計測することによって、東京都内に住む会社員の
典型的メニューで 1960（昭和 35）年と 1998（平成 10）年を比較すれば、
表 5 - 5 のとおりとなる。輸送エネルギーは 5.8 倍、炭酸ガス排出量は 6.6
倍も増加している。食材の産地は 1960 年にはすべて国内、しかも大半は近
郊地域、旬のものであった。しかし現在は多くを海外ものが占める上、冷凍
や温室・ハウスものに依存している。季節感を忘れ、地域の農業の存在を見
失い、伝統的な食べ物が次々に姿を消しているだけではなく、食品添加物、
農薬汚染、化学薬品汚染による食の危険性を指摘できる。

　私ども消費者は旬を忘れ、ほしいときにほしい食材を求めるようになっ
た。野菜に旬がなくなり、輸入野菜が急増し、外国産、施設ものと合わせ、
季節に関係なく入手できるようになった。温室・ハウスなど施設による生
産も、一年中、入手できる点で消費者にとって好都合で、農家にとっても
高付加価値化につながっている。しかし施設では高温多湿となり、農薬使
用量は増加する。ハウスで 1kg のキュウリを生産するには加湿する場合、
5054kcal のエネルギーを必要とする。露地栽培の場合には 996kcal で十分
である [13]。

　ハウス栽培の野菜や果物は値段も高く、これこそエネルギーの無駄遣いで
はないか。季節外れのものを入手するには、その対価があまりにも大きいこ
とを知ることが必要である。飽食の時代とはいえ、季節外れの野菜をありが
たがるのはやめたいものである。

　「野菜でも魚でも、できるだけ地場のものを買い、旬のものを買う」こと
である。旬のものは味が良く、栄養も十分で大量に収穫されるため値段も安
いからである（表 5 - 6、表 5 - 7）。遠くから運ばれてきたものは、エネ
ルギーの浪費も大きく、一層大気を汚染する。

表5－6：旬の食べ物

野菜	旬（月）	魚類	旬（月）
アスパラガス	4〜6	アジ	5〜7
カリフラワー	11〜3	アンコウ	12〜2
キュウリ	6〜8	イワシ	6〜10
サツマイモ	9〜12	カツオ	5、6、9〜10
サヤエンドウ	4〜6	サバ	10〜12
シイタケ	3〜5、9〜11	サワラ	10〜6
大根	11〜2	タイ	2〜4
タケノコ	4、5	タラ	12、1
トマト	6〜8	ブリ	12、1
白菜	11〜2		
ピーマン	6〜8		
ホウレンソウ	11〜2		
レンコン	11〜2		

（旬の食材カレンダー HP）

表5－7：栄養価が変わる野菜

ビタミンC（mg）			
	品名	最大	最小
夏に多い	トマト	18（ 7月）	9 （ 1月）
	キュウリ	18（ 7月）	7 （ 1月）
	ジャガイモ	38（ 7月）	8 （ 4月）
	シシトウ	128（ 9月）	85 （12月）
冬に多い	ホウレンソウ	73（ 2月）	9 （ 7月）
	ブロッコリー	167（ 2月）	86 (8.10月)
	キャベツ	69（ 2月）	29 （11月）
	シュンギク	29（12月）	7 （ 5月）
ベータカロチン（μg）			
夏に多い	トマト	586（ 9月）	194 （ 2月）
	キュウリ	281（ 8月）	62 （ 3月）
	ニンジン	14672（ 6月）	5897 （ 1月）
	チンゲンサイ	823（ 8月）	154 （11月）
冬に多い	ブロッコリー	1595（ 3月）	389 （ 8月）
	キャベツ	109（ 3月）	30 (7.8月)

食べられる部分100g 当たり（辻村卓教授による）

（「朝日新聞」平成 12 年 5 月 29 日付朝刊）

　フード・マイレージの値が小さいほど環境負荷が少なく、自給率が高いことを意味する。日本のフード・マイレージはアメリカやヨーロッパ諸国に比べて高く、食料供給体制の歪みを明確に示している。

　食料の供給を遠く海外に依存すれば輸送や貯蔵にエネルギーを必要とする。アメリカの穀物はニューオーリンズ港からパナマを通過して4週間かけて日本に運ばれる。フード・マイレージ試算によれば、国民1人当たりでは約7100トン・kmで、アメリカの約6.7倍、イギリスの約2.2倍、ドイツの約3.4倍にもなっている（表5－8）。

表5－8：輸入食料のフード・マイレージ（品目別、輸入相手国別）

		日　本	韓　国	アメリカ	イギリス	フランス	ドイツ
総計量（百万トン・km）		900208	317169	295821	187986	104407	171751
品目別	畜産物（第1,2,4類）	37013	7956	19707	7343	3251	6963
	水産物（第3類）	34502	6921	15453	1914	2858	3308
	野菜・果実（第7,8,20類）	51679	9480	103234	52871	16654	30921
	穀物（第10,11,19類）	479328	174831	28595	15404	5825	4668
	油糧種子（第12類）	189570	39654	10422	13409	10391	42237
	砂糖類（第17類）	16782	26585	12906	20687	4141	1989
	コーヒー、茶、ココア（第9,18類）	9753	1547	24538	5586	5548	13576
	飲料（第22類）	17621	3578	36211	10853	3838	4899
	大豆ミールなど（第23類）	42497	36965	6002	36903	44587	36935
	その他	21463	9651	38751	23016	7314	26254
1人当たり計（トン・km／人）		7093	6637	1051	3195	1738	2090
輸入相手国別	1位	4178	2902	76	404	690	416
	（国名）	（アメリカ）	（アメリカ）	（タイ）	（アメリカ）	（ブラジル）	（ブラジル）
	2位	843	1053	71	339	117	252
	（国名）	（カナダ）	（ブラジル）	（オーストラリア）	（ブラジル）	（アメリカ）	（アメリカ）
	3位	335	583	70	332	107	168
	（国名）	（オーストラリア）	（アルゼンチン）	（フィリピン）	（イタリア）	（アルゼンチン）	（中国）
	その他	1717	2099	834	2120	824	1253

（中田哲也『フード・マイレージ』116ページ）

※中田のフード・マイレージの数値は、同著2〜11ページに記載

作物の栽培や輸送に要したエネルギーの消費量を国産と輸入品とで比較すれば、コメや小麦では輸入品は約1.5倍、ジャガイモでは3倍も消費エネルギーが多い。さらに輸入食品への依存は化学物質の使用の増加、残留量の増加、安全情報の入手が困難になるというマイナスの要因を増やすことにつながる。

ただフード・マイレージは食料の輸送面のみに着目したものであることに留意する必要がある。つまり生産や消費、廃棄にかかる環境負荷は含まれていない。したがって全体として環境負荷の小さな食生活を実現するためには地産地消に心がけるだけではなく、なるべく旬のものを選び、食事はできるだけ家族いっしょにとり、食べ残しはしないといった心配りが必要である。

IV）食品ロス大国日本

日本には古くから、「もったいない」という言葉とともに食べ物を粗末にせず、物を大切にするという考え方が浸透していた。しかし1年間の食品ゴミは2021（令和3）年には523万トンで、うち企業の厨房から出るものが279万トン、家庭から出る台所食品ゴミが244万トンである[14]。日本中で出る野菜と果物の食べ残しの量が年間約390万トン、学校給食で出る残飯の量が生徒1人当たり1日69gなどとなっている[15]。

2021（令和3）年度の主な食品の輸入量は約2400万トン、2021年度の世界食料援助量は440万トンであった。世界中から食料を入手する一方で大量の食材を捨てている。この膨大な無駄が豊かさと便利さのシステムの陰で生み出され、その処理にもさらにエネルギーが消費されている。資源とエネルギーを二重に浪費している、というこのロスの問題は消費者に危機意識が欠如していることを表している。

食は満たされ、季節を問わず、一年中、必要な野菜や果物が購入できるようになった反面、季節感、旬の美味しさは失われた。食の家庭内生産にかかる時間、手間は大幅に減ったが、食事から「ゆとり」が、食卓から「家庭あるいは共食感」が不足するようになった。朝食の欠食が増え、家族がいっ

しょに食卓を囲むことが減るなど食の貧困化が進んでいる。家族全員で食卓を囲む、楽しく待ち遠しかった食事の時間は昔の光景になろうとしている。また飽食で肥満や生活習慣病で苦しむ人も多くなっている。

　世界各地で飢餓に苦しむ人々が多いという現状を考えるとき、飽食は考え直す必要がある。廃棄された食べ物をリサイクルすることも重要であるが、無駄な摂取をなくす視点から食べ残しを減らすことが必要である。年間 500 万人以上もの子供が餓死しているという悲惨な状況、日本の資源・エネルギーを多用した食生活や食べ残しの問題、国が進める自国農業の切り捨て政策、国民の飽食のライフスタイルのあり方は、近い将来に予測される飢餓社会の到来を目前にして、あまりに楽天的すぎるのではないか。大量の食料を輸入し、食べ物を捨ててまで美味しさと便利さという「快適さ」を追求する飽食社会を維持することは食倫理上、許されない。

　1962（昭和 37）年にはタマネギ、ニンニク、乾燥シイタケが、1963 年にはバナナが、1964 年にはレモン、イグサ、1971（昭和 46）年にはブドウ、リンゴ、グレープフルーツが、1986（昭和 61）年にはグレープフルーツジュースが、1990（平成 2）年にはパイナップル缶詰が、1991 年には牛肉、オレンジ、オレンジジュースが輸入自由化された[16]。

　グレープフルーツやオレンジの輸入自由化によってミカンの価格が暴落し、多くの農家が廃園した。バナナやパイナップルなど果物の輸入自由化でリンゴやブドウなどの生産者も打撃を受けた。果実の自給率は 1965 年の 90％から 2010 年には 38％にまで低下した。1991 年の牛肉の輸入自由化では牛の肥育農家や酪農家が大きな打撃を受けた。

　コメ[17] は 1960 年頃まで国内生産だけでは不足がちで、不作の年には輸入して補っていた。しかし品種改良と生産技術の進歩によって単位面積当たりの収量が大幅に増加し、1945 ～ 1954 年の平均収量は 10a 当たり 308kg であったものが、1995 年には 509kg になった。しかしコメの需要は、戦前には 1 人当たり年間 135kg であったものが、1960 年には 114kg、2017（平成 29）年には 54kg まで激減した。これはパン食が普及したことなどが

大きく影響している。こうした需給のアンバランスの是正のため、農林水産省はコメの「減反」政策を打ち出した。

コメの過剰に苦慮しているなか、GATT の農業交渉でコメの最低輸入量（ミニマム・アクセス。初年度は国内消費量の 3％、2000《平成 12》年には 5％の輸入義務＝ 68 万トン以下）を受け入れた。1999 年 4 月にはコメの輸入を自由化して、関税を払えばいくらでも（日本へ）輸出できるようになった。一方で日本は減反を強化し 101 万 ha に拡大した。

唯一自給可能であったコメを、減反を強制しながら輸入を拡大するという矛盾した農業政策のために、日本の稲作農業が壊滅の危機に瀕している。食料を適度に海外に依存することは食料の量的確保を放棄することになり、非常に危険である。

国際的に有事が起きた際、国民はその日から飢えることになる。食料自給率を高め、自国の農業生産を守る政策こそ、まず食料消費大国日本がとるべき道である。食料自給率を 1％あげるには、消費面で考えると、日本人全員が一食につき、ご飯をあと一口ずつ食べれば達成できると試算されている。今こそもう一度原点にかえり、世界の先頭に立って「もったいない」の精神を大切にし、実行すれば世界の食料事情を改善し、環境を保全することになる。

学校給食に関していえば、生徒たちの好みは個人個人によって極端に異なる。また料理の見た目、舌ざわりにも敏感で、これが食べ残しにも影響していると考えられ、家庭での食習慣が給食にも反映しているように思われる。

安部司は、その著『食品の裏側』のなかで、子供たちには食に対する感謝の気持ちが生まれる状況にはないと、おおよそ次のように述べている[18]。

　牧場に放牧されてのんびり草をはむ牛と、スーパーでパックになって並んでいる牛肉。子供たちはその「中間」を知らずにいる。── 食べ物はさまざまな過程を経て、やっと私どもの口に入る。どの食べ物も簡単に手に入るものではない。── なんでもかんでも食べたいときに食べたいものが好きなだけ手に入る ── そこには食に対する「感謝」の気持ち

は生まれはしない。食べ物のありがたさ、手に入れることの難しさ ――
そういうことを、いまこそ子供たちに教えていかなければいけない。

　この見解はポイントをついていることはもちろんである。「食に関する教
育」については、後に詳しく述べる。

5－3．TPP と農薬・ポストハーベストと安全性

　TPP とは何でしょうか。日本にとってどのような影響があるのでしょうか。
　残留農薬検査は厳正に行なわれているのでしょうか。
　どんな食品から、どんな農薬が検出されているのでしょうか。
　ポストハーベストとは何でしょうか。なぜ行なわれるのでしょう。
　農協が作成している防除暦は、どのような役割をはたしているのでしょうか。

1．TPP（環太平洋連携協定）とは、FTA（自由貿易協定）のひとつで、
　　農産物を含む貿易の徹底した自由化をめざす協定であり、例外のない
　　関税の撤廃をめざしたものです。TPP のような取り決めで関税が撤廃
　　されて農産物輸入が完全に自由化されると、現在以上に安価な農産物
　　が海外から日本国内に流通することになります。
2．現在、ポストハーベスト、残留農薬、食品添加物などによって汚染さ
　　れた食品が世界をかけめぐり、食の安全は二の次になっています。こ
　　の流れは農産物貿易自由化の結果であり、人類の生存に大きな危機を
　　もたらしています。TPP への参加は、これに一層拍車をかけるもので
　　はないでしょうか。
3．アメリカから穀物を日本まで運ぶのに約30日かかります。その間、船
　　底の穀物は大丈夫でしょうか。日本まで新鮮なまま到着するのでしょ
　　うか。もし着かないとすると、どのような工夫が必要でしょうか。

4．ポストハーベストの問題は重大です。輸入食品にはどのような検査が行なわれているのでしょうか。

5．食品として安全性を保証できない「食品」があふれています。安全であってこそ、「食品」であり、「商品」といえるのではないでしょうか。

6．法定監視そのものを骨抜きにして、「必要に応じて」立ち入り検査や指導を行なうことになっています。まず規制緩和ありきという行政改革は食の安全にとって危険ではないでしょうか。

7．外国産のものが輸入されるとサンプルを取り出し、検査しますが、その結果は早くても数週間後になります。したがって数万トンが先に市場へ流されてしまいます。基準値を超えた毒性が検出されると回収作業に入りますが、ほとんどが消費者の胃袋におさまった後になります。大量に食べてしまった人は運が悪いということなのでしょうか。

8．欠陥だらけの輸入食品検査体制、輸入食品の安全性は90％が守られていないといわれています。

9．防除暦に記載された農薬を販売しているのは農協です。そして防除暦を作成しているのも農協です。農協は農薬を売れば売るほどマージンが入ります。その収入が農協経営の柱となってきました。農協が農薬の使用を減らすように指導することは自分で自分の首をしめることになります。

10．消費者は野菜や果物を見た目だけで選ばないようにすることが必要です。形や色の良いものは、それだけ農薬が使われているということです。農家と消費者が少しずつ状況を変えていく以外、方法はないのでしょうか。

Ｖ）輸入農産物とポストハーベスト

　TPP は FTA よりもさらに徹底した自由化を進める協定である。日本の代表的作物であり、自給率100％のコメでさえ、その生産量は90％減少して輸入品に置き換わる可能性がある。日本のコメの消費量の相当部分を占める

外食・中食産業ではほとんどが輸入米になるであろう。日本産で残るのはコシヒカリのような銘柄米や有機米だけであろうといわれている。

　小麦などを大量に収穫・貯蔵し、長距離を長時間かけて相手国に運ぶ間には、途中で害虫やカビが発生して商品価値が低下する。そのため収穫後に農薬が散布される。これが「ポストハーベスト・アプリケーション（収穫後の農薬散布）」で、殺虫剤のマラチオンやクロルピリホスなどが使用されている。収穫後に農薬を散布すれば小麦粉や小麦製品に、当然、農薬が残留する。なぜ残留するような農薬の使用が認められているのであろうか（図5－3）。

図5－3：ポストハーベスト・アプリケーションの概念

【アメリカ】　　　　　　除草剤・殺虫剤　　　　　　　　殺虫剤・防カビ剤等を散布
　　　　　　｜播種・栽培 ──→ 開花・結実 ──→ 収穫・貯蔵 ──→ 食品・加工｜
【日　　本】　　　　除草剤・殺虫剤　　（休薬期間）（収穫後の農薬散布は原則禁止）
　　　　　（山口英昌ほか編『食環境問題Q＆A』25ページ』）

　マラチオンなどによるポストハーベストを施すと、確実に小麦粉に農薬が残留する。たとえばこの小麦粉を使用した給食用パンにも農薬が残留していると考えられる。ふつう、パンに使用される小麦粉は特等粉と一等粉だが、学校給食のパンは価格を抑えるために一等粉に二等粉を混ぜたものが使用されている[19]（穀粒の中心部から外側へいくほどランクが下がり、ランクの低い小麦粉ほど残留農薬の量が多くなる）からである。せめて給食用のパンはという考えは通用しない。

　ふつう、商品を一般消費者に売る場合、後に詳述する法が適用される。しかし学校給食会は同法の対象外になっている。「学校給食会は、一般消費者ではない」というのがその理由である。子供たちは一般消費者ではない、特別な消費者なので偽装食品を食べさせても良いということになっている。学校給食はいわば「無法地帯」である[20]。

　日本に輸入されるバナナは殺菌剤が使われなくなり、かなり安全になって

いる。しかし国際的にはポストハーベスト農薬が禁止されているわけではないので、日本向けでないバナナが輸入されると農薬が検出されることになる。このようなバナナは成熟前の緑色の状態で殺菌剤のベノミルなどが噴霧され、八百屋に出回った頃、ちょうど黄色になるように出荷される。すでに日本で販売が禁止されている農薬、たとえばホリドールは主要農薬のひとつとして現在も使用されており、カンボジアでは市販されている。傷まないバナナは農薬が含まれている可能性が高い。

オレンジなどのかんきつ類は、実が青いうちに収穫し、2,4−Dなどの除草剤を加え、低温で貯蔵した上、防カビ剤をかけ、ワックスを塗って輸出するのが一般的なパターンである。果実に残っている軸をヘタというが、ヘタがあれば果実が新鮮にみえる。そのヘタが落ちるのを防ぐために除草剤を使用して農薬が逃げるのを防ぎ、ワックスが果実に光沢を与える[21]。

アメリカ産オレンジは残留農薬の"常習犯"で、1993年から毎年のように検出されている。オレンジだけでなく、"アメリカ産かんきつ類の御三家"の残りふたつであるレモンとグレープフルーツもクロルピリホスが検出される"常習犯[22]"である。貯蔵・運送中にカビや害虫の発生などで品質が低下するのを防ぐためのポストハーベストは、収穫前にかけるプレハーベストに比べて時期が遅いだけに農薬が作物に残留しやすい。

日本では国内でのポストハーベストの使用を禁じている。したがって防カビ剤は検出されない。小麦などに使われる2,4−Dのような防虫剤や臭素の検出も少ない。本来、使わなくとも良い農薬が輸入食料に使われ、残留している。しかし海外では多くの国が使用を認めているため輸入される農産物にはポストハーベストが残留していると考えたほうが自然である。

大豆、トウモロコシ、カリフォルニア米、小麦などの輸入穀物類にはすべて燻蒸用としてEDB（二臭化エチレン）、臭化メチルなどの発ガンあるいは催奇形性の恐れのある物質が、ジャガイモ、サクランボ、オレンジ、グレープフルーツ、バナナ、レモンなどあらゆる輸入野菜や果物にも発芽抑制、殺虫、カビ防止、殺菌、燻蒸などの目的で発ガンあるいは催奇形性物質が使用

されている。

　特に問題なのは防カビ剤[23]である。貯蔵・運送中はカビが生えやすい。防カビ剤の"御三家"である OPP と TBZ（チアベンダゾール）、IMZ（イマザリル）は分解しにくいためオレンジなどのかんきつ類には大量に残留する。したがって梅雨時でもカビが生えることはない。なかでも IMZ は男性用の経口避妊薬（殺精子剤）として特許を得ている物質で、日本では最悪の添加物である。

　OPP は日本では農薬ではなく、1975 年、急に防カビ用食品添加物として認可されている。発ガンの危険性があるにもかかわらず、使用することを認め続けている。TBZ も防カビ用食品添加物で、OPP との併用で発ガン率が高まる。IMZ も防カビ用食品添加物である。少なくともアメリカ産"かんきつ類御三家"のすべてにクロルピリホスと"防カビ剤御三家"がかけられていると考えられる。アメリカではいずれも食品添加物ではなく、農薬として扱われている防カビ剤であるが、日本は国民の健康よりもアメリカとの貿易摩擦を避けるため食品添加物として指定したと考えられる（表 5 - 9）。

　たとえばレモンそのものは健康に良いが、使用している農薬に毒性があるため食べないほうが健康に良いということになる。

　ポストハーベスト処理する農薬の使い方は消費者が望んだものではなく、あくまでも穀物を供給する企業や生産者の都合によるものであり、食料を大量に輸入するようになってはじめて生じた問題である。遠く離れた大陸から海を越えて食料を運ぶ必要があるという理由で、農薬をふりかけて輸送する現状は異常である。消費者は安価な輸入食料が手に入ると喜んでいる場合ではない。農薬は程度の差はあるが有害である。農薬の点で国産かんきつ類のすべてが安全だとはいえないが、アメリカ産など輸入ものに比べれば安心である。

表 5 - 9：残留農薬基準の見直し

農産物名	農薬の成分	改正前　ppm	改正後　ppm
トウモロコシ	グリホサート	0.1	1.0
エンドウ	エチオフェンカルブ	1.0	2.0
	クロルプロファム	0.05	0.30
	ジクロフルアニド	0.20	3.0
大豆	グリホサート	6.0	20
上記以外の豆類	エチオフェンカルブ	1.0	2.0
	ジクロフルアニド	0.20	5.0
スイカ	グリホサート	0.2	0.5
メロン類果実	グリホサート	0.2	0.5
上記以外の果実	エチオフェンカルブ	5.0	7.0
ユリ科野菜	シペルメトリン	5.0	6.0
サトウキビ	グリホサート	0.2	2.0
上記以外の野菜	エチオフェンカルブ	5.0	7.0
オイルシード、綿実	グリホサート	0.5	10
ナッツ類			
クリ	グリホサート	0.2	1.0
クルミ	グリホサート	0.2	1.0
ペカン	グリホサート	0.2	1.0
上記以外のナッツ類	グリホサート	0.2	1.0
茶	グリホサート	0.5	1.0

クロルプロファムはその後一部基準値を低くされた。他の2農薬は基準値のまま。

（日本食品化学研究振興財団ＨＰ）

　しかし近年、経済のグローバル化の名のもとに自由貿易が叫ばれ、安全であってこその「食品」のはずなのに、国民の生命と健康を守るための農産物がもうけの道具、単なる商品になってしまっている。今こそ安全で新鮮な農産物を生産する日本農業を推進し、農産物の安全を保証するシステムを確立することが必要である。

　日本では収穫した果物をまず選別し、生食用を出荷・貯蔵し、加工用は水洗いしてジュースにする。外国の大産地では、まず農薬をかけ、それから選別してジュース原料にしている。アレルギーの研究をしようとする研究者

は、以前は患者の多いアメリカに行かなければ研究できなかった。しかし現在は日本に患者が多数いるので、皮肉にも自国での研究が可能となった。

　アメリカの小麦のポストハーベストは 22 品目であるにもかかわらず、日本はそのうち BHC、DDT、マラチオン、ディルドリン、エンドリン、臭素など 8 農薬を規制しているにすぎない[24]。たとえばマラチオンのコメ（玄米）への基準は 0.1ppm である。小麦への基準は新たに 8ppm となり、コメと比較して 80 倍も緩い基準となった。日本人の小麦消費量がコメの 80 分の 1 なら納得できる。しかし 2010 年における 1 人 1 日当たりの小麦消費量は 90.4g で、コメ 163g の 55％にすぎない。小麦への残留農薬基準の 8ppm には説得力がない。輸入エビにも多くの薬剤が使用されているが、日本はエビの養殖には薬剤使用基準すらもうけていない。これらは一例にすぎない。大量生産、低価格化の実現は薬への全面的な依存のおかげである。

　厚生労働省の定めている食品ごとの残留農薬基準には整合性がみられない[25]。たとえばクロルピリホスの場合、ホウレンソウなら 0.01ppm、白菜なら 1.0ppm、大根類なら 2.0ppm であり、有機リン酸殺虫剤スミチオンの場合、コメ（玄米）なら 0.2ppm、小麦なら 10ppm（コメの 50 倍も緩い）、小麦粉なら 1.0ppm（コメの 5 倍も緩い）である。このような整合性の無さは貿易促進のためアメリカやオーストラリアの基準あるいは国際基準などとの整合性を優先させたためである。国民の健康のためではない（表 5 － 10）。

　日本の残留農薬基準は WTO（世界貿易機関）と密接に関連している。従来の評価方法のままでは WTO 協定に抵触する可能性があり、アメリカ流の計算方法を採用し、日本独自の安全評価データは取り入れていない。したがって国民の健康への配慮は二義的、三義的になっていると考えるべきであろう。アメリカは WTO 基準にそろえながら、同時により厳しい基準の決め方をしている。たとえば毒性の作用が同じ農薬の場合、まとめて摂取量を計算したり、子供への安全を配慮して基準を大人の 10 倍厳しくしている[26]。日本はこれらの点を無視している。

表 5 - 10：今日の残留農薬基準とコーデックス基準　　単位：ppm

農薬（殺虫剤）	対象農産物	残留農薬基準	コーデックス基準
マラチオン	コメ	0.1	8
	小麦	8	8
	大豆	0.5	8
	ジャガイモ	0.5	8
	オレンジ	4	4
	リンゴ	0.5	2
クロルピリホス	コメ	0.1	0.1
	小麦	0.5	
	大豆	0.3	
	ホウレンソウ	0.01	
	ジャガイモ	0.05	0.05
	白菜	1	
	大根類	2	
	オレンジ	1	1
	リンゴ	1	1
フェニトロチオン（スミチオン）	コメ	0.2	10
	小麦	2	2
	大豆	0.2	0.1
	ホウレンソウ	0.2	
	ジャガイモ	0.05	0.05
	白菜	0.5	
	大根類	0.5	0.5
	オレンジ	2	2
	リンゴ	0.2	0.2

（日本食品化学研究振興財団 HP）

VI）中国からの食料輸入の増加

2002（平成 14）年以降、日本の輸入相手国は輸入総額で、中国が第 1 位である。

クリ、落花生、モヤシ豆、ネギ類、タマネギ、冷凍品のゴボウ、ゼンマイ、乾燥シイタケ、生鮮品のマツタケ、生鮮ショウガ、ニンニク、生シイタケ、乾燥野菜のタケノコ、キクラゲ、小豆、緑茶、コンニャク、野菜缶詰のアスパラガス缶、サクランボ缶詰、ソバ、モモ缶詰、タケノコ缶、ラッキョウ、リンゴジュース、加工ウナギ＋活ウナギ、イカ、ハマグリ、海藻のワカメなど、これらすべてが中国から日本への輸入量第 1 位の産品である[27]。

　中国はすでに、福島第一原発の処理水放出を受けて 10 都県産（福島、宮城、茨城、栃木、群馬、埼玉、千葉、東京、長野、新潟）の食品等（新潟県産の精米は除く）を輸入停止していた。また、10 都県産以外の野菜、果実、乳、茶葉およびこれらの加工製品等についても、事実上輸入停止状態となっていた。香港も本土に足並みをそろえて、2023 年 8 月 24 日から 10 都県からの水産物輸入を禁止する考えを事前に明らかにしていた。

　農水省の統計（2022 年の農林水産物・食品の輸出額）によると、2022（令和 4）年の水産物の輸出総額は 3873 億円で、輸出先の 1 位は中国、2 位が香港、3 位がアメリカとなっている。中国への輸出額は 871 億円、香港へは 755 億円で、輸出総額に占める割合は、中国 22.5%、香港 19.5%、計 42.0% になる。中国による水産物の輸出停止措置は、日本にとって大きな打撃となると警告している。政府は処理水放出を受けた中国との関係悪化だけでなく、輸出規制等でアメリカとの連携の在り方についても慎重に検討していかなければならない [28] のではないか。

Ⅶ）食品の薬品汚染

　国内産の農産物にはポストハーベストは少ない。農薬出荷量は 1980（昭和 55）年以降、特に稲作用の除草剤や殺虫剤の使用量は減り、年生産高は約 26 万トンとなっている。しかし耕地 1ha 当たりの化学肥料投入量は 219kg（アメリカ 108kg）にもなり、減少してきているとはいえ、今なお大量に使用されている [29] ことを示している（表 5 − 11）。

　農薬は環境を以前ほどに傷つけることはなくなったが、農薬を扱う者におよぼす危険性は増大している。実際、今日使用されている一部の農薬であればわずか 100g 以下で、1945 年の時点で 2kg の DDT を使っていたのと同程度の殺虫効果が得られるからである。新しい農薬を開発するのに平均 10 年を要するだけでなく、新たな農薬の開発に要した費用は 1956 年には 120 万ドルであったが、今後、2000 ～ 4500 万ドルを要する [30] と推計されている。

　国内産食品の青ジソには殺虫剤、モヤシ、レンコン、ゴボウ、ナガイモに

は次亜塩素酸ナトリウムあるいはリン酸塩溶液などの漂白剤が使用されている（表5－12）。

表5－11：農薬生産量（2019年）

単位：トンまたは$\ell\ell$、百万円

	数量	金額
殺虫剤	48,634	92,446
殺菌剤	33,000	76,007
殺虫殺菌剤	14,099	34,336
除草剤	70,775	141,699
計	166,508	344,488

（農薬工業会HP）

表5－12：生野菜にもこんな添加物

野菜名	食品添加物名	効果
サツマイモ	リン酸、リン酸塩の溶液につける	表面の色素が化学変化し赤みを増して美味しそうに見える
・洗いサトイモ ・ヤマトイモ ・レンコン ・ゴボウ ・洗い新ジャガイモ	リン酸、リン酸塩の溶液につけておく	変色を防ぎ白さを長持ちさせる
	次亜塩素酸ナトリウムの溶液につける	色を白くさせる
紅ショウガなど	リン酸、リン酸塩の溶液につける	赤みを増しつやもよくなる
・モヤシ ・きざみキンピラゴボウ ・きざみミックス野菜など	リン酸、リン酸塩の溶液につける	変色を防ぐ

（増尾清『新・食品添加物とつきあう法 ― なくす日までの自己防衛』健康双書、1994年、185ページ）

　農作物の価格を決定する第一の要素は形態（見栄え）であった。そのことが安全性を二義的なものにしてきた。たとえばまっすぐなキュウリをA級とすれば、少し湾曲したキュウリはB級に、わずかのキズでもあればC級以下で、日本の市場ではA級のもの[31]しか取引されない。外見は悪くとも別の価値を認めることが必要である。形や色の良いものはそれだけ農薬が使

われているということである。目にはみえないので食べるのに抵抗がないだ
けのことで、品質が悪くてまずいものをおいしそうにみせている場合が多い
ことに注意を要する。

　野菜、穀物だけではなく、魚介類では全漁獲高に占める養殖の割合は、た
とえばブリ類は 55％、マダイは 81％（2021 年）である。また畜舎では、
たとえばブロイラーは畳 1 枚の広さに 30 〜 40 羽も飼われている（生き物
の飼育ではない）。この薬品汚染もすべて大規模密飼い方式、非常に不自然
な環境で育てることから起こっている。近年の魚介類の養殖や畜産の現場で
は大規模な施設で密集飼育し、生産効率を優先した生産体系ができあがって
いる。

　ブロイラーは品種ではなく、ふ化後 3 ヵ月未満の食用の若鶏のことであ
る。また地鶏と銘柄鶏の自主的なガイドラインが業界団体によって定めら
れ、2003（平成 15）年から実施されている。たとえば地鶏とは在来種の血
統が 50％以上入り、ふ化から 80 日以上飼育するなどの条件が定められて
いる。また銘柄鶏の比内鶏は国の天然記念物に指定されており、一般の市場
には流通していない。消費者が一般に食べている比内鶏は比内鶏とロードア
イランドレッドをかけ合わせた秋田比内地鶏とよばれる一代雑種である。特
定 JAS マーク（特別な製造方法や特色ある原材料でつくられた食品で、特
定 JAS 規格に合格したものにつけるマークで、対象品は地鶏肉、熟成ハム
類、手延べ干し麺など [32]）、ガイドラインも、すべての食鶏の表示に強制力
があるわけではない。

　もし 1 羽（匹）でも伝染性の病気になると瞬時に全滅する恐れがあるた
めエサに抗生物質を混ぜて与えるが、病気の発生を恐れるあまり、過剰投与
になりがちになる。抗生物質の乱用は突然変異で耐性を獲得した菌の出現を
促進し、「家畜に抗生物質を与えることで生まれた耐性菌が、食品などを通
じて人に感染する」危険性が懸念される。

　政府は鶏肉輸出国にアボパルシンの使用禁止を要請しているが、この薬品
には肥育促進作用があり、養鶏業者には手放せない薬品であるためか、日本

のこうした要請も当該国政府の禁止措置も、実際には現場では守られていない。

　大衆魚であるサバ、イワシ、サンマなどの消費は減少し、高級魚マグロ、ブリなどの消費が増加した。サバは生産高と消費量の差が大きいが、これは多くはタイやハマチなどの養殖用飼料として使われるためである。サバなどの飼料を 8.6kg 使っても 1kg のハマチしか生産できない。タイの場合には 1kg を得るのに 12kg のエサを必要とする。最も汚染の激しいのは養殖魚である。密集飼いのため環境が悪化し、生産効率は年々低下、生産効率を上げるためエサだけではなく、水への抗生物質の使用が増加し、人間の健康への被害が心配されている [33]。

　トラフグ、ヒラメ、マダイ、ブリ、ギンザケ、シマアジなどの高級魚が養殖されている。大きな生け簀で養殖されており、大量の魚を飼うことによって奇形になったり、様々な病気にかかりやすいため、その対策として抗生物質＝合成抗菌剤などを大量に使用している。これらの高級魚は刺身として生で食べられている。見た目は立派な鮮魚であるが、実際には薬漬けの魚である。国民が病気になると抗生物質が効かなくなる恐れがある。最近では海では魚が絶対に食べることのない脱脂粉乳、コメぬか、大豆レシチン、植物油などの配合飼料が使用されようとしている。

　日本では年間 259.7 万トンの鶏卵が生産されている（年間 1 人当たり消費量 339 個で世界 2 位）が、卵用の養鶏は安い卵を生産するために満員すし詰めにされ、卵を 24 時間産むだけである。感染症を予防するために大量のサルファ剤あるいはテトラサイクリンなどの抗生物質が投与されている。鶏卵には抗生物質が蓄積され、栄養価は逆にますます下がることになる。運動不足と卵の産みすぎの母体から健康な卵が産まれるわけがない。また不必要な栄養成分強化の卵、ブランド卵が売られている。高価格ブランド卵を産む鶏たちは飼料の食べこぼしを減らすため尖ったくちばしの先をちょん切られる。食べたくもないエサを食べさせられ、卵を産み続けている。自然養鶏では 4 年以上も卵を産むが、狭いところに押し込め集中的に卵を産ませる

と2年で用済みとなる[34]。

　卵黄色が濃いことも高く売る手段となっている。エサに着色剤を加え、色づけされているにすぎない。殻の色に関しても褐色、白色、ピンク色とあり、色のついているほうが高く売られている。しかし栄養的には差があるわけではなく（色素は体のなかでつくられるので、エサを変えても殻の色は変わらない）、鶏の品種の差にすぎない。「地玉子」には表示基準制度はない。根拠は不明である。しかもスーパーマーケットなどで手にする鶏卵は消費者が殻の汚れている卵を嫌うため非常にきれいであるが、洗剤として発ガン性の疑いのある次亜塩素酸ナトリウムが使用されている[35]。牛も鶏などと同様に大量生産が可能になっているが、病気予防を目的とした抗生物質の投与が人への投与量の2倍近くに達し、成長ホルモンによる早期育成が行なわれている。

　地球上で私たちが食用とするものに自然のものはほとんど残されていない。その責任は生産者あるいは食品メーカーだけにあるのではなく、本来の自然農業を捨てて大量生産、低価格食品を求めた国民の責任でもある。

　生産者と消費者が切り離されている。農民はつくった農産物がどこへ運ばれ、だれが買うのか知らない。消費者もだれがどのように苦労してつくったのか知らない。加工食品についても同じである。

　農業、漁業はいかに近代化が進んでも、収穫高の豊凶は常に自然にゆだねられている。食物を自動車からCDに至るほかの家庭用品と同じ視点でとらえることをやめない限り、一年中食べたい物をしかも安価で供給することを要求し、価格が高ければ輸入ものを購入するという態度を改めない限り、生鮮食品が人工化し、加工食品が薬漬けになり、ビタミンやミネラル、食物繊維不足の食品が氾濫するのは当然である。

Ⅷ）農協ルート

　農薬は製剤メーカー⇒全農⇒県経済連⇒農協⇒農家という農協ルートによって、くまなく農家の手に渡っている。農協は農薬カレンダー（防除暦）を

作成して農家に配り、農家は防除暦[36]に記された農薬を農協などに注文する。この農薬カレンダーが、今の農薬漬け農業の元凶のひとつである。農家にとっては、この"防除暦"こそが頼りで、たとえばイネの収量をあげるために、農家は窒素肥料を大量に使用する。そうすればイネが弱くなり、稲熱病にかかりやすくなる。そのため農薬をさらに大量に使用する。使わなければ雑草取りというつらい作業をしなければならず、害虫や病気によって作物が被害を受けるかもしれない。こうしてさらに農薬使用量は増えていく。

たとえば水田除草剤 2,4 － D の開発普及は除草のための重労働からの解放に役立った。水田除草剤が開発されるまでは回転除草機を 2 ～ 3 回押してから手取り除草を 1 回というように、10a 当たりの除草に要する労力は約 36 時間であったが、除草剤を使えば 0.5 時間ですむようになった。こうして稲作だけではなく、野菜や果樹などの病害虫防除にも農薬が普及した。しかしこの間、農薬のマイナス面（農業従事者の健康被害や食品としての安全性、環境悪化、自然生態系の攪乱など）については深く考えられることなく軽視されたままである。

食の荒廃をとめるためには農家と消費者とが協力して農薬を減らすこと、特に危険性や残留性の高い農薬を使わないことが必要である。農薬の使用量を大幅に削減することは不可能ではない。害虫が発生すればいつでも農薬を使用するのではなく、それが経済的な脅威になったときに限り使用する。畑一面に散布するのではなく、部分的に使用することも農薬使用量の大幅な削減には有効である。

発ガンリスクがあったとしても、影響がわずかで食品添加物や農薬を使用することの有用性が優るときには、その使用を許せば良いとする考え方がネガティブリスト論である。無視できるわずかなリスクとは、その物質を一生涯摂取し続けた場合、100 万人に 1 人が新たに発ガンするリスクである。食品衛生法改正によって、この制度に代わり、2006（平成 18）年 5 月 29 日からポジティブリスト制度が導入された。5 月 30 日からの新制度で、輸入食品の残留農薬が基準を超えて検出されると輸入を禁止できるようになった。

　しかし問題点も多い。規制の対象となる物質は農薬、動物用医薬品、飼料添加物であり、規制対象の食品は加工食品を含むすべての食品となった。日本では使われておらず海外でしか使われていない農薬が輸入食料に含まれていても輸入されてしまう。また人の健康を損なう恐れがないとはいえ、残留農薬の一律基準（0.01ppm）を導入したことで、日本では許可されておらず、海外でしか使われていない農薬の残留を一括して認めることになってしまい、日本独自の決定の権利を放棄してしまった。残留基準を国際基準に合わせたり、一律基準を認めることは、この制度が食品添加物にも導入されることにつながるのではないか。貿易を第一に考えるのではなく、国民の食の安全を第一に考えるべきである。

IX）放射線照射

　化学薬品を用いる代わりにセシウム、コバルトなどの放射線を照射することによって、防腐・殺菌・発芽防止が行なわれているものもある。現在のところ検査できず、申告や表示で判断する以外に方法はない。申告のないものはフリーパスで輸入される。1998（平成10）年、アメリカでは O157 の集団発生、サルモネラ菌による食中毒事件が多発したため、食品の殺菌や殺虫、発芽防止を目的に生肉、生鮮食品、果物、香辛料などに対する放射線照射を認めた。

　放射線が照射されると食品中の水と反応して活性酸素が生じるために、食品に付着している細菌など微生物が死滅する。この際、微生物だけに影響があるのではなく、食品自体にも同じ反応が起こる。タマネギやジャガイモは芽が出なくなり、栄養価も低下する。本来行なうべき衛生対策がとられずに、安易な放射線照射を認めて輸出している[37] ということである。外国では多くの国で放射線照射が認められており、その多くが日本に輸入され、流通していると思われる。

　現在、放射線照射大国は中国で、北京、上海、南京、成都、天津などに大規模な照射施設をもち、ニンニク、タマネギの発芽抑制、コメや香辛料の殺

菌などの目的で、年間十数万トンもの作物に対し、放射線が照射されている。2000（平成 21）年以降、日本でも輸入業者が香辛料への放射線照射の認可を国に要請している。

　食品衛生法では食品照射は原則禁止になっており、日本ではジャガイモの発芽防止のためにだけ、例外的に照射が許可されている。生産されるジャガイモの 77％は北海道産である。北海道士幌に照射施設があり、年間 1 〜 2 万トンのジャガイモに対し照射されている。北海道では 8 月中旬〜 10 月中旬に収穫したジャガイモを貯蔵しておき、春先まで出荷している。遅い時期に出荷するジャガイモのなかには発芽させないため放射線を照射したジャガイモもある[38]。放射線によって食品が変化し、安全性が損なわれる可能性があり、体内に取り込まれると遺伝子を傷つけ、発ガンの原因となる。北海道産には要注意である。日本では放射線照射されたジャガイモは段ボール箱に入れられる際には表示が義務づけられている[39]。しかしスーパーマーケットなどで小分けされ、ビニール袋などに入れられる際には、そのマークはない。消費者には選択できないようになっている。

　WHO は食品の安全上問題ないといっているが、危険性を指摘する研究者もいる。しかし、最近、放射線照射した食品を判別する方法が東京都で開発され、フリーパスで輸入されていた現状を改善できる見通しがたったことは大きな進歩である。

— 註 —

1　総務省『家計調査年報』各年版。

2　日本消費者連盟編『飽食日本とアジア』家の光協会、1993 年、12 ページ。肥満度は日本肥満学会の肥満指数 BMI（Body Mass Index）によって測定される。これは体重 kg÷（身長 m の 2 乗）で計算され、25 以上は肥満と判定される。1999（平成

11）年の調査では男性は 30 歳代から 50 歳代がピークで 30％が肥満となっている。
　　女性は 60 歳代で男性を超えてピークに達し、30％が肥満となっている（『統計でみ
　　る日本』日本統計協会、2002 年、94 ページ）。

3　矢野恒太記念会編『日本国勢図会　2012/13』矢野恒太記念会、2012 年、447 ページ。

4　堀口健治ほか『食料輸入大国への警鐘』農山漁村文化協会、1993 年、119 ページ。

5　農林水産省 HP。

6　農畜産業振興機構(alic) HP「表　食料自給率の推移」。

7　同上。

8　『アグロトレードハンドブック 2012』日本貿易振興会、2012 年、各該当ページ。

9　同上。

10　どこからどこへ研究会編『地球買いモノ白書』コモンズ、2003 年、26 〜 30 ページ。

11　同上。

12　中田哲也『フード・マイレージ』日本評論社、2007 年。山下惣一ほか編『食べ方
　　で地球が変わる』創森社、2007 年。

13　環境総合研究所編『新台所からの地球環境』ぎょうせい、1998 年、44 〜 45 ページ。

14　農林水産省 HP「食品ロス量(令和 3 年度推計値)を公表」。

15　アースデイ日本編『ゆがむ世界ゆらぐ地球』学陽書房、1994 年、22 ページ。

16　農林水産省 HP。環境形成基礎論 HP。

17　農林水産省 HP。

18　安部司『食品の裏側』東洋経済新報社、2005 年、208、210 ページ。

19　山口英昌ほか編『食環境問題 Q & A』ミネルヴァ書房、2003 年、76 ページ。

20　石堂徹生『「食べてはいけない」の基礎知識』主婦の友社、2003 年、141 ページ。

21　同上、136 ページ。

22　同上、135 ページ。

23　小若順一『新・食べるな、危険！』講談社、2005 年、192 〜 193 ページ。

24　小若順一『気をつけよう輸入食品』学陽書房、1993 年、194 ページ。

25　日本食品化学研究振興財団 HP。

26　同上。

27　前掲『アグロトレードハンドブック 2012』各該当ページ。

28　ナレッジ・インサイト HP コラム。

29　前掲 矢野恒太記念会編『日本国勢図会　2012/13』151 ページ。

30　レスター・ブラウン編著、浜中裕徳監訳『地球白書　1996-97』ダイヤモンド社、
　　1996 年、152 ページ。

31　増尾清監修『食べてはいけない！　危険な食品添加物』徳間書店、2004 年、130 ページ。

32　くらし・生活・Mylife　HP。

33　前掲 小若『新・食べるな、危険！』51、57 ページ。

34　同上、27 ページ。

35　馬場正彦『地球は逆襲する』廣済堂出版、1992 年、91 ページ。

36　農協 HP。

37　前掲 レスター・ブラウン『地球白書　1996-97』154 ページ。

38　左巻建男編著『話題の化学物質 100 の知識』東京書籍、2001 年、126 ページ。
　　前掲 山口『食環境問題 Q & A』8 〜 9 ページ。

39　前掲 小若『新・食べるな、危険！』82 〜 83 ページ。

補5A　日本の食糧危機

食料自給率とは何でしょうか。どのようにして求めるのでしょうか。

食料の安全保障とは何でしょうか。食料自給率の高低は、国家や日本国民にどのような影響を及ぼすのでしょうか。

低い場合、どうすればよいのでしょうか。

1. 食料自給率[1]とは、日本国内の食べ物全体のうち、どのくらい国内で作っているかを示す割合のことです。これには総合食料自給率と品目別自給率の2種類があり、基本的には食料自給率＝総合食料自給率のことです。

2. 食料自給率は、「食料の安全保障」の観点から非常に重要な指標です。例えば、食料の輸入元である外国で何らかのトラブルが起こり、供給が途絶えてしまったとすれば、どのようなことが起こるでしょうか。国内の食品の製造や供給に大問題が起こり、最悪の場合には、食糧不足になる可能性があります。

3. 日本の食料自給率は、「カロリーベース」と「生産額ベース」とのダブルスタンダードです。しかし、海外では、「生産額ベース」が主流です。

4. 「カロリーベース」とは、食料安全保障の観点から、最も基礎的な栄養価である熱量（カロリー）に着目したもので、国民一人当たりの1日の摂取カロリーのうち、国産品が占める割合を計算した[2]ものです。

5. 食料の生産・輸入・加工・流通・販売は経済活動であり、全てお金に換算することができます。経済活動を評価する観点から、生産額や輸入額をもとに、計算した自給率が「生産額ベース」[3]によるものです。国民に提供される食料の生産額に対する割合を示しています。

6. 例えば、2019（令和元）年の食料自給率は、カロリーベースでは 38%、生産額ベースでは 66% になります。前者は、単位重量当たりのカロリーの高い、米、小麦や油脂類の影響が大きくなります。後者は、単価の高い畜産物や野菜、魚介類の影響が大きくなります。その結果、後者の方が前者の自給率より高くなります（令和 3 年はそれぞれ 38%、63% になります）。

7. 現在の国民の豊かな食生活は、その大きな部分を海外からの輸入食品に依存しています。国民の食生活は、もはや、輸入食料なしには現実に成り立ちません。このような事情を示すのに用いられる指標が上記の食料自給率なのです。

8. 日本の食料自給率は、カロリーベースで 38%（2019 年・2020 年度も同じ）です。先進国で 100% を越えているのは、カナダ 255%、オーストラリア 233%、アメリカ 131% などです。これらの国は国土面積が圧倒的に広く、広大な敷地で小麦や大豆などを大規模に生産でき、自国で消費する以上の農産物を生産し、外国に輸出しています。さらに、トウモロコシなどの飼料も大量に生産できるので、牛・豚などの家畜も生産でき、輸出しています。

9. ヨーロッパでは、フランス 130%、ドイツ 95%、イギリス 68%、イタリア 59% となっています。ヨーロッパでは昔から小麦（パン・パスタ）や畜産物（肉・乳製品）を食べてきて、現在の食生活も大きく変わっていません。比較的乾燥した気候の中、山脈もありますが、概ね平坦な国土であり、基本的には昔から食べてきている穀物や畜産物を自国で生産できるので、食料自給率は比較的高い傾向にあります。

10. 表 5A—1 は、日本の A「品目別自給率」と B「国民 1 人 1 年あたり消費量の変化」です。ここから見えてくるのは、ここ数十年で大きく変貌した食の姿で、「食生活の洋風化」と「食の外部化」です。これらはいずれも、大量の食材を外国からの輸入に依存しなければならない食の姿です。

> 11. 日本の食料自給率[4] は、38％ です。日本人の食生活が徐々に変化し、国内で自給できるコメの消費量が減少し、自給率の低い肉類や油脂類の消費量の増加が、食料全体の自給率が低下してきた大きな要因になっています。自給量の低下はご飯ではなく、パンや麺を食べるようになったからだとよく言われていますが、小麦の消費量は、あまり変わっていません。

　自給している割合とは、「日本全体に供給された食料」に占める「日本で生産した食料」の割合である。「食料」には、米や麦、肉、魚介類、野菜、果物などさまざまなものがある。これらを品目ごとに分類し、国内生産量や輸入量を把握し、自給率を計算する。

　「食料」には、国民が食する「すべての食べ物」が含まれる。例えば、スーパーや商店等で売られている生鮮品や加工食品、レストラン等での外食に使用される食材、輸入原料や加工食品、菓子類やジュースなども含め、日本で流通している全ての食料が対象になっている（ただし、酒は嗜好品であるため、対象外とし、食料自給率の計算には含まれない[5]。例えば日本酒を大量に飲むと、米の消費が増え、国内の生産基盤の強化には繋がるが、自給率には反映されない）。

　食料自給率の計算に際して、最も簡便なのは生産量や輸入量に使われる「重さ」を用いる方法である（重量ベース）。

カロリーベースの計算式（2019 年）
（1 人 1 日当たり国産供給カロリー：918kcal

　　　÷1 人 1 日当たり供給カロリー：2426kcal）=38％

生産額ベースの計算式（2019 年）
（食料の国内生産額：10.3 兆円

　　　÷ 食料の国内消費仕向額：15.8 兆円）=66％

最新のデータ（2022 年）　10.3 兆円 /17.7 兆円 =58％

日本でも専門家の間では、「生産額ベース」を基準にすべきだとの意見も上がっている。「カロリーベース」は、食品のカロリー（熱量）を基準にするため、品目ごとの食料自給率を正しく反映できないと考えられているからである。例えば、野菜の自給率が高くてもカロリーが低いため、自給率の向上には、あまり影響しない。カロリーの高い肉製品などの自給率の方が大きく反映されてしまうことになるからである。

　品目別自給率 = 国内生産量 / 国内消費仕向量
（国内消費仕向量 = 国内生産量＋輸入量－輸出量－在庫の増加量
　　　　　《又は＋在庫の減少量》）
　例）小麦の品目別自給率（2022 年）　99.4 万トン /646.9 万トン =15%

表 5A － 1：品目別自給率と消費量の変化

品目	A 品目別自給率（重量ベース）	B 国民 1 人 1 年あたり消費量の変化	
		昭和 40 年度	令和元年度
米	97%	111.7kg	53.0kg
小麦	16%	29.0kg	32.3kg
牛肉	35%（9%）	1.5kg	6.5kg
豚肉	49%（6%）	3.0kg	12.8kg
牛乳・乳製品	59%（25%）	37.5kg	95.4kg
魚介類	52%	28.1kg	23.8kg
野菜	79%	108.1kg	90.0kg
果実	38%	28.5kg	34.2kg
大豆	6%	4.7kg	6.7kg
砂糖類	34%	18.7kg	17.9kg
油脂類	13%	6.3kg	14.4kg

（農林水産省 HP　平成元年度）

　重量ベース畜産物の（　）の数値は、飼料自給率を考慮した自給率。

　主食であるコメの消費量は、半分以下になっている。米は基本的には国内

で自給できるので、自給率が高いコメの消費が減ることは、自給率全体が低下することにつながる。一方で、牛肉、豚肉、牛乳・乳製品、油脂類は、大幅に増加している。畜産物は、飼料自給率を加味すると、自給率は低くなる。油脂類は、原料の大豆や菜種などを多く輸入しており、これも自給率が低い品目である。自給率が低い畜産物や油脂類の消費が増えることは、これも食料自給率全体が低下することにつながる。

12. 消費量が増えているので、当然、生産量も増えているのでしょうか。1960（昭和35）年から2021（令和3）年の約60年の間に農業者数は、1175万人から130万人と約6分の1に減少しました。平均年齢も2021年には、高齢化が顕著です。農地面積は、耕作されずに放置・荒廃してしまった農地の増加や宅地などへの転用によって、1965（昭和40）年の600.4万haから2021年には、434.9万haへと約4分の3に減少するなど、日本の農業を取り巻く状況も一変しました。

13. 国民は国内の農業資源を効果的に利用することなく、多くを遊休化させておきながら、砂漠化が進みつつある貴重な海外の農地資源を利用しています。「日本の農産物輸入量の農地面積換算」（試算）によれば、海外に依存している輸入品目別農地面積は、小麦184、とうもろこし152、大豆96、畜産物274、その他の作物（菜種、大麦など）206＝計913万ha（2016〜18年）。他方、国内農地面積は、田241、畑201＝計442万ha（2018年）と、国内農地面積の2.1倍[6]になります。

14. 日本の食料供給を供給元別にみますと、全供給カロリー2245kCalのうち、アメリカ（23%）、カナダ（11%）、オーストラリア（9%）、ブラジル（3%）などからの輸入62%と、国産38%（2021年）から成り立っています。今後の食糧供給の安定性を維持していくためには、輸入品目の国産への置き換えを着実に進めるとともに、主要輸入相手国との良好な関係を維持していくことも必要不可欠[7]となります。

日本国内の問題として、農業従事者の著しい高齢化をあげることができる。現在、65 歳以上が 6 割、40 代以下が 1 割というアンバランスな年齢構成になっている。国を挙げて若者の就農支援が行なわれているが、数年で解決できる程度の問題ではない [8] ことは明らかである。この問題は大きな懸念材料の 1 つである。

　穀物の輸入相手国を見ると、小麦はアメリカ・カナダ・オーストラリアの 3 ヵ国でほぼ 100%、大豆はアメリカとカナダで 85% 以上、とうもろこしは全体の 3 分の 2 がアメリカ、残り 3 分の 1 がほぼブラジルからの輸入である。大豆を含む日本の穀物の輸入相手国は、アメリカ、カナダ、オーストラリア、ブラジルの友好国 4 ヵ国からの輸入である。肉類についても、牛肉はアメリカとオーストラリアでほぼ 100%、豚肉は、アメリカとカナダで 50% 超、鶏肉は、ブラジルとタイが大半を占めている [9]。

　輸入のリスクは、干ばつや異常気象だけではない。自然災害や家畜疫病の流行、輸出国の政情不安、感染症の流行など様々なことが想定される。食料の多くを海外からの輸入に依存する日本は、世界のどこかで問題が起これば、即刻、大きな影響を受けてしまう。最近のコロナウイルス感染拡大でも、現時点では食糧危機に陥っていないものの、食料をはじめその他、食品が高騰し、家計危機さえ懸念された。

　日本では、人口が減少しているが、世界の人口は急増している。2000（平成 12）年には 60 億人であった世界の人口は、2020（令和 2）年には、77 億 9500 万人になり、さらには 2055 年には、100 億人を超えると予測されている。これは食糧の需要が増加し続けることを意味する。

　2001 年に計算された日本の食料輸入量は、全体で、約 5800 万トンであり、これに国ごとの輸送距離を乗じ累積したフード・マイレージの総量は、約 9000 億トン・km であった。日本と同様に飼料穀物などの多くを海外に依存している韓国、世界最大の食糧輸出国であり、大輸入国でもあるアメリカでも、そのフード・マイレージは、約 3000 億トン・km 前後に過ぎず、

日本の3割強の水準にとどまっている。ヨーロッパ各国はさらに低い水準であり、例えば、イギリスは約1900億トン・kmに過ぎない[10]。

図5A―1：海外から日本への主な農産物輸入ルート

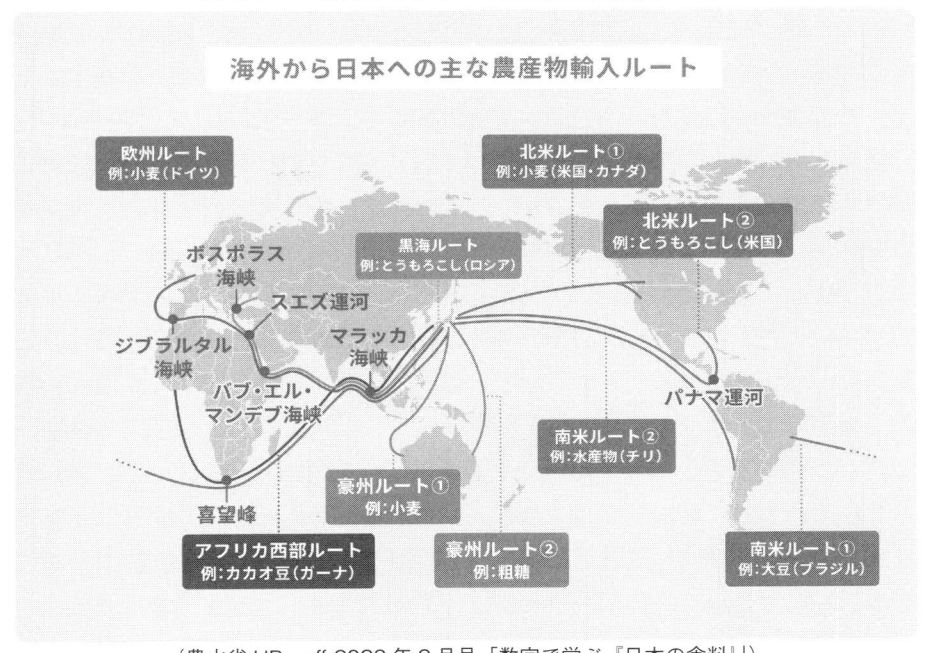

（農水省HP　aff 2023年2月号「数字で学ぶ『日本の食料』」）

　ニューオーリンズ出港の北米ルートは、パナマ運河を利用、ガーナ出港のアフリカ西部ルートは、マラッカ海峡を経由する等で国際情勢に影響されやすい、水運の要衝となる運河や海峡を通過しない輸入ルートが比較的多いのが日本の輸入の特徴の1つである。

　しかし、戦争・紛争が起こる場所によっては、日本の食料の確保に大きな影響を及ぼす。日本では、戦中戦後を通じて、人口7200万人、米の生産900万トン、農地面積600万haでも、飢餓が生じた。現在は、人口1億2000万いるのに、遥かに下回る米の生産（700万トン）と農地435万ha

しかない。有事の際、シーレーン（海上交通路）が破壊されれば、現在の輸入相手国が友好な関係にある国であっても、農産物を積んだアメリカやオーストラリアからの船が日本に来られるとは限らない。

　有事の場所、時期、規模にもよるが、最悪の場合を想定しておかなければならない。シーレーンが破壊されて、食糧輸入が半年以上、継続して途絶すれば、国民の半数以上は、餓死する可能性が大きい。軍事的な危機が生じた時、武器弾薬がなくなる以前に、食糧不足から瓦解・壊滅する。シーレーンが破壊されれば、石油も輸入できない。石油がなければ、肥料、農薬も供給できず、農業機械も動かすことができないので、単位面積当たりの収穫量は大幅に低下する。

　農林水産省は、今の農地にイモを植えれば必要なカロリーは賄えるといっているが、それは石油も肥料、農薬、機械も、現在のように使えるという前提に立った試算である。危機時には、これらやその原料は輸入できない。危機を想定していない試算である。危機が長期に及んだ場合、現状の農地面積では、現在の米の生産量 700 万トンさえ生産・確保できない[11] 事態に陥る。

　水田の作付け可能な全面積を活用し、単収の高い米を作付けすれば、米の生産は現在の 2 倍超に拡大し、国内消費を上回る輸出を実現することができる。平時には米を輸出し、小麦や牛肉を輸入する。食糧危機によって輸入が途絶えた時には、輸入していた米を食べて、飢えをしのぐとともに、米輸出によって維持した農地を、カロリーの高いイモなどの生産に最大限活用しながら、国民生活に必要な量を確保する[12] ことが必要ではないか。

　平時の米の輸出は、危機時のためのコメ備蓄と農地の確保の役割を果たす。しかも特別に倉庫料や金利などの金銭的な負担を必要としない備蓄である。むしろ輸出によって利益が生ずる。これまで行ってきた国内備蓄の財政負担を解消することができる。これがどの国でも行っている食料安全保障である[13]。

　人間は一度、便利さを味わうと、なかなか後戻りはできない。しかし、現代のような生活が、現在、地球環境に大きな負荷を与えている。全人類と未

来の子孫たちの生存環境を脅かしてまで、国民はこれからも世界中から大量の食料を輸入し続けようというのか。突出したフード・マイレージに象徴される現在の日本の異様な食の姿は、日本自身が選択した結果である。そうであるなら、それを少しでも健全な姿に戻していくのも、一人ひとりの選択によって可能なはずである。

　ごはんを1日にもう一口（14g）食べる。国産米粉パンを月にもう約6枚（389g）食べる。国産大豆100％使用の豆腐を月にもう約2丁（563g）食べる。国産小麦100％使用のうどんをもう約2玉（599g）食べる。これらはそれぞれ食料自給率の1％に相当する[14]。

　より「美味しいもの」を求め、「利便性（コンビニエンス）の誘惑」に魅せられた、国民の主体的な選択の結果である。将来あるべき姿に向けて一歩ずつ、せめて半歩ずつでも改善していくか否かは、国民一人一人の想像力と、今後の選択、実践にかかっている[15]。

　― 註 ―

1　農林水産省HP。

2　同上。

3　同上。

4　同上。

5　同上。

6　ニッポンフードシフトHP「食から日本を考える」。

7　同上。

8　COCOCOLOR EARTH　HP。

9 　MRI（三菱総合研究所）HP。

10　中田哲也『フード・マイレージ』日本評論社、2007 年、112 〜 113 ページ。

11　山下一仁『日本が飢える！』幻冬舎、2022 年、220 〜 222 ページ。

12　同上、229 ページ。

13　同上。

14　東北農政局 HP。

15　前掲 中田『フード・マイレージ』6 ページ。

補 5 B　食卓の不安 ── 食中毒と感染症

なぜ食中毒・感染症はいまだに問題になっているのでしょうか。

　今も食中毒や感染症が多発し、国民を不安にしています。過去の出来事は教訓となっていないのでしょうか。

5B―1.　食品公害

　国際間のヒトとモノの交流が進むにつれ、食中毒菌や感染症、ウイルスなどの防波堤となっていた国境はなくなった。食の安全の面からみても BSE、バンコマイシン耐性菌、O157、鳥インフルエンザなど食品由来の疾病の被害を拡大させたのは自然ではなく、日本の食料供給システムではないか。

　食の安全を考える上で、食品公害について回顧し、その被害と犠牲を思い起こし、学び、その教訓を今後に生かすことが大切である。1950 年代から 70 年代にかけて、日本の工業生産は飛躍的に増大した。これら高度経済成長のひずみは日本列島に深刻な公害をもたらした。多くの人々が様々な汚染に巻き込まれ、その犠牲となった。

　食べ物が化学物質によって汚染された場合、いかに悲惨な結果になるかをいくつかの例が国民に教えてくれた。工場排水に含まれた有機水銀による水俣病、カドミウム汚染によるイタイイタイ病、ヒ素が粉ミルクに混入した森永ヒ素ミルク中毒事件、PCB により食用油が汚染されたカネミ油症事件、農薬汚染などである。

　それぞれの事件や食品公害は、その後の安全行政に影響をおよぼし、新たな法律の制定や基準の改定につながるきっかけとなり、様々な環境汚染の防止策が体系づけられた。これらは多くの犠牲者があってはじめて実現した。

食の安全行政の柱として最も重要な法的基盤は、1947（昭和22）年に制定された食品衛生法であり、2003（平成15）年の食品安全基本法によって食の安全にかかわる法的枠組みは大幅に強化された。しかし法があるからといって安全が保証されるわけではない。法をいかに運用するか、消費者がいかにかかわるかが大切なことはいうまでもない。

国民が健全な食生活を送るためには安全な食品を選ぶことが重要である。正しい選択をするためには、その食品にかかわる正確な情報が必要なだけではなく、その食品の環境に関するあらゆる知識や情報が重要である。何よりも情報が公開され、透明であることが重要である。

健全な食生活のために環境がいかに大切な役割をはたしているかを国民に認識させたのは、未曾有の食中毒事件＝水俣病[1]である。1950年代はじめから熊本県水俣市周辺で原因不明の中枢神経系疾患に苦しむ患者が多く発生した。四肢末端の知覚異常、歩行障害、めまい、言語障害、難聴、視野狭窄などが主な症状で、ハンターラッセル症候群といわれる症状であった。症状が進行すると死に至る例も多く、死産や障害のある赤ん坊が生まれるなど、不幸な例が続発した。被害者は総計10万人にものぼり、認定患者2200余名（1988年）、未確定患者8000名強（95年推定）に達する大惨事となった。

水俣病の原因は新日本窒素（チッソ）水俣工場から排出された有機水銀であることが後に明らかになった。水俣工場ではアセチレンから化学工業の基幹原料であるアセトアルデヒドを生産する際に触媒として使用された無機水銀が製造工程で有機水銀（メチル水銀）に変化した。工場排水とともに排出されたメチル水銀はプランクトンや海藻を汚染し、魚や貝がそれを食べるといった食物連鎖によって濃縮され、魚介類を食べた多くの人々が水銀中毒になった。原因物質であるメチル水銀が胎盤を通じて胎児にも影響をおよぼし（胎児性水俣病）、通常の化学物質が侵入しないような防御機能があるはずの脳に達したことによって、被害が一層悲惨なものとなった。

その上、チッソが事実を隠ぺいし続けたこともさらに被害者を増やす原因となった。1950年代はじめから多発するようになった原因不明の病気がメ

チル水銀によるものだということを、1958（昭和33）年に明らかにしたのは熊本大学の研究班であった。しかしそれ以後も日本化学工業会は旧日本軍が投棄した爆薬説を唱え、チッソに抵抗の拠り所を与えた。さらに当時の通産省は排水の浄化や操業停止を命じないだけではなく、排水先を変えさせる措置を取ったり、メチル水銀には効果のない浄化槽を設置させるなど、一貫して企業を守り続けた。ようやく10年後の68（昭和43）年に水俣病の原因がチッソ水俣工場であることが公式に認められ、アセトアルデヒドの生産が中止された。

　水俣の犠牲者の貴重な教訓は生かされず、1965（昭和40）年には第二の水俣病＝新潟水俣病[2]が引き起こされた。新潟水俣病は阿賀野川流域の魚介類を摂取した人々から患者が多く発生した。流域の昭和電工鹿瀬工場ではチッソの場合と同じようにアセトアルデヒドが生産されていた。水俣病の原因究明はすでに熊本大学の研究班によって立証ずみであったにもかかわらず、これらの成果は生かされず、改めて厚生省の研究班が組織された。これら2つの水俣病の原因がチッソ水俣工場と昭和電工鹿瀬工場からの排液による有機水銀中毒性脳症であることを、厚生省が認めたのは68（昭和43）年のことであった。水俣病患者の公式発見とされる56（昭和31）年から12年の歳月が経過していた。この間さらに患者が増え、長期間にわたって被害者を苦しめる最悪の事態を招いた。

　環境にはごく微量でも、そこに住んでいる生物の体内では高い濃度に濃縮される物質があること、妊娠中の女性は胎児への影響に注意を払わなければならないことなど、環境汚染に対処するに際して重大な警告と教訓を与える事件となった。

　企業による隠ぺいやデータの改ざん、企業を守る学者の存在は、公害事件では通常のことであるが、新潟水俣病の場合も企業を擁護する学者が現れた。横浜国立大学教授北川徹三は、阿賀野川ではなく信濃川河口にある新潟地震で壊れた倉庫から水銀系農薬が流出し、一旦海へ流れ出た農薬が阿賀野川を逆流したのが原因だと主張した。企業はこれらの説を利用し、争ったた

め原因究明や裁判での決着が遅れた。

　疫学的に工場排水に起因する中毒だとわかれば、企業の責任の立証は十分である。1％の疑問が残れば、研究者の態度としてはその1％に取り組まなければならない。しかしその1％の未知の部分が責任をとらない企業あるいは行政の口実になってはならない。「未解決の問題がはっきりするまで、その責任をとらないというやり口が被害を大きくしてきたのではないか。これらは今後、生かされなければならない教訓」[3] ではないであろうか。

　日本ではじめて公害病に認定されたイタイイタイ病[4] は重金属のひとつであるカドミウムが原因であった。（すでに廃鉱となった）岐阜県の神岡鉱山（三井金属鉱業）から排出された鉱さい中に含まれていたカドミウムが十分に処理されないまま神通川に流出し、下流の住民に深刻な健康被害を与えた。被害者は腰や膝、大腿部、上腕部に神経痛のような疼痛を訴え、重くなると咳をしたり、腰を浮かしただけでも骨折した。患者の“痛い痛い”という訴えが病名となった。地元の開業医だった荻野昇医師があまりに多い患者に疑問をもち、1957（昭和32）年に疫学調査を行ない、鉱毒説を発表した。

　1955（昭和30）年の森永ヒ素ミルク中毒事件[5] の場合は、粉ミルクの品質を安定させるために加えた食品添加物（第二リン酸ナトリウム）が不純だったことが原因となった。本来、廃棄物として扱われる粗悪な猛毒の亜ヒ酸が不純物として大量に混入していた第二リン酸ナトリウムを使用したためであった。

　問題の粉ミルクは1955（昭和30）年の夏、森永乳業徳島工場で製造された。汚染ミルクを飲んだ乳児の間にヒ素中毒が発生した。主な症状は皮膚の色素沈着、下痢、発熱、嘔吐などで、患者は1万2000人以上、死者は138名に達した。被害者が乳児であったことによって、事件はさらに悲劇的なものとなった。岡山県を中心に被害は西日本一帯に広がった。

　8月末、岡山大学小児科からの通報で汚染粉ミルクの製造が中止され、新患者の発生は阻止された。厚生省（当時）は委員会を設置し、ヒ素中毒患者の治癒判定基準を設け、それによって患者を選別し、治癒したとして早々に

事件の幕引きをはかった。患者の認定は厳しく、多くの被害者は切り捨てられた。事件を契機に食品添加物規定の抜本的な見直しや、1957（昭和32）年の食品衛生法の大改正につながった。

1968（昭和43）年にはカネミ油症事件[6]（コメぬか油のPCB汚染）が起こった。企業は当初から原因物質の毒性を認識していたことが、ほかの食品公害と異なる点である。68（昭和43）年、九州を中心に関西地方にかけて原因不明の皮膚病患者が多く発生した。届け出た患者約1万4000人、うち1906人が認定患者とされている。黒いニキビ状の発疹、手足のしびれ、ツメの黒変、発汗過多、目やに、言語障害、生殖不能などの症状が特徴であった。妊娠中の患者から生まれた9人の子供は皮膚が黒色を帯び、黒い赤ちゃんとよばれ、そのうち2人が死産であった。汚染物質の影響が抵抗力の弱い胎児に強く現れることを認識させた不幸な事例であった。

原因物質は食用のコメぬか油に混入したPCB（ポリ塩化ビフェニール）であった。加熱用に使われたPCBが分解し生じた塩酸が原料油を加熱するパイプに小さな穴をあけたために、本来は食用油と混ざるはずのないPCBが混入することになった。カネミ油症事件を起こしながら、鐘淵化学工業はPCBを食品企業に供給し続けた悪質な企業であった。

1985（昭和60）年、福岡地裁小倉支部判決が批判した危機意識の欠如と縦割り行政の欠陥は、2003（平成15）年に被害を未然に防止するため、各省庁が密な連携を必要とする食品安全基本法が制定されるまで、30年近くも放置されてきたことになる[7]。

第2次世界大戦後の日本における食料不足は農薬と化学肥料を利用することなく乗り切ることはできなかったと考えられる。戦後すぐにDDTやBHCなど主要な農薬が海外から導入され、1950年前後には国産化された。フェニル水銀は稲いもち病に、毒性の強いパラチオンはニカメイガに、BHCはウンカに使用された。PCP（ペンタクロロフェノール）、アルドリン、エンドリン、ディルドリンなど塩素系農薬の利用も進んだ。これら農薬や化学肥料のおかげで農作物の生産は飛躍的に増大した。コメの収穫量は戦前の

2倍になり、10a当たり400kgにも達したのである。

　農薬は生産高を増やしただけでなく、農家の労働を軽減し、同時に農業から重工業への労働人口の移動を促進して、日本の高度経済成長の原動力ともなった。しかし、一方で農薬の急性毒性や慢性毒性、強い残留性のために農民の健康障害や生態系の破壊が進んだ。1950〜60年代にパラチオンやメチルパラチオンなど毒性の強い有機リン系農薬のために多くの死者や中毒患者が発生した。そしてホタルやチョウ、トンボなど身近な昆虫が激減し、田畑や湖沼、河川からは魚やカエル、タニシなど小動物が姿を消すなど環境汚染が進んだ。食物連鎖を断たれ、ついにはトキが姿を消し、コウノトリは絶滅寸前に追い込まれた。アメリカではレイチェル・カーソンが『沈黙の春』（1962）を著し、公害による生態系の破壊を警告した。

　化学物質が自然環境に垂れ流されたときに、それを摂取した被害者がいかに悲惨な影響を受けることになるかを国民は教訓として学んだはずだった。汚染の犯人探しがいかに困難か、真実を目前にしながら真実がねじ曲げられていく枠組みを思い知ったはずであった。食品公害が広がった1960〜70年代は行政と企業が一体となって高度経済成長政策を推進した時期であった。化学物質のなかには毒性が強く、危険なものもあるという事実を国民や消費者に十分に知らせず、行政や企業は国民の安全や健康への影響を軽視した時代であった。

　これら食品公害には共通項がある。ひとつは公害の汚染源、原因物質の確定に関する問題である。いずれの場合も原因究明は遅く、被害が拡大した。水俣病では汚染源の認定には公式に患者が発見されてから12年もかかった。その間にも患者が増え続け、苦しむ人々を増やすこととなった。行政には予防的な措置をとる発想はなかった。少しの倫理観ももち合わせていなかった。

　当時の厚生省の担当官は、「当時の科学的な知識にもとづいて判断」した。だから責任はないという言い逃れをした（薬害エイズ事件などで高官が口にする常套句）。被害者にとって当時問題となった情報入手の困難さや証拠の

隠滅、検査データの改ざんなどの状況は21世紀の今日も本質的には変わっていない。

　カネミ油症事件、水俣病、薬害エイズ、狂牛病問題などは、結局、政府が消費者の生命よりも企業の利益を重視した結果、発生した。しかし環境問題への関心の高まりによって消費者は安全性に非常に敏感になってきている。これを無視して安全性の不確かなものを使い続ける企業はおそらく生き残ることは困難だと思われるし、生き残してはならない。

　しかも一国清潔主義だけでは通用しない時代となった。BSEや薬剤耐性菌出現の問題は、人のあり方、農業のあり方、さらには国民自身のあり方について、自然が人類に再考を迫るために投げかけた問題なのかもしれない。

5B − 2.　" 先進国病 " 狂牛病と消費者の不安

　O157や狂牛病とは一体どのような病気なのでしょうか。
　これらの病気の心配はなくなったのでしょうか。
　BSEは何を残したのでしょうか。

1．O157とほかの食中毒はどのように違うのでしょうか。
2．牛はこの菌が腸内にいても発病しません。したがってこのような「健康保菌牛」がどれだけいるか知ることができません。今後もO157による大きな食中毒事件が発生する危険性があります。
3．狂牛病とはどのような病気でしょうか。肉骨粉とはどんなものでしょうか。なぜ日本で発生したのでしょう。

---

①　O157の現状と課題

「土壌には化学肥料、害虫には農薬、さらに食品添加物、カビのこないみそ、しょう油、危険な油やマーガリン、化学調味料など、これらはいずれも

科学技術によって可能となった。しかし、それを食べる人体も脳も、何万年前から変わらない自然の存在である。病気や変調というトラブルを起こして当然」[8] である。牛は反芻胃で草を微生物のエサにし、その微生物たんぱくを消化・吸収するので肉を食べる必要がない。人間の都合で、それを無視し、肉類を食べさせた（共食いさせた）とき、狂牛病（牛海綿状脳症＝BSE。精神に異常をきたし狂ってしまうのではなく、中枢神経が侵される神経難病で、穏やかな性質の牛が物音に敏感に反応したり、暴れたり、起立不能になった後死亡する。人間ではクロイツフェルト・ヤコブ病、羊ではスクレイピー）が発生し、草の代わりにホルモン剤と穀物を大量に与えた結果、O157 [9]（腸管出血性大腸菌）がはびこった。

腸菌は家畜や人の腸内にもふつうに存在し、ほとんどのものは無害である。しかし人の大腸に感染すると下痢を起こさせるものがあり、腸管出血性（病原性）大腸菌と呼ばれている。O157 というのは菌体が 157 番のタイプをもっていることを意味する。O157 の発生もほかの多くの食中毒菌と同様に夏場に多く、また子供たちに感染しやすい。病原菌に汚染されていると思われる野菜を食べて O157 に、狂牛病に感染している牛肉を食べて狂牛病にかかり、認知症と神経性障害を起こし、死亡している。

O157 は新興感染症のひとつである。病原性大腸菌のなかでも腸管からの出血を伴う、とりわけ強烈な食中毒菌として突然出現し注目を集めた。最初の集団食中毒事件は、1982 年 2 月にアメリカ・オレゴン州で発生した。原因はファミリーレストランのハンバーガーであった。ハンバーガーのパテやハンバーグは内臓肉をミンチにしたものであり、成型されマイナス 30℃前後で保管・輸送される。生レバーも同様に冷凍状態で保管・輸送される。

ハンバーガーショップでは衛生面と効率性からハンバーガーのパテは冷凍状態のまま、直接鉄板で焼くというマニュアルになっていた。この場合、最初のパテは内部まで加熱されるが、連続して焼成すると、2 回目以降は鉄板の温度が低下して生焼けのものが発生する。これがいわゆる「ハンバーガー症候群」の多発する背景であった。

ハンバーガーによる腸管出血性の食中毒が発生したことから、「ハンバーガー症候群」とよばれ、食中毒の原因究明中にO157が発見された。薬漬けのアメリカの動物工場内で無毒の大腸菌がベロ毒素を出すウイルスと合体してO157に変身したといわれている。食中毒菌のO157のような病原性大腸菌は牛の腸で生まれ、腸管内に生息するが、牛はこの菌が腸内にいても発病しないので腸の内容物を精査しなければ保菌牛の発見は困難である。これは牛の生理に合わないエサが原因のため、穀物飼料を乾草の飼料にすれば、人間を殺す食中毒菌は牛からいなくなる。

日本は牛肉類の輸入を規制していたので、本来ならアメリカからO157は入ってこなかったはずである。輸入が制限されていた時期、国産牛肉の価格は非常に高く、もし輸入できれば莫大な利益をあげることができる。そこで商社や大手スーパーマーケットはジャンボジェット機を貸し切って輸入規制がない生きた牛を輸入した。日本に到着した生牛は、検疫後、と畜場へ直行するか、数ヵ月後、と畜された。

1980（昭和55）年から89（昭和64・平成元）年までの10年間に輸入されたと畜場直行の生牛は総計6万1972頭で、そのうち2万9515頭がアメリカからのものであった。牛は腸管内にO157がいてもほとんど症状が現れない。健康にみえるO157保菌牛は80年代にアメリカから6000頭以上輸入されたと推定されている。

ジャンボ貨物機などで日本に到着した生きた牛は家畜伝染予防法による輸入検疫を受けなければならない。しかしこの法律は家畜を守るものであるため牛や家畜に健康障害を与えないO157は検査の対象外であった。保菌牛も検疫がすめば、ほかの健康な牛とともにと畜場に直行し、肥育用の牛は畜産農家に引き取られた。このようにして日本にO157は侵入した。O157がアメリカから侵入したもうひとつのルートは、生きた牛とともに規制がなかった生レバーなどの内臓、ハラミなどの内臓肉の輸入であった。

アメリカのと畜場では、当時O157について特別の対策はとられていなかった。解体時に腸管を切断したり傷つけると腸内容物が食肉や内臓などを

汚染する。もしO157保菌牛の解体時にO157が存在する腸内容物が枝肉やレバーなどの臓器、内臓肉などに付着すれば、人に感染することになる。

　O157による日本最初の集団食中毒事件は、1990（平成2）年9月に埼玉県浦和市の幼稚園で発生した。トイレの汚水タンクに亀裂があり、そこから漏れたO157の菌を含んだ汚水が隣接した飲用の井戸に流入したのが原因であった。園児ら319名が感染し、2名が犠牲となった。ついに96（平成8）年7月、大阪府堺市の小学校で給食による極めて大規模なO157集団食中毒事件が発生した。患者は9523名にのぼり、3名の小学生が死亡した。当時、堺市の学校給食の調理施設では食肉や生鮮食品を収納・保管する冷蔵庫や冷凍設備が不十分であった。

　特に1996（平成8）年は連日のように学校、保育園などで集団食中毒事件が起きていたにもかかわらず、国は有効な対策をとらなかった。当時、O157の危険性がほとんど認識されていなかったこともその原因であった。堺市などの事件を教訓に、全国の学校給食施設では調理施設が徹底的に改善された結果、ほとんど発生しなくなった。

　しかし集団調理施設や食品メーカーなどに油断があれば、いつでも集団発生する病気である。幼児にはとても危険な菌である。2012（平成24）年には牛生レバーの提供が禁止された。これらの規制によって年間200人前後であった発症者が55人に激減した。特に子供や若年者の患者の減少に効果的であった[10]。感染源をその都度、徹底して調査しなければ、O157の根絶は不可能である。O157は牛の腸内で増殖し、食肉などを汚染し、人がそれを食べることによって感染、発病する。水際での検疫を徹底するとともに、国内の生産・と畜場の厳重な衛生管理が必要である。

② BSE汚染と今後の課題

　一昔前なら、その牛が死ねば、その使命が終わっていた。しかし近代畜産はそうではない。今や、牛肉の世界は"パンダ"に占拠されてしまった[11]という。パンダといっても、本物のパンダではなく、パンダのように白と黒

の毛が混じり合っている乳牛（乳用種）のホルスタイン種のことである。乳の出が悪くなったメスは、"廃用牛"と称して太らせて肉用にする。またホルスタイン種のメスの子供の場合は成長し出産させれば乳を出す。しかしオスの場合、精子を取るための優秀な種雄牛（タネ牛）になる子供以外は不要である。この不要なオスの子供はエサ代がかかるため、かつては処分されていたが、肉用にリサイクルされることになった。ただしメスと違ってオスは肉質が良くない上、太りにくいためそのままでは肉用として育てることはできず、生後2〜3ヵ月目に去勢し、準メス化する。

　日本では肉牛の去勢は当たり前のことである。精巣の機能がなくなれば男性ホルモンの働きが弱くなり、脂肪の多い肉が得られるからである。去勢されない牛は、現在の日本の格付け基準では規格外品とみなされるのでほとんど販売されない。和牛や交雑種のオスも去勢して肉用にする。

　去勢された仔牛（去勢牛でもホルスタイン種はもともと大型品種の上、体重の増え方が速い）はその後、17〜18ヵ月間飼育され、体重750kg程度に仕上げられてから肉になる。アメリカやオーストラリアなど、肉牛の数も種類も豊富な国々では食用牛として販売されているのはほとんどが肉牛である。乳牛のオスは味が悪いために、「肉用」として販売されることはなく、多くは加工用にされ、食用にされることはない。

　1985年に、イギリスで牛の間に奇妙な病気が広がった[12]。牛はもともと穏やかな性質の動物である。それが物音に過敏に反応したり、暴れたり、さらには起立不能になった後に死亡する病気で、だれとなく「狂牛病」と呼ぶようになった。86年にこの奇病は脳がスポンジ状になる病気と判明し、Bovine Spongiform Encephalopathy（伝達性牛海綿状脳症、BSE）と名づけられた。このように病名には、最初に「伝達性」という言葉がつけられている。伝染病とはいえないが、羊から牛、牛から牛、牛から人間というように伝達されるからである。

　1986年にはじめてイギリスで発見され、その後、ヨーロッパに広がった謎の病気である。300℃以上に加熱しても殺菌できない体内にあるプリオン

(Prion) というたんぱく粒子（感染性をもつたんぱく粒子という意味の英語からつくられた言葉）が病原体だとされ、正常プリオンが何らかの理由で異常な形に変化したときに発生すると考えられている（表5B－1）。

表5B－1：BSE／vCLD と O157 の比較

	BSE／vCLD	O157
病原体	プリオン	大腸菌
潜伏期間	10 年以上？	数日以内
障害臓器	脳	胃腸
治療法	なし	あり

池田正行『食のリスクを問いなおす－ BSE パニックの真実』ちくま新書、2002 年、120 ページ。

　牛にも人間にも、もともとプリオンというたんぱく質がある。正常な形をしているときは大切なたんぱく質である。それが異常を起こしたときにBSE になる。プリオン遺伝子は正常なプリオンたんぱくだけをつくっており、異常プリオンはつくらない。しかし異常プリオンは正常プリオンからつくられる。異常プリオンは、本来、脳に存在する正常プリオンを異常プリオンに変えていく。しかし異常プリオンが正常プリオンをどのように異常プリオンに変えていくのかはよくわかっていない。発病するのは主として、3 〜 6 歳の牛に集中しており、狂牛病の潜伏期間は平均 5 年といわれている。
　BSE は、①感染症だが遺伝の変異によって発病することもある、②治療法はなく、発病すると 2 週間から 6 ヵ月の経過後、確実に死に至る、③種を超えて感染するため牛の病気にとどまらない、という特徴をもち、このような病気はこれまで存在しなかった。
　イギリスでは牛を処理して人間が食べるだけではなく、残った部分から肉骨粉を製造して牛に食べさせていた。牛の異常プリオンをほかの動物が食べても簡単に感染しないが、牛に食べさせると感染した。BSE の原因が肉骨粉とわかり、1988 年にイギリス政府は肉骨粉を牛に与えることは禁止したが、豚や鶏に与えることは引き続き認めた。そのため多くの畜産現場では禁止の指示にしたがわず、従来どおりに牛に肉骨粉を与えた。当時は BSE で

死亡した牛もいっしょに肉骨粉にされたことから、イギリスの BSE は急激に増大した。

　牛から牛への BSE の感染は汚染された肉骨粉による経口感染であり、牛から仔牛への母子感染は皆無か、0.5％以下であった。また牛乳による伝播はなく、したがって現状では肉骨粉を与えないことが最も確実な BSE 防止策である。汚染された肉骨粉を食べると、どんな牛でも BSE に感染するわけではない。BSE を発症しやすいのは 1 歳前後で汚染肉骨粉を食べた場合であり、それよりも若いか、歳をとった時期に汚染肉骨粉を食べても発症しにくいといわれている。

　BSE の原因となった肉骨粉は牛の乳量を増やすのに最適のエサであり、乳脂肪率も高くなる。しかし牛は肉骨粉を好んで食べるわけではなく、エサに 1 ～ 2％混ぜて食べさせていた。無理に食べさせ、牛に共食いを強いたことが BSE を蔓延させることとなった。生産効率至上主義が根本的な原因であった。

　人間に感染した場合、発病までの潜伏期間は約 5 ～ 10 年である。牛と同じで生存中は脳の検査では確認できない。すでに感染していてもわからないということもあり、その意味では危険である。BSE の発生から 20 年を経ているが治療法もなく、生前に BSE かどうかを判定する検査法さえ開発されていない。常に警戒を怠らないほうが賢明である。

　イギリスで若者たちが BSE に感染したのは、最初の発生国ゆえの悲劇であった（107 名死亡）。イギリスでは 18 万頭以上の牛が BSE を発症している。1989 年に 1 万頭近くが発症してから危険な特定部位の食用を禁止し、約 15 万頭が発症してはじめて 30 ヵ月以上の牛の食用が禁止された。イギリスは自国では使用を規制しながら輸出は禁止しなかった。

　ダブついた肉骨粉はヨーロッパへ流入し、輸入した国々で次々と BSE が発生し、ヨーロッパ各国は 1994 年までに使用を禁止した。EU 各国の禁止措置に伴い、肉骨粉は 90 ～ 95 年にはアジアに流入した。

　1988（昭和 63）年 9 月、OIE（国際獣疫事務局）で BSE 問題の専門家会

議が開かれ、牛など反芻動物の飼料となる反芻動物由来たんぱく質の輸入見直しを行なうことになった。しかし日本は肉骨粉の輸入について新たな規制はしなかった。

1996（平成8）年3月、イギリス政府による懸念を受けて、WHOは肉骨粉の禁止を勧告した。それに伴い、農林水産省は肉骨粉を禁止したが、それは「行政指導」にとどまった。そのため汚染肉骨粉の輸入と国内流通を阻止できなかった。肉骨粉が法的に規制されたのは2001（平成13）年のBSE発生後であった。禁止しなかったのは、生産者優先の姿勢とは無関係ではない。

BSEは肉牛よりも乳牛に圧倒的に多く発生している。大量の乳を出させるには大量のたんぱくが必要であった。また放牧ではなく、牛舎につなぎっ放しの牛は足の骨が弱くなるためにカルシウムも必要であった。このたんぱく質、カルシウム源として使用されたのが肉骨粉であり、廉価なことも魅力であった。価格は、ほかの高たんぱく・高栄養飼料に比べて4分の1であった。日本に限らず、牛乳の値段はミネラルウォーターの半値であり、酪農家は苦しんでいた。この安値に対抗するために酪農家は経営効率化、規模拡大をはかった。その結果が肉骨粉の使用による乳の大量生産であった。

また今日、厄介ものとなっている肉骨粉は屍肉のリサイクルという点で、環境問題の解決に寄与していた。今まで使っていたものを、必要としていた理由を考えることなく、ただ禁止しておしまいというだけでは何の教訓も得られないことは明白である。肉骨粉を用いることなく、これから日本の酪農・畜産業をどう維持していくのか、屍肉リサイクルの問題をどう扱うのかを徹底的に議論しなければBSEと同様の悲劇が繰り返されるのではないか。現代の畜産技術が根底から問われている。

狂牛病が恐ろしいのは罹患牛を食べたときに、この病気が人間に感染する可能性が高いということである。危険のある部位は脳、脊椎、目、回腸遠位部（小腸の最後の部分）となっている。BSEの人への感染防止には病原体の含まれる牛の組織を食用、医薬品、化粧品に使用しないことが原則であ

る。しかし罹患牛でも消費者が通常食べている牛肉や乳製品には問題は少なく、人への感染リスクも少ない。2001（平成13）年9月10日、千葉県内で狂牛病の疑いのある乳牛（5歳）が発見された。発生原因は輸入肉骨粉だと考えられる。1986（昭和61）年から2000（平成12）年までの間に、直接イギリスから輸入された確証はないが、海外から合計約5000トン輸入されているからである。日本はBSEの発生で失った消費者の国産牛肉への信頼を回復するため、2001（平成13）年10月18日以降、狂牛病検査が全頭に実施されることになった。

　当初、30ヵ月以上のものだけに限定して実施する予定であったといわれている。30ヵ月未満では感染の有無を検出できるほど異常プリオンたんぱくが蓄積していないこと、その程度の蓄積なら人への感染は問題ではないからである。この方針は日本獣医学会でも認められ、EUの基準も30ヵ月以上で十分としていた。それにもかかわらず、厚生労働省は「消費者の不安を抑えるため」に30ヵ月未満の牛も対象に加え、全頭検査とした。ゼロリスクを要求する人々の圧力で役人もゼロリスクを求めた。その結果、検査や労力に投入される税金も増えて、そのツケは結局納税者の負担になったことはもちろんである。

　日本は世界で最もBSEに厳しい国になった。しかし日本でも2005（平成17）年2月4日、厚生労働省によって発生例が発表された。この男性患者は、2004（平成16）年12月に40歳代で発症し、同年12月に死亡した。ごく短期間イギリスでの滞在歴があったため、感染ルートは解明されなかった（和牛はもともと食肉専用に飼育され、品質も良く、抗菌性物質やホルモン剤などの不安が少なく安心である。国産牛はホルスタインなど乳用種のオスを去勢し、食肉用にしたもので肉を柔らかくする成長ホルモン剤、抗菌性物質に対する不安がある）。

　関係者はアメリカ産やオーストラリア産牛肉がBSEに対して安全だと強調していた。しかしアメリカ産の牛にBSEが発生し、危険なことが証明された。アメリカでは全頭検査をしていない。特定の条件下で、日本は輸入を

再開したが安全が証明されたわけではない。結局、政治が優先され、消費者の安全は二の次にされた。

　現在では牛の BSE 発生の危険性は大幅に減少し、日本では 2013（平成25）年 7 月より国産牛の BSE 検査の対象を全頭から「48 ヵ月齢超」に見直し、実施されている。

　しかも特にアメリカ産牛肉には問題点がほかにもある [13]。牛の肥育用に成長ホルモン剤が使われていることである。この牛成長ホルモン剤はアメリカに本社を置く多国籍企業であるモンサント社などが開発した動物医薬品で、自然のままでは死亡した牛からわずかしか採取できない成長ホルモンを遺伝子組み換え技術で微生物に量産させた製品である。

　これらを投与すると食欲が増し、脂肪がついて、オスの肉がメスのように柔らかくなり、体重増加も早く、エサ代の節約にもなる。乳牛に用いると乳量が増加する。性質も温和になり、飼いやすくなるなどの効果があるといわれている。生産者にとっては好都合な「生産性向上薬」である。

　ホルモン剤を小さなペレットにして若い牛の外耳の皮下に埋め込み、2 〜 3 ヵ月にわたって吸収させている。ホルモン剤には天然型と合成型があり、アメリカでは合成型も使用されているので残留性が高い。たとえごく微量でもホルモンを体外から摂取することは危険である。EU は 20 年にわたり、健康上の理由からホルモン剤を使って生産されたアメリカ産牛肉の輸入を認めていない。

　この成長ホルモン剤が残留した牛肉を食べることによって、人間は様々な影響を受ける。女性の乳ガンや、特に若い女性に膣ガンが発生する危険性がある。またほかの様々なホルモンに影響し、さらに免疫のしくみが異常になり、アレルギーを起こすなどである。

　EU の科学委員会は 1998 年に、EU に牛肉などを輸出する関心がある国について、BSE 発生の危険度を評価した。EU 委員会が発表した「狂牛病発生危険リスト」によれば、次のとおりである。

①レベル4（狂牛病発生確認リスクが高い国）

　－イギリス、ポルトガル

②レベル3（狂牛病発生の可能性あり）

　－日本、ドイツ、フランス、イタリアなど

③レベル2（狂牛病発生の可能性はないとはいえない）

　－アメリカ、カナダ、インド

④レベル1（狂牛病発生はほとんどない）

　－オーストラリア、アルゼンチン、ニュージーランドなど

　日本も希望してリスク評価を受けたところ、輸入肉骨粉による侵入の可能性が高いこと、BSE侵入防止の対策が不十分なことなどから、BSEに感染している可能性が高いが確認されていない国としてレベル3にランクされた。

　農林水産省はイギリスからの肉骨粉などの輸入について引用した統計データの数値が日本の統計数値と異なること、肉骨粉禁止の行政指導の効果について見解の相違があることなどを理由に、EU科学委員会のランクづけに同意せず、2001（平成13）年6月にリスク評価を拒否した。「わが国にBSE発生のリスクがあるという結論では、風評被害を引き起こす」と考えたことがEUのリスク評価を拒否した真の理由であった。このとき、EUの評価を忠告として受け止め、日本にもBSE発生の可能性があること、しかし欧州での教訓と日本の優れた獣医学と防疫体制でコントロールは十分可能なことを広くアピールしていれば、世界中から賞賛され、日本の獣医学と家畜感染症の防疫体制が世界でもトップレベルにあることを示すことができていたと考えられている。

　このような状況のもとで、2001（平成13）年9月10日の国内発生を迎えることとなった。農林水産省は危機に備える絶好の機会を逃したばかりでなく、守ろうとした自国の畜産業に自ら大打撃を与えた。欧州各国の農水省の轍を踏んでしまった。イギリスでBSEが確認され、日本で発生するまで

の15年間には、ヨーロッパを中心に緊迫した情勢が続いていたが、政府は日本でBSEが発生する事態を想定せず、危機管理マニュアルさえ作成していなかった。

1997（平成9）年に農林水産省、厚生労働省にそれぞれプリオン病研究班が設置された。しかし日本最初のBSEが発見された際、厚生労働省は日本の研究機関による判定を信頼せず、イギリスに資料を送って再鑑定を依頼した。その結果、日本の動物衛生研究所にはBSEの診断技術がなく、外国に依存せざるを得ない状況にあるという大きな誤解を生むこととなった。そのためBSEの確定、公表まで46日間の空白を生んだ。その間に枝肉や肉骨粉の処理をめぐり、政府の発表が二転三転する[14]。

消費者は行政への不信と牛肉に対する安全性への不安から徹底して買い控えした。買い控えは自ら食肉の安全性を確認する手段をもたない消費者の唯一の自衛手段であった。食肉関係者から政府機関まで「風評被害だ」と消費者を非難した。しかしBSEが日本で発生した経緯からすれば、正しくは農林水産省、厚生労働省の怠慢による「行政被害」であり、行政には消費者を非難する資格はない。

消費者の最大の関心事はBSEがあと何頭発生するのか、BSEが本当に人間に感染するのか、ヒトプリオン病が発生するかどうか、ということである。予想は困難だとしても、安全という聞き飽きた言葉ではなく、専門家がいるのなら、おおよその数だけでも提示すべきではなかったか。

政府はBSEの発生によって失った消費者の国産牛肉への信頼を回復するため、直ちに30ヵ月齢以上の牛の出荷中止、全頭からの特定危険部位の除去と焼却、肉骨粉の焼却を実施した。国産牛肉の流通を禁止し、その全量を買い上げて焼却するとともに、国内でと畜する牛の全部を検査する「全頭検査」を行なうことに決定した。2003（平成15）年12月、生産・と畜段階における牛の出生情報など、個体識別のための情報を記録することが義務づけられた。このトレーサビリティを実施することによってBSE発生時の対応を確実なものにした。

　プリオン病の研究に対して農林水産省が非協力的であったことも、BSE の被害を大きくしたと考えられる。研究者たちはプリオン病の概念が生まれる以前から人獣共通の疾患としてプリオン病をとらえ、地道に研究を続けてきた。しかし農林水産省は、このような先見性のある研究者にまったく協力しなかった。農林水産省自身がスクレイピー研究の重要性を認め、研究費を援助したことはなかった。

　重要な問題は人から人への感染・伝播である。徹底した対処が必要である。「狂牛病」と「O157」にはひとつの重要な共通項が存在する。いずれも原因がはっきりせず、高度に工業技術が発達した社会に起こった「先進国病」だということである。高度に工業化・近代化された「豊かな社会」への細菌の挑戦なのかもしれない。

　日本は 1973（昭和 48）年、成長ホルモン剤を動物に使用することを禁じた（当然、牛に使うのも禁止されている）。国内での使用を禁止しても、輸入は禁止されておらず、ホルモン漬けになったまま大量に購入されている。

　輸入牛肉のうち、アメリカ産、カナダ産は穀物肥育牛肉と牧草肥育牛肉の 2 つにわけられ、またオーストラリア産、ニュージーランド産は牧草肥育である。日本で消費されている牛肉の約 58％は輸入牛肉で、そのうちオーストラリア産（48.1％）とアメリカ産（12.5％）が第 1 位、2 位を占めている。もし輸入牛肉を買うのなら、オーストラリア・タスマニア島の「タスマニアビーフ」、それが無理なら「オーストラリア産」のほうが安心 [15] である。

　事実、消費者はいつも成長ホルモン剤入りの焼き肉やすき焼き、しゃぶしゃぶ、バーベキュー料理などを食べている。女性の場合、自分への危険だけでなく、生まれてくる子供にも悪影響を与えることがあり、注意が必要である。

　国産牛肉にも抗生物質などが使われており、まったく安全とはいえないが、成長ホルモン剤は使用が禁止され、使われていないと考えられているのでその点では安全である。

　脂たっぷりの霜降り牛は柔らかい肉にするために狭い牛舎に閉じ込められ

たまま運動もせず、ビールを飲まされ、食欲を無理に増進させられ、牧草ではなく脂肪のつきやすい配合飼料を与えられ、心臓病や高血圧などになるのを防ぐ薬を与えられ、立ち上がることもできなくなった状態で育てられている。霜降り牛肉とは、人間でいえば、成人病の末期に近い状態にある。このような牛肉は不自然であり、食べすぎれば大腸内に発ガン促進物質ができる。そのような肉がはたして健康に良いのであろうか。霜降り牛肉を好む人でも健康を考えるなら、あまり食べないほうが無難ではないか。肉を食べるなら脂肪をとりすぎる霜降り肉よりも赤身の肉のほうが健康的でたんぱく質が多く、栄養的にも優れていると考えられる。消費者は BSE か成長ホルモン剤によるガンかどちらかを選べと迫られているようである。

危機は BSE で終わりではない。新型インフルエンザの発生を防ぐために短時間で何十万羽という鶏の処分が繰り返されている[16]。以前、鶏は感染しても病気にならなかったが、突然変異を起こしたウイルスが鶏に病気を起こさせるようになった。鳥インフルエンザはインフルエンザウイルスの感染による家禽類を含む鳥類の疾病であり、2004（平成 16）年 1 月 12 日に 79 年ぶりに山口県での発生が確認された。鶏の卵や肉を食べて、鶏から人へ、人から人への感染が報告されている 。今のところ、人間への影響は大きくはない。しかし、いつ人にピッタリ適合した形に変異した新型鳥インフルエンザウイルスが発生するか予断を許さない。今後もリスクは次々とやってくると考えなければならない。

行政に求められる最も重要な役割のひとつは緊急事態における迅速かつ適切な対応である。BSE のような「前例のない」出来事に対して典型的なお役所である農林水産省が柔軟に対処できるはずはなかった。

1996（平成 8）年に WHO の勧告があったにもかかわらず、法律で肉骨粉を禁止せずに行政指導ですませた意思決定は、農林水産省のどの部署で、いかなる人物がどんな協議を行なって決定したのか、意思決定過程を明確にすることはほとんどない。連帯責任という名の集団無責任体制の役所だから

である。

「新型コロナ」大流行。2020年4月、千葉県鴨川市では、パンデミックのため外出自粛が呼びかけられている中、豪雨によって土砂災害の恐れがあるため、避難勧告が発令された。この事例は、コロナ危機の最中に気候災害が発生することの恐ろしいジレンマを示したものである。人の密集を避けるためにリスクのある自宅に居続けるか、それとも気候災害から身を守るために感染リスクの恐れのある避難所に移動するかという困難な選択を、多くの人々がいつ求められるかもしれないことを示している。

　すでに異常気象が日常になっている現在、「コロナ危機」の最中でも、CO_2排出量の大きい石炭火力発電を続け、「気候危機」対策を先送りし続けている日本社会は、この2つの危機に対処する準備ができてはいない。「コロナ危機」も「気候危機」も人を死につながる以上、二者択一はあり得ない。傲慢な、人類に対する「自然の逆襲」というべきかもしれない。

　―註―

1　庄司光ほか『日本の公害』岩波新書、1975年。原田正純『水俣病』岩波書店、1972年。

2　同上。

3　前掲 原田『水俣病』55〜56ページ。

4　畑明郎『イタイイタイ病』実教出版、1994年、6、33ページ。

5　前掲 庄司『日本の公害』。

6　環境省HP。神山美智子『食品の安全と企業倫理』八朔社、2004年。

7　同上、神山美智子『食品の安全と企業倫理』21ページ。

8　今村光一『キレない子どもを作る食事と食べ方』主婦の友社、2001年、42ページ。

9 竹田美文『病原性大腸菌 O157』岩波書店、1996 年。日経メディカル編『病原性大腸菌 O157 がわかる』日経 BP 社、1996 年。日本子孫基金『食べたい、安全！』講談社、2003 年。山口英昌ほか編『食環境問題 Q & A』ミネルヴァ書房、2003 年、10 〜 11 ページ。

10 ウィキペディア HP。

11 石堂徹生『「食べてはいけない」の基礎知識』主婦の友社、2003 年、214 〜 216 ページ。山内一也『狂牛病・正しい知識』河出書房新社、2001 年。小若順一『新・食べるな、危険！』講談社、2005 年、14 〜 15 ページ。池田正行『食のリスクを問いなおす―BSE パニックの真実』ちくま新書、2002 年、68 〜 80 ページ。

13 前掲 小若『新・食べるな、危険！』15 ページ。

14 前掲 池田『食のリスクを問いなおす』2002 年。

15 食料問題研究会『図解 日本食料マップ』ダイヤモンド社、2012 年、91 ページ。

16 鳥インフルエンザ関連ニュース集 HP。2013（平成 25）年に中国で新「鳥インフルエンザ A（H7N9）」が発生し、2014（平成 26）年 1 月だけで感染者が 120 名を超え、2 月 3 日現在、57 名の死者が出ている。日本の厚生労働省はヒトからヒトへの持続的な感染は確認されていないと報じている（厚生労働省 HP、ヤフーニュース HP）。

第 6 章　食品表示と消費者

6 − 1．食品表示の実態

食品表示からどのような情報を得ることができるのでしょうか。

あなたの知りたい表示は何ですか。

表示は信用できるのでしょうか？

1．食品表示は法律により表示すべき項目や表示方法が決まっています。2015（平成 27）年に施行され、2022（令和 4）年 4 月 1 日完全実施の「食品表示法」は、「旧 JAS（日本農林規格）法」、「旧食品衛生法」と「旧健康増進法」が合体してできたもので、その弊害（わかりにくさと定義や用語の矛盾）が多く、理解しにくい法律になっています。

2．食品表示法の一番の特徴は「生鮮食品と加工食品では、表示対象、表示内容が極端に違う」ということです[1]。何が生鮮食品で、何が加工食品か非常に紛らわしく、この違いを理解するのが最も悩ましいといわれています。しかし悩ましいといっているだけで良いのでしょうか。自分の命がかかっているのです（表 6 − 1）。

3．これまで、生鮮食品と加工食品の区分については、JAS 法（日本農林規格）と食品衛生法では、異なることがありましたが、新法では、基本的に JAS 法の定義に基づいています。従来生鮮食品であったドライフルーツが加工食品になり、反対に加工食品であった食肉をカットしただけでパッキングされたものが生鮮食品になっています。

　JAS 法では、「製造」または「加工」されたものが加工食品であり、「調

整」または「選別」にあたるものは「生鮮食品」に分類されています。また、組み合わせと混合の考え方について、生鮮食品の同種混合は生鮮食品ですが、異種混合は加工食品になり、異種でも、単に組み合わせただけでは生鮮食品である点に注意が必要です。（表6－1）

4. 生鮮食品は、容器包装された商品はもちろん、ばら売り、量り売りなど、ラップなどの容器に包まれていない食品にも表示義務があります。小売店で販売されている生鮮食品には、例外なく全てに「名称」と「原産地」は表示しなければなりません[2]。生鮮食品は、単体で販売されることが多く、本体以外に何かが使用されていることはほとんどありません。消費者が知りたい情報も名称と原産地で十分です[3]。

5. 業務用を含む全ての加工食品（輸入品を除く）が原料原産地（加工食品の原材料の産地）表示の対象になります。原料原産地は、使用されている量の多い国から順に表示（国別重量順表示）するのが原則です。表示しなければならない原材料は、「原材料に占める重量割合が最も高い＝重量割合上位1位原材料」です。

6. 加工食品は、見た目だけでは何が使用されているかほとんど知ることはできません。ばら売りの場合は「表示項目が多く表示する場所がない」という理由で表示対象外になっています。容器包装された食品の場合、生鮮食品に比べて表示項目が非常に多く、表示内容は複雑で理解するのが大変だと言われています。

7. 消費者向けに販売する際に必ず表示が必要なもの9項目、条件によって必要なもの8項目計17項目もあります。全ての加工食品に共通して義務付けられている事項を「横断的義務表示」といっています。

8. 「生鮮食品」と「加工食品」の見分け方①[4]は、魚介類、野菜、肉とも単品（1種類）・同種混合したものは「生鮮食品」、異種混合・加工品混合・加工品は「加工食品」です。（表6－2）

9. 見分け方②[5]は、殺菌洗浄（オゾン水、次亜塩素酸ソーダ水）なら「生鮮食品」、ブランチング処理（冷凍野菜を作るときの、ゆでる、蒸すな

どの加熱処理）なら「加工食品」になります。

10. 農産物の場合、単品のカット野菜（カットキャベツ）、単に冷凍したもの（冷凍刻みねぎ）は、「カットしただけ」ですので、生鮮食品で、「品質が変化しない」と加工食品にはなりません[6]。生鮮食品をカット（切断）やむき身、冷凍しただけでは生鮮食品ということになります。

11. 加熱処理等を行った場合（タケノコ水煮、水煮のわらび等）、日干し等の乾燥を行った（干ししいたけ・干しぶどう等）、異種のカット野菜（カット野菜ミックス）は、「加工食品」になります。

12. 畜産物の場合、単品のミンチ（豚ミンチ等）、単に冷凍したもの（冷凍牛肉等）は、「生鮮食品」です。調味した場合（焼肉のタレに漬けた味付けカルビ等）、衣を付けた場合（豚カツ用の豚肉等）、表面をあぶった場合（牛たたき等）は「加工食品」に該当します。

13. 水産物の場合、単品の刺身（たこの刺身等）、単に冷凍したもの（冷凍さんま等）は、「生鮮食品」です。加熱処理を行った場合（むき身あさり－加熱、ゆで海老等）、塩蔵等を行った場合（塩たらこ、塩蔵わかめ等）、水分調整などの目的で日干し等の乾燥を行った場合（干物）、酢等で加工した場合（しめさば等）、そば粉、米粉などは、「加工食品」となります。

14. 食品の表示事項は次の通りです。生鮮食品は農産物・畜産物・水産物の３つに分類されます。消費者に販売されている全ての生鮮食品には「名称」と「原産地」が表示されます。このほかに、個々の品目の特性に応じて表示する事項[7]もあります。（表6－3）

15. 農産物の場合、きゅうり、ほうれんそうなど、その内容を示す一般的な名称を表示します。品種名を表示したい場合は、りんご（ふじ）のように、名称の後にカッコ書きします。畜産物の場合、牛肉や豚肉など一般的な名称で表示されます。水産物の場合、メバチマグロなど一般的な名称で表示されます。養殖されたものには「養殖」と、凍結させたものを解凍したものには「解凍」と表示されます[8]。

16. 「原産地表示」は、生鮮3品で異なります。農産物は、「収穫した所」が原産地です。普通、農産物は「栽培地＝収穫地」になりますが、シイタケのように、必ずしもそうとは限らないものがあります。海外での栽培や熟成期間が長かったとしても、収穫した場所が日本であれば、国産品として販売されます[9]。「畜産物」は、飼養期間が最も長い所（長い所ルール）が原産地になります。水産物は、漁獲した船籍が日本籍なら国産、外国船籍なら外国産になります。養殖される水産物には「長い所ルール」が適用されます。養殖されるうなぎのような水産物、アサリやシジミなどの貝類の畜養は、「長い所ルール」が適用されます。

17. 生鮮3品の輸入品は、いずれも「原産国名」の表示が義務付けられています。国産品と同じで、農産物は収穫した国、水産物は漁獲した船の国籍、ウナギのような養殖物は、養殖した国、畜産物は最も長く飼養していた国になります[10]。

18. 販売方法が裸売り（ばら売り）か、パック（容器包装）売りか、店内加工か店外加工かで表示の内容が変わります[11]。

19. 農産物に関しては、裸売りの場合、「名称」と「原産地」が〔たとえば国産品の場合：お米、新潟産（都道府県名）、輸入品の場合：バナナ、台湾産（原産国名）〕、容器または包装して販売する場合、名称、原産地、内容量、販売者が表示されます。

20. 畜産物は、肉類と食用鳥卵に分類され、原則的に農産物の表示事項と同じで、名称と原産地です。容器または包装して販売される場合、消費期限が表示されている場合が多いですが、これは任意表示です。

21. 水産物は、魚類、水産動物類（タコ、エビ類など）、海産ほ乳動物類、貝類、海藻類の5つに分類され、原則的に農産物の表示事項と同じです。輸入品は原産国名を表示します。ただ冷凍された水産物を解凍したものには「解凍」、養殖された水産物には「養殖」と表示されます。

22. 加工食品は25種類に分類されます（表6－4）。
加工食品に共通の横断的義務表示事項は、17項目もあります。その内

訳は必須の 9 項目と条件によって必要な（個別的義務表示）8 項目になります。

前者は①名称（品名）、②保存方法、③消費期限または賞味期限、④原材料名、⑤添加物、⑥内容量または固形量及び内容総量、⑦栄養成分の量および熱量、⑧食品関連事業者の氏名または名称及び所在地、⑨製造所または加工所の所在地および製造者または加工者の氏名または名称。

後者は、①アレルゲン、②L-フェニルアラニン化合物を含む旨、③特定保健用食品に関する事項、④機能性表示食品に関する事項、⑤遺伝子組み換え食品に関する事項、⑥乳児用規格適用食品、⑦原料原産地名、⑧原産国名です[12]。

23. 国内で製造または加工されたすべての加工食品に原料原産地表示が必要ですが、そのうち、以前より表示義務とされていた表 6 − 5 に示されている 5 品目（農産物漬物、野菜冷凍食品、うなぎ加工品−うなぎ、かつお削り節−かつおのふし、おにぎり−のり）、22 食品群については、製品全体に占める重量割合が 50％以上を占める原材料について、国別重量順の原産地が表示されます（50％ 未満で原材料に占める重量割合が第 1 位のものには一般食品と同じ表示が必要です）。

24. 原材料、添加物ともに、重量の多い順に表示します。またアレルギー物質は個々の原材料ごとに表示しても良いですが、まとめて最後に表示しても良いことになっています。今回の食品表示法で変わった重大なものの 1 つにアレルギー表示の義務化があります[13]。すべてのアレルゲンを表示しなければなりません。

25. 従来、任意であった栄養成分表示が、義務化されました。これまで「ナトリウム○ mg」と表示されていたところを「食塩相当量○ g」で表示することになりました。塩分がどれくらいの食塩に相当する量が入っているかが一目で分かるようにするためです[14]。

	商品	生鮮か加工かの別（理由）
青果	カットキャベツ	生鮮（1種類）
	カットフルーツミックス	加工（複数種類）
	炒め物用野菜カットミックス	加工（複数種類）
	野菜	生鮮（切断前）
	キャベツ千切りとコーン（加工品）のセット	加工（加工食品との混合）
鮮魚	アジのたたき	生鮮（火を通さず）
	カツオのたたき	加工（火を通す）
	生サケ	生鮮
	塩サケ	加工（調味）、軽度の塩
	刺し身（マグロ一品）	生鮮（1種類）
	刺し身（クロマグロとキハダマグロ盛り合わせ）	生鮮（同種混合）
	刺し身（マグロとイカ盛り合わせ）	加工（異種類）
	鍋物セット（生鮮食品のみ）	加工（異種混合）
	西京漬	加工（調味）
	生干しの塩干し、塩蔵	加工（調味）
	マグロとゆでダコセット	加工（加工食品との混合）
精肉	合挽肉	加工（異種）
	牛ロースと牛タンセット	生鮮（同種混合）
	牛カルビと豚ロースセット	加工（異種混合）
	筋切り牛肉	生鮮（カットと同じ）
	たれ付き肉	加工（調味）
	牛肉たたき	加工（火を通す）

1：生鮮とは生鮮食品を、加工とは加工食品を表す。

（垣田達哉『面白いほどよくわかる「食品表示」』商業界、47ページ、筆者一部修正）

表 6 － 2：生鮮食品と加工食品の分類

	生鮮食品		加工食品	
	単品の 生鮮食品の切断	生鮮食品の 同種混合	生鮮食品の 異種混合	生鮮食品と 加工食品の混合
農産物	単品の野菜の切断	同一種類の野菜の 組合せ	複数種類の野菜の 組合せ	キャベツの千切り ＋ ゆでたブロッコリー
農産物	キャベツの千切り	キャベツの千切り ＋ 赤キャベツの千切り	キャベツの千切り ＋ カットトマト	
畜産物	単品の食肉の切断	同一種類の食肉の 組合せ	複数種類の食肉の 組合せ	牛ロース ＋ 牛塩タン
畜産物	牛ロース	牛ロース ＋ 牛もも	牛ロース ＋ 豚ロース	
水産物	単品の水産物の 切断	同一種類の水産物の 組合せ	複数種類の水産物の 組合せ	キハダマグロ赤身 ＋ 蒸しダコ
水産物	キハダマグロ赤身	キハダマグロ赤身 ＋ メバチマグロトロ	キハダマグロ赤身 ＋ 甘エビ	

(『食品表示ハンドブック　第 4 版』18 ページ)

表 6 － 3：生鮮食品の表示事項・加工食品の表示事項

生鮮食品で表示が必要な事項	
農産物 畜産物 水産物	①名称、②原産地など
玄米 精米	①名称、②原料玄米、③内容量、 ④調整・精米年月日又は輸入年月日、⑤食品関連事業者など

加工食品で表示が必要な事項
①名称、②原材料名、③原材料原産地名、④内容量、 ⑤消費・賞味期限、⑥保存方法、⑦食品関連事業者、 ⑧栄養成分表示、⑨アレルゲン、⑩添加物など

(長野県長野地域振興局長野農業農村支援センター
「覚えておきたい！食品表示の手引き」令和 2 年 4 月現在)

表6−4：食品表示における生鮮食品・加工食品の定義（生鮮食品・加工食品の分類）

	生鮮食品 （容器包装入りでなくても適用）	加工食品 （容器包装入りのものに適用）
表示事項	(1) 名称 (2) 原産地名 (3) 水産物の場合…解凍したものは「解凍」、養殖したものは「養殖」と表示 (4) しいたけの場合、栽培方法（原木、菌床）	(1) 名称、(2) 原材料名、 (3) 内容量、 (4) 消費期限又は賞味期限、 (5) 保存方法、 (6) 原産国名（輸入品のみ）、 (7) 製造業者等の氏名又は名称及び住所、 (8) 原料原産地名、その他、個別の加工食品に義務づけられた事
対象品目	1．農産物（きのこ類、山菜類、たけのこを含む）　米穀、雑穀、豆類、野菜、果実…収穫後調整・選別・水洗いを行なったもの、単に切断したもの、野菜及び果実は単に冷凍したもの、を含む。 2．畜産物　肉類…単に切断・薄切りしたもの、単に冷蔵・冷凍したもの、を含む。　食用鳥卵…殻付きのものに限る。 3．水産物　魚類、貝類、水産動物類、海産ほ乳動物類、海草類…内臓等を取り除く処理をしたもの、切り身・刺身（複数種類を盛り合わせを除く）・むき身、単に冷凍及び解凍したもの、生きたもの、を含む。	1．麦類（精麦） 2．粉類（米粉、小麦粉、豆粉等） 3．でん粉（小麦でん粉、とうもろこしでん粉等） 4．野菜加工品（野菜冷凍食品、乾燥野菜、野菜漬物等） 5．果実加工品（ジャム、果実冷凍食品、乾燥果実等） 6．茶、コーヒー及びココアの調整品（茶、コーヒー製品、ココア製 7．香辛料（ブラックペッパー、ローレル・カレー粉、わさび粉等 8．めん・パン類（めん類・パン類） 9．穀類加工品（アルファー化穀類・パン粉・ふ・麦茶等） 10．菓子類（米菓・焼き菓子・和生菓子・洋生菓子・チョコレート類 11．豆類の調整品（あん、煮豆、豆腐、納豆、きなこ、ピーナッ 　製品等） 12．砂糖類（砂糖、糖みつ、糖類） 13．その他の農産加工品（こんにゃく、1〜12以外の農産加工品 14．食肉製品（加工食肉製品、鳥獣肉の缶詰・瓶詰等） 15．酪農製品（牛乳、加工乳、バター、チーズ、アイスクリーム類 16．加工卵製品（鶏卵の加工製品等） 17．その他の畜産加工品（はちみつ、14〜16以外の畜産加工食 18．加工魚介類（煮干魚介類、塩干魚介類、塩蔵魚介類、加工水 　物冷凍食品等） 19．加工海藻類（こんぶ、こんぶ加工品、干のり、寒天等） 20．その他の水産加工食品（18・19以外の水産加工食品 21．調味料及びスープ（食塩、みそ、しょうゆ、索子、食酢、スープ 22．食用油脂（食用植物油脂、食用動物油脂等） 23．調理食品（調理冷凍食品、チルド食品、レトルトパウチ食 　そうざい等） 24．その他の加工食品（イースト及びふくらし粉、21〜23以外 　加工食品） 25．飲料等（飲料水、清涼飲料、氷等）

（「食品表示の基礎」HP）

26. コメの表示はどうなっているのでしょう。ご飯になった場合はどのように表示されるのでしょうか。

　米は生鮮食品ですが、日本人の主食ということもあり、食品表示法では「個別的表示義務」で特別な基準が定められています。5種類あり、次のように定義されています。①玄米（もみから、もみ殻を取り除いて調整したもの）。②精米（玄米の糠層の全部または一部を取り除いて精白したもの）。③餅精米（精米のうち、でん粉にアミロース成分を含まないもの）。④うるち精米（餅精米以外の精米）。⑤原料玄米（製品の原料として使用される玄米）[15]。

27. 産地、品種および産年が同一で、かつ、国産品は農産物検査法、輸入品は輸出国の公的機関などで、産地、品種、産年について証明された原料玄米は、「単一原料米」と表示することができます。使用割合は100%ではなく、10割と表示[16]します。

28. 産地、品種、産年が同一でない場合、あるいは証明を受けていないものは「複数原料米」と表示し、使用割合も必ず表示する必要があります。産地の証明を受けていない原料玄米の産地を表示する場合には、必ず、「産地未検査」と表示します。産地、品種、産年の3点セット全てについて証明を受けていない場合は、「未検査米○割」と表示[17]しなければなりません。

29. ようやく有機農産物が信じられるようになったのか、有機JASマークが表示されるようになりました。

30. 偽装表示事件が多発しています。表示は信用できるのでしょうか。しかし実際には表示に頼らざるを得ないのです。本来なら、消費者に選別させるのではなく、「どれも安心ですよ」と提供すべきではないでしょうか。

　消費者が自主的かつ合理的に加工食品を選択することができるように、国内で製造または加工されるすべての加工食品に原材料の原産地の表示を義務

づける新たな表示制度＝「新たな加工食品の原料原産地表示制度」が 2017（平成 29）年からスタートしている。一口に「産地」といっても、いろいろあり、表示のルールも決まっている。食品表示法で決められた、「原産地」、「原料原産地」、「原産国」の違いを理解しておくことが必要である[18]。

「原産地」とは、生鮮食品（野菜、果物、肉、魚など）が育った場所や獲れた場所のことである。「原料原産地」とは、加工食品の原材料である生鮮食品の原産地のことである[19]（一部の加工食品だけに、表示が義務付けられている）。例えば、素干し魚介類（例―アジの干物）、農産物漬物（例―たくあん漬け）などをあげることができる。

　中国産の大根⇒日本でたくあん漬けを製造＝たくあん漬け（国内製造品）
　　　　注・原料原産地＝中国、原産国は中国ではない。

「原産国」とは、その食品を作った国のことである。単に切ったり、袋詰めにしただけの国は原産国ではない。

　ベトナム産の大根⇒中国でたくあん漬けを製造、日本で小分けにした場合、たくあん漬け（輸入品）。
　　　　注・原産国＝中国、原料原産地は中国ではない。

「原料原産地」の表示方法は、日本国内で製造または加工されたすべての加工食品が対象で、製造中、最も多く使われた原材料の原産地を表示する[20]。2ヵ国以上の原産地の原材料を混ぜて使っている場合は、多い順に原産地を表示する。3ヵ国以上の原産地の原材料を混ぜて使っている場合は、3ヵ国目以降を「その他」と表示することも可能である。製造中、最も多く使われた原材料が加工食品の場合は、その製造地を表示する。ただし、輸入した加工食品（原産国の表示が義務付けられている）、外食、作ったその場で販売する食品（店内で調理された惣菜や弁当など）、容器包装に入れずに販売する食品などは、原料原産地の対象とはならない。

Ⅰ）食品表示法
（1）農産物の表示[21]
（野菜・果物・豆類・雑穀・きのこ・量り売りの米穀など）

　農産物の原産地は、国産品の場合、「国産」という表示は認められない。一番大きな括りとしては、「道府県名」である。

　たとえばぶどうの場合、名称は「ぶどう」でも良いし、「デラウェア」「巨峰」など、一般に知られている品種名で記載しても良い。原産地は、国産品の場合は「宮崎県産」などと都道府県名を、輸入品の場合は「アメリカ産」または「米国産」などと原産国名を記載する。ただし国産品は都道府県名の代わりに「市町村名その他一般に知られている地名あるいはブランド名」を、また輸入品は原産国名の代わりに「一般に知られている地名」を原産地として表示することも可能である。したがって「紀州産」、「カリフォルニア産」、「夕張メロン」、「カリフォルニアオレンジ」のような表示も可能である。

　同じ種類の生鮮食品で、複数の原産地のものを混合した場合には当該生鮮食品の製品に占める重量の割合の多いものから順に、名称と原産地を併記する。ただし原料原産地が3ヵ所以上ある場合は、3ヵ所目以降の地名は「その他」と表示できる。（表示例）『りんご（青森県、長野県）』。異なる種類の農産物であって、複数の原産地のものを切断せずに詰め合わせた場合には、当該農産物それぞれの名称に併記する。（表示例）『にんじん（神奈川県）、たまねぎ（千葉県）、じゃがいも（北海道）』。

　生産した場所で容器包装に入れないで販売する場合、または設備を設けて飲食させる場合には表示の義務はない。

　豆類（乾燥して容器包装し、密封されたもの）の場合、名称、原産地の他、内容量、販売者の名称、所在地の表示が必要である。

図6－1：カット野菜ミックスの例

前提：それぞれカットした、キャベツ45%、
レタス35%、人参10%、玉ねぎ10%を混合したもの

名　　　　称	カット野菜ミックス
原 材 料 名	キャベツ、レタス、人参、玉ねぎ
原料原産地名	福岡県（キャベツ）
内　容　量	200g
消 費 期 限	00.00.00
保 存 方 法	10℃以下で保存してください。
加　工　者	丸信食品　株式会社 ○○県○○市○○町○-○-○

（食品表示 .com）

　カットして混ぜたり、熱を加えたり、干したものは生鮮食品には該当せず、「加工食品」とみなす。「カットメロン」、「1/2 カット大根」のようなものは、単に農産物を切断したものなので生鮮食品、また単品の野菜や果物を水洗い後、単に切断し、オゾン水や次亜塩素酸ナトリウム水による殺菌洗浄した場合も食品の内容を実質的に変更し、新しい特性を付与する行為には当たらないと考えられるため生鮮食品になる。

　生鮮食品は消費者に内容を誤認させるような表示をしないこと、またはそのほかの表示事項と矛盾する用語などを用いることを禁止している。なお出荷年月日、賞味期限、食べ頃、保存方法、調理方法などは書いても書かなくてもよい（任意表示）。加工食品についても産地名の意味を誤認させる表示は禁止されている（図6－3）。

　国内でカットして異種混合した野菜については、原料原産地表示の対象となる。カット野菜ミックスの原料原産地に関して、原材料及び添加物の占める重量の割合が50% 以上の場合は、個別ルールの 22 の加工食品に該当する。対象原材料が輸入品の場合は、原産国名を原料原産地名として表示する（図6－1）[22]。

図6－2：アジの開きの例

名　　　称	あじの開き
原 材 料 名	真あじ (オランダ産)、食塩／酸化防止剤 (V.C)
内　容　量	1尾
賞 味 期 限	枠外〇〇部に記載
保 存 方 法	要冷蔵 (10℃以下)
製　　造　　者	丸信水産　株式会社 〇〇県〇〇市〇〇町〇-〇-〇

(食品表示.com)

　冷凍品でも単に冷凍した場合は生鮮食品に該当し、ブランチング（短時間の加熱）した上で冷凍した場合は加工食品になる。輸入品以外のものは、主な原材料（全体の50%以上のもの）は、原料原産地表示が必要となる。加熱処理等を行なった場合→タケノコ水煮、ふき水煮、水煮のわらび、ゼンマイ等、日干し等の乾燥を行なった場合→干ししいたけ、干しぶどう等も、加工食品になる。

　A国産のアジを原料として、沼津で加工したアジの開きに「沼津産」と強調表示があった場合、「沼津」が加工地なのか原料原産地なのか不明確で、消費者が誤認する可能性がある。そのため、「加工地：沼津、原料原産地：A国」と、区別して表記する[23]ことが必要である（図6－2）。

（2）畜産物（肉類と食用鶏卵に分類される）の表示[24]

　名称と原産地を表示する。生鮮食品にも原産地の意味がわかりにくいものがある。それは生きているものが移動する水産物と畜産物である。生鮮食肉で、単品のものをスライス、ブロック、挽き肉などにした場合には、その内容を表す一般的な名称を記載する。原産地は国産品には国産である旨、主たる飼養地が属する都道府県名、市町村名、そのほか一般に知られている地名を原産地として表示しても良く、この場合は国産である旨の記載を省略できる。（例）牛肉（国内産）、鶏肉（鹿児島県産）。

たとえば「松阪牛」（三重県の松坂地域で「500日以上飼育された黒毛和種の未出産メス牛」と地元の協会で決めて出荷）と表示すれば、国産である旨の記載を省略できる。輸入品は原産国名（例：鶏肉／中国）を記載する。「オージービーフ」や「USA産」などの表記、アメリカの州名などの表記はできない。2以上の外国で飼養された場合、飼養期間が最も長い国の国名（例：牛肉／オーストラリア産）を表示する。

　なお畜産物は生まれた場所、育った場所、と畜された場所がそれぞれ異なり、国内であったり、海外であったりと、いくつかの場合が考えられる。複数の原産地のものを混ぜた場合、全体の重量に占める割合の多いものから順に記載する（例：「国産・アメリカ産牛挽肉」）。牛肉の表示も最も長い飼育場所が原産国として表示され、国内で飼育されているほかの家畜に対する原産地表示と同じである。原産地が正しく表示されていても、消費者は正確に理解することは難しい。その上、残念ながら産地を科学的に証明できないものが多いため最も偽装が多い。

　どの国も全く同じ飼養期間の場合は、最後の日本が原産地になる。最も長く飼育された場所が日本の場合、「国産」になるという規定は消費者に誤認させる表示である。消費者は「国産」とあれば、当然、国内で生まれ育ったものと理解すると考えられるからである。国内基準とは違う飼料や薬剤によって、日本とは異なる病気因子をもつ可能性もあり、一定期間、国内で飼育すれば、それらの違いがすべて解消されるとは限らないからである。

　畜産物の場合についても農産物と同様で、「単に切断したブロック肉やスライス肉」、「牛挽き肉」も単品をミンチにしたものなので生鮮食品とみなされ、名称と原産地表示が必要となる。しかし「合挽き肉」は複数の種類の家畜、家禽などを組み合わせたものなので、それ自体がひとつの調理された食品とみなされ、加工食品となる（図6－4）。

　また同じ種類の食肉の複数の部位を切断した上で、ひとつのパックに包装したもの（焼き肉用盛り合わせ）などは生鮮食品に、味つけしてひとつのパックに包装したもの（焼き肉セット）やスパイスをふりかけた食肉、たたき

牛肉、パン粉をつけた豚カツ用の豚肉などは、いずれも加工食品となる。

　容器包装されている場合には、消費期限または賞味期限、保存方法、加工者を表示する。

『卵』の表示、パック詰めされているものについて、鶏卵など一般的な名称で表示される。原産地は国産品は国産である旨、輸入品は原産国名が表示される。国産品には養鶏所がある都道府県名や市町村名、その他一般に知られている地名で表示しても良い。賞味期限と保存方法が表示され、賞味期限経過後、飲食する際の注意事項などが表示される（図6−5）。

　初生ひなの輸入量について、卵用鶏と肉用鶏をあわせた、ひなの輸入羽数は、51万4351羽である。その内訳は、卵用原種鶏3万519羽（カナダ、アメリカの2ヵ国から）、卵用種鶏9万4420羽（フランス、カナダ、アメリカの3ヵ国から）、卵用コマーシャル鶏1万2235羽（ハンガリーから）、肉用原種鶏19万8033羽（アメリカ、イギリス、ニュージーランドの3ヵ国から）、肉用種鶏17万9044羽（イギリス、フランス、アメリカの3ヵ国から）、肉用コマーシャル鶏ゼロとなっている。国別では、首位イギリス計24万9238羽、ついでアメリカ計17万1041羽である。なお、2020（令和2）年のひなの海外依存率96％、卵の自給率97％である[25]。

図6−3：畜産物の表示　対面販売の表示

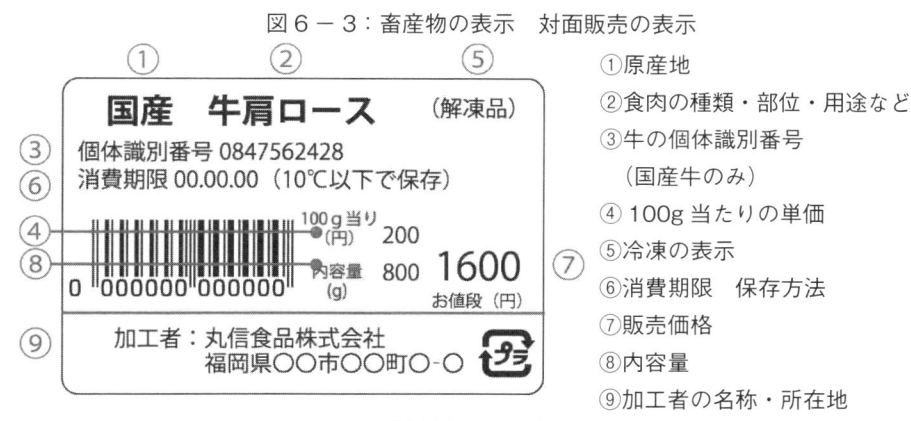

①原産地

②食肉の種類・部位・用途など

③牛の個体識別番号
　（国産牛のみ）

④100g当たりの単価

⑤冷凍の表示

⑥消費期限　保存方法

⑦販売価格

⑧内容量

⑨加工者の名称・所在地

（食品表示.com）

食肉の種類の名称は、「牛」、「豚」、「鶏」、「馬」、「めん羊」等、一般的な名称を表示する。「牛肩ロース」、「鶏もも肉」等と、食肉の種類名に加えて部位名を表示する。国産は国産、輸入品は原産国名を表示する。複数の原産地の食肉を混ぜた場合は、重量の割合が多いものから順に、「米国産・国産」等と原産地を表示する（図6－3）。

図6－4：合挽肉の例（牛豚合挽肉）

名　　　　称	牛豚合挽肉 (7：3)　赤身80%
原 材 料 名	牛肉、豚肉
原料原産地名	米国産（牛肉）
内　容　量	400g
消 費 期 限	00.00.00
保 存 方 法	要冷蔵 (10℃以下で保存)
加　工　者	丸信食品　株式会社 〇〇県〇〇市〇〇町〇-〇-〇

（食品表示 .com）

「牛・豚合挽肉」等と混合された食肉の種類を、重量の割合の高いものから順に、「牛肉」、「豚肉」、「鶏肉」等と表示する。国内で異種混合した食肉については、原材料及び添加物に占める重量の割合が50%以上の生鮮食品の原材料がある場合には、個別ルールのある22の加工食品に該当する。対象原材料である食肉の原産地を、「国別重量順」に原材料原産地欄を設けて表示するか、原材料名欄に表示された原材料名の次に括弧書きで表示する。輸入品の場合は、原産国名を原料原産地名として表示する。

図 6 － 5：鶏卵の例

農林水産省規格 （卵重） **M** 58g～64g未満 卵重計量責任者 丸信　太郎	名　　　　称	鶏卵
	原　産　地	福岡県
	賞 味 期 限	00.00.00
	選別包装者 住　　　　所	福岡県○市○町○-○
	選別包装者 氏　　　　名	(株) 丸信養鶏場
	保 存 方 法	冷蔵庫(10℃以下) で保存してください。
	使 用 方 法	生で食べる場合は賞味期限内に使用し、賞味期限経過後及び殻にヒビの入った卵を飲食に供する場合は、なるべく早めに、十分に加熱調理してお召し上がりください。

（食品表示 .com）

　「鶏卵」の表示例である。原産地は、「国産」、「都道府県名」などを記載、輸入品の場合は、原産国名を表示する。賞味期限、保存方法を表示するとともに、生食用、加熱加工用の状況に応じて表示する。

（3）水産物（魚類、タコ・エビ類などの水産動物類、海産ほ乳動物類、貝類、海藻類の５つに分類される）の表示 [26]

　名称・原産地・解凍・養殖を表示する。水産物の場合は分類上、たとえばイカ科に区分されていても、「ヤリイカ」、「スルメイカ」、「アカイカ」、「モンゴウイカ」など種類が多い。したがって一般的な名称として「イカ」と表示しても良いし、消費者によく知られている種類別名称を記載しても良い。

　原産地については国産品の場合は漁獲した水域名、養殖ものについては養殖場が属する都道府県名を記載する。輸入品の場合は国際ルールにもとづいて漁労活動が行なわれた国および漁獲した船舶が属する国が原産国となる。したがって国産品は「太平洋産」、「銚子沖」、「三崎産」、輸入品は「カナダ産」、「韓国、インド洋」などと記載する。

　またマグロやカツオのように広範囲に回遊する魚で、水域名の記載が困難な場合のみ、「焼津産」などと水揚げした漁港名、または「静岡県」などと

漁港が属する都道府県名を表示することができる。なおタイやカレイなどの沿岸魚は、漁獲した水域名がわからないということはほとんどないため、水域名だけではなく、水揚げした漁港または水揚げした港が属する都道府県名を併記する。例「さんま・三陸北部沖」、「スルメイカ・日本海」。

　どこでとれたのか判断できない場合は水揚げされた港の名前や、その港がある都道府県でも良いことになっているのでイメージの良い地名をつけて売られている。アジが静岡県沖でとれたものでなくても、焼津港に水揚げされれば、「焼津のアジ」と表示できる。日本近海産にこだわろうとしても、店頭の表示だけでははっきりしない。輸入魚は水域ではなく、原産国が表示される。水産物は加工食品でなくとも輸入品でないものはすべて国産品と考える立場に立っている。

　したがって南氷洋でとれても日本国籍の船がとったものは日本が原産国となる。むしろ○○沖など水域が書かれているもののほうが表示は信頼できる。魚類が2ヵ所以上で畜養された場合、原産地は最も長く育ったところになる。たとえば韓国でずっと育ち輸入されたアサリが国内で砂抜きされても原産地は韓国である（図6-6）。

図6-6：水産物の表示例

【サンマの表示例（無包装）】

名　称	サンマ
原産地	三陸沖

【単品刺身の表示例（包装品）】

福岡県産　真鯛　（刺身用）
（養殖・解凍）　消費期限
　　　　　　00.00.00　（10℃以下で保存）

0　000000　000000　　お値段（税込）　000円

加工者：丸信水産株式会社
　　　　福岡県○○市○○町○-○

（食品表示.com）

さらに冷凍したものを解凍して販売する場合は「解凍」と表示しなければならない。ただし魚を冷凍のまま販売する場合は凍結されていることが明白なので「冷凍」という表示は不要である。養殖された魚介類にはすべて「養殖」という表示が必要である（例：ブリ／鹿児島・養殖）。ただし海藻や貝類など給餌を行なっていないものは養殖の表示は不要である。

同種の水産物であって、複数の原産地のものを混合した場合、当該水産物の製品に占める重量の割合の高いものから順に表示する（例：ブラックタイガー《ベトナム》）。また異種類の水産物で、複数の原産地のものを切断せずに詰め合わせた場合、当該水産物それぞれの名称に併記する（例：ホタテ貝《サロマ湖》、サケ《石狩川》）。

容器包装された切り身むき身の魚介類（生食用）の場合は、消費期限または賞味期限、保存方法、「生食用」「刺身用」の区分、加工者（氏名・所在地）の表示が必要である。

（4）加工食品の表示

①使用した原材料を重量の多いものから順に、最も一般的な名称で表示する。名称は（商品名ではなく）一般的な名称を表示する。

②原材料名は原材料と食品添加物を明確に分けること。アレルギー物質が含まれていないか、遺伝子組み換え食品が含まれていないかの確認が必要である。

③添加物は、使用した添加物を重量の多いものから順に表示する。物質名で表示するのが原則である。使用した原材料に含まれている添加物も表示する。加工助剤、キャリーオーバー、栄養強化目的で使用されたものは表示が免除される。

④原料原産地名は、最も多く使用した原材料の原産地または製造地を表示する。対象となる原材料が生鮮食品の場合は、「○○産」、加工食品の場合は、「○○製造」と表示する。

⑤内容量は、単位を付けて記載する。商品によっては、表示を省略することができる。

⑥消費期限または賞味期限を記載する。

⑦保存方法を表示する。

⑧原産国を表示する。輸入品の場合は国名を表示する。

⑨食品関連事業者及び製造所名を表示する。

⑩栄養成分表示に関しては、熱量、たんぱく質、脂質、炭水化物、食塩相当量を記載する。

　特に注意が必要なのは、生食用の切り身・むき身である。水産物ではラウンド（1尾丸ごと）、セミドレス（えら、内臓を取り除いたもの）、ドレス（内臓、頭を除いたもの）、フィレー（三枚おろし）、加熱用の切り身、刺身、むき身などは、異種混合の形ではなく、単品で販売される。従って、ばら売りもパック売り（容器包装）も、すべて生鮮食品となり、横断的義務表示の「名称」、「原産地表示」と個別的義務表示の「養殖」、「解凍」の4項目の表示が必要となる。しかしマグロとイカのように違う種類の刺身を盛り合わせたものは加工食品となる。単品の生鮮食品の場合は、横断的義務表示と個別的義務表示が必要である。異種混合の2点盛り以上のパック品にすれば、個別的義務表示は、「生食用である旨」だけでよいが、加工食品の横断的義務表示（栄養成分、期限表示など）を表示する必要がある。店内加工品は、栄養成分表示などを省略できる。

　刺身は「単品の場合」は生鮮食品、「2種類以上の刺身を盛り合わせにした場合」には加工食品とみなされる。マグロとイカの盛り合わせの場合には、シーフードのなべ物セットも同様で、「単品であれば、生鮮食品」、「複数（異種）であれば、加工食品」という線引きになる。単品の刺身は生鮮食品で、2種類以上の盛り合わせ刺身は、加工食品扱いとなるため、この場合、産地や種類が表示されていないものが多い。そのため、農水省は加工・販売事業者による自主的な原料原産地表示を勧めている。

　加熱処理、塩蔵、乾燥させた場合、酢などで加工した場合は加工食品になる。火を通した「カツオのたたき」は加工食品で、切ったり、冷凍しただけのものは生鮮食品となる。また塩、酢、しょう油などの調味料をかけたり、まぜたり、火を通したものは加工食品になる。イクラ、干物、しめサバなども加工食品である。完全に火が通っていないものや塩漬けなど簡単な加工のみのものは生鮮食品となる。

　牛たたきはまわりに火を通しただけで中心部まで火が通っていない。ローストビーフは中まで火が通っている。したがって牛たたきは生鮮食品であるが、ローストビーフは加工食品となる。ハンバーグは合挽き肉に塩をしてこねただけのものなら生鮮食品となり、タマネギ、卵、パン粉などつなぎを加えれば簡単な加工とはいえないので加工食品となる。このように消費者の感覚では理解できない、覚えきれないほど多くの「抜け穴」がある。生鮮食品と加工食品を区別する必要があるのは義務づけられている表示が異なるためである。

　生の野菜、果物、魚などの生鮮食品は原産地の表示は義務づけられているが、添加物の表示は義務づけられていない。ただし生鮮食品でもかんきつ類とバナナ等に限り、防カビ剤の使用を認めているので、それを使用した場合は防カビ剤（イマザリル、TBZ、OPP、OPP － Na、DP）を使用している旨、食品添加物としての表示が必要である。

　また鶏卵やパック詰めにされた切り身またはむき身にした鮮魚介類、食肉、生カキやソーセージ、ジャム、ケチャップなどの加工食品は添加物の表示が義務づけられている。

　輸入された加工食品のうち、原産国名を表示する必要がある加工食品[27]は、①容器包装され、そのままの形態で消費者に販売される製品（製品輸入）、②バルク（最終製品として包装されていない製品）の状態で輸入されたものを国内で小分けし容器包装した製品、③製品輸入されたものを国内で詰め合わせた製品、④そのほか、輸入された製品について国内で「商品の内容について実質的な変更をもたらす行為」が施されていない製品（たとえば

商品にラベルをつけただけのものや商品を容器に詰め、または包装するだけ、商品を単に詰め合わせ組み合わせるだけ、単に切断、混合するだけ、輸送または保存のために乾燥、冷凍、塩水づけにするなど）、である。

　原産国の表示義務は製品輸入したものについては輸入者に表示義務があり、バルクで輸入されたものを国内で小分け包装や詰め合わせした場合は小分け包装業者に表示義務がある。

　次の食品についての原産国の解釈は、①緑茶及び紅茶については、「荒茶」の製造がおこなわれた国、②インスタントコーヒーについては、コーヒー豆の粉砕、抽出濃縮後の乾燥がおこなわれた国、ただし、レギュラーコーヒーとともに、生豆生産国も併せて表示する。

　インスタントコーヒーの表示のポイントは次の通りである。①品名：インスタントコーヒー。原材料：コーヒー豆（生産国名：コロンビア、ブラジル、インドネシア）、②原材料は 100% コーヒー豆に限る。他の原材料を使用した場合は、インスタントコーヒーとは表示できない。③内容量、④賞味期限、⑤保存方法：直射日光を避ける、高温多湿を避ける等を表示する。⑥使用上の注意：開封後はできるだけ早く使用、濡れたスプーンなどは使用しない等表示する。⑧ブレンド：モカブレンド、ブルーマウンテンブレンドなど－原材料としてコーヒー生豆の産地、銘柄などを冠表示する場合は、そのコーヒー生豆が 30% 以上使用されているものに限り、表示することができる[28]。

　ソーセージに使われている肉など、加工食品の原材料の原産地表示が義務づけられた。加工食品の原産地は、従来は原料の原産地表示は必要ではなかった。輸入カツオを高知でたたきにして「高知のカツオのたたき」、輸入たらこを北海道で塩漬けにして「北海道のたらこ」などと、加工食品は、このようなイメージ戦略で売られているものが多かった。今回の改訂で、原産国表示が必要となった。まだ十分とは言えないものがある。だまされないようにするには表示のからくりを正確に覚えるしかない（図 6 － 7）。

図 6 － 7：加工食品の表示　ポークソーセージ（ウインナー）の表示例

・原料原産地名」の事項欄を設け、原産地と原料名（かっこ書き）を表示

```
名　　　称　ポークソーセージ（ウインナー）
原 材 料 名　豚肉、豚脂肪、たん白加水分解物、還元水
　　　　　　　あめ、食塩、香辛料／調味料（アミノ酸等）、
　　　　　　　リン酸塩（Na、K）、・・・
原料原産地名　アメリカ産（豚肉）
```

豚肉の原産地はアメリカのみ

```
名　　　称　ポークソーセージ（ウインナー）
原 材 料 名　豚肉、豚脂肪、たん白加水分解物、還元水あめ、
　　　　　　　食塩、香辛料／調味料（アミノ酸等）、リン
　　　　　　　酸塩（Na、K）、・・・
原料原産地名　カナダ産、アメリカ産、その他（豚肉）
```

豚肉の原産地はカナダ、アメリカの順に多いほか、それ以外の産地のものも使われている

（政府広報オンライン「すべての加工食品に原材料の原産地が表示されます」2020 年 11 月 10 日）

　しかし加工食品のなかで消費者の注目度の高い、①梅干し、ラッキョウ漬け、そのほかの農産物漬物、②ウナギ加工品、③カツオ削り節、④野菜冷凍食品、⑤おにぎり（のり）の 5 品目＋生鮮食品に近い加工食品 22 品目群は例外で、原材料のうち重量の割合が 50 ％以上を占める単一の農畜水産物（主な原材料）について原産地表示が義務づけられている（豆腐、納豆、緑茶飲料は除外されている）。

　合挽き肉のように、2 種類の原材料しか含まれていない場合は必ずどちらかの原材料が 50 ％以上になるので最低 1 種類の原料原産地が表示されることになる。たとえば 3 種類の野菜ミックスで「キャベツ 4：モヤシ 3：ニンジン 3」の場合、どの原材料も 50 ％に達しないので、重量割合が第 1 位のものに一般食品と同じ表示が必要となる[29]。

図6－8：うなぎ加工品
（ウナギを開き、焼きまたは蒸したもの、または調味液につけ、焼いたもの）の表示

名　　　称	うなぎの蒲焼き
原 材 料 名	ニホンウナギ（国産）、醤油（大豆・小麦を含む）、砂糖、みりん、清酒／調味料（アミノ酸等）、アナトー色素
内　容　量	1尾
賞 味 期 限	00.00.00
保 存 方 法	要冷蔵（10℃以下）
製　　造　　者	丸信水産　株式会社 ○○県○○市○○町○-○-○

（食品表示 .com）

　国産品のうなぎ加工品（蒲焼き、白焼き）について、原料となるウナギの原産地表示が義務づけられている。輸入品は原産国名を表示する（図6－8）。

図6－9：清涼飲料水の表示例

名　　　称	清涼飲料水
原 材 料 名	リンゴ果汁、果糖ぶどう糖液糖、果糖／酸味料、ビタミンC
原料原産地名	ドイツ産（りんご）、ハンガリー産（りんご）

（政府広報オンライン「すべての加工食品に原材料の原産地が表示されます」2020 年 11 月 10 日）

　上の表示図6－9は、リンゴ果汁に使われたリンゴの原産地がドイツとハンガリーであり、ドイツ産の方がハンガリー産よりも多く使われていることを意味する。リンゴ果汁（ドイツ製造）は、使われたリンゴがドイツ産という意味ではない。同様に、原材料の加工食品が国内で作られたものである場合には、「国内製造」と表示されるが、加工食品に使われた生鮮食品の産地が国産であるという意味ではない。

表6－5：生鮮食品に近い加工食品の原料の原産地表示対象品目

		食品群	具体例
農産加工食品	1	乾燥きのこ類、乾燥野菜及び乾燥果実（フレーク状又は粉末状にしたものを除く）	乾燥しいたけ、乾燥スイートコーン、かんぴょう、切り干し大根、干し柿、干しぶどう等
	2	塩蔵したきのこ類、塩蔵野菜及び塩蔵果実	塩蔵きのこ等
	3	ゆで、又は蒸したきのこ類、野菜及び豆類並びにあん（缶詰、瓶詰及びレトルトパウチ食品に該当するものを除く）	ゆでたたけのこ、ゆでたぜんまい、ゆでたごぼう、ゆでた小豆、ふかしたさつまいも、生あん等
	4	異種混合したカット野菜、異種混合したカット果実その他野菜、果実及びきのこ類を異種混合したもの（切断せずに詰め合わせたものを除く）	カット野菜ミックス、カットフルーツミックス等
	5	緑茶及び緑茶飲料	普通煎茶、玉露茶、抹茶、番茶、ほうじ茶、緑茶飲料等
	6	もち	まるもち、のしもち、切りもち等
	7	いりさや落花生、いり落花生、あげ落花生及びいり豆類	いりさや落花生、あげ落花生、バターピーナッツ（油で揚げて味付けしたもの）等
	8	黒糖及び黒糖加工品	黒糖みつ、加工黒糖等
	9	こんにゃく	板こんにゃく、玉こんにゃく、糸こんにゃく等
畜産加工食品	10	調味した食肉（加熱調理したもの及び調理冷凍食品に該当するものを除く）	塩こしょうした牛肉、タレ漬けした牛肉、みそ漬けした豚肉等
	11	ゆで、又は蒸した食肉及び食用鳥卵（缶詰、瓶詰及びレトルトパウチ食品に該当するものを除く）	ゆでた牛もつ、ゆで卵、温泉卵、蒸し鶏等
	12	表面をあぶった食肉	鶏ささみのたたき等
	13	フライ種として衣をつけた食肉（加熱調理したもの及び調理冷凍食品に該当するものを除く）	衣をつけた豚カツ用の豚肉、衣をまぶした鶏の唐揚げ用の鶏肉等
	14	合挽肉その他異種混合した食肉（肉塊又は挽肉を容器に詰め、成形したものを含む）	合挽肉、成形肉（サイコロステーキ）、焼肉セット（異種の肉を盛り合わせたもので生鮮食品のみで構成されたものに限る）等
水産加工食品	15	素干魚介類、塩干魚介類、煮干魚介類及びこんぶ、干しのり、焼きのりその他干した海藻類（細切若しくは細刻したもの又は粉末状にしたものを除く）	みがきにしん、あじ開き干し、しらす干し、だしこんぶ、板のり、ひじき等
	16	塩蔵魚介類及び塩蔵海藻類	塩さんま、塩さば、塩かずのこ、塩たらこ、塩いくら、すじこ（塩漬け）、塩うに、塩蔵わかめ等
	17	調味した魚介類及び海藻類（加熱調理したもの及び調理冷凍食品に該当するもの並びに缶詰、瓶詰及びレトルトパウチ食品に該当するものを除く）	まぐろしょうゆ漬け、甘鯛の味噌漬け、もずく酢等
	18	こんぶ巻	こんぶ巻
	19	ゆで、又は蒸した魚介類及び海藻類（缶詰、瓶詰及びレトルトパウチ食品に該当するものを除く）	ゆでだこ、ゆでがに、ゆでしゃこ、ゆでほたて、釜揚げさくらえび、釜揚げしらす、ふぐ皮の湯引き、蒸しだこ等
	20	表面をあぶった魚介類	かつおのたたき等
	21	フライ種として衣をつけた魚介類（加熱調理したもの及び調理冷凍食品に該当するものを除く）	衣をつけたかきフライ用のかき、衣をつけたムニエル用のしたびらめ等
その他	22	4又は14に掲げるもののほか、生鮮食品を異種混合したもの（切断せずに詰め合わせたものを除く）	ねぎま串（加熱調理を行なっていないもの）、焼肉セット（生鮮食品のみで構成されるもの）鍋物セット（生鮮食品のみで構成されるもの）等

（消費者庁食品表示課HP）

エビチャーハンのエビなど加工食品に使われている水産品が養殖か冷凍かの表示は必要でない。ただし加工食品はハムの発色剤など添加物については表示義務がある。添加物は重量の多い順に記載する。

　加工食品の場合、原材料の欄には使用した素材食品と食品添加物が表示されている。表示に関しては食品と添加物を分けて書くこと、使用量の多い順に書くことが定められている。原材料と添加物を「/ スラッシュ」で区切るよう改訂された。「/ 以前はすべて原材料」。「/ 以後はすべて添加物」ということである。

　２種類以上の原材料からなる原材料を「複合原材料」という。複合原材料表示を使用する場合は、その原材料を次のように表示する。

①複合原材料の名称の次にカッコ書きで、その複合原材料の原材料を重量割合順に記載する。例・たれ（しょう油、はちみつ、発酵調味料、レモン果汁、ごま油）。

②原材料が３種類ある場合は、重量割合順が３位以下であって、その割合が 5% 未満である原材料については、「その他」と表示することができる。例・たれ（しょう油、はちみつ、その他）。

③次の場合、複合原材料の原材料の表示を省略することができる。

　1. 複合原材料の重量割合が製品全体の 5% 未満である場合。例・たれ。

　2. 複合原材料の名称からその原材料が明らかである場合。例・しょう油、みそ、マヨネーズ、（弁当の中の）鶏唐揚げ等。

複合原材料の原材料の表示を省略する場合でも、アレルゲンや添加物の表示は省略できない。

　おいしいものを選びたい、安心なものを選びたいと思うなら、表示の意味を知り、活用することが重要である。表示を正しく理解するために覚えなければならないことは生鮮食品と加工食品の見分け方である。愛媛のミカン、青森のリンゴ、岡山のモモなど、産地で食品を選ぶ人は多い。原産地表示は売る側がよく売れるようにイメージ戦略のひとつとして使う表示でもあるこ

と、イメージ戦略にだまされないようにするには生鮮食品か加工食品かによって原産地の表示が異なることを覚え、農産物、畜産物、水産物ごとに、どこまでが生鮮食品の範囲なのか知っておく必要がある。生鮮食品に原産地表示規定をもうけても、表示がなくても認められる例外規定が必ず用意されているように思われる。生鮮食品なのに混ぜ合わせれば加工食品とみなし、特定のものを除き、表示不要というのでは消費者の理解は得られないのではないか。

　外食（テイクアウト、出前を含む）、中食には表示義務は適用されない。農家が直接販売する野菜、縁日の綿菓子、店内製造のパンやケーキ、打ちたてのそば、デパ地下のお惣菜など、生鮮食品・加工食品に関係なく、まったく表示がない。製造所と販売所が同じ施設や敷地（スーパーマーケットのバックヤード、菓子の製造小売り、パンの製造小売りなど）で弁当、総菜を調理し、容器包装したものを自ら販売する場合（インストア加工）は、表示義務はあるが、原材料名、内容量、原料原産地など一部の項目は表示する必要はない。ただし、自社工場など別の場所で製造された弁当、総菜を別の場所にある店舗に陳列して販売する場合や、インターネットなどで通信販売する場合、容器包装に食品表示事項を表示[30]しなければならない。

　表示の大きな欠点はバラ売りのものには表示の義務がないことである。たとえばバラで売られている（スーパーマーケットで独自にパックしたものも同じ）スライスハムやソーセージ、簡易包装（ラップで包んでホチキスでとめたようなもの）したもの、対面販売で無包装のものを注文に応じて販売する場合なども表示の義務はない。販売者から直接情報が得られる場合は表示が免除される。疑問があれば直接店員に聞くのが建前となっている[31]。またサツマイモ、モヤシなどの野菜を品質保持のためにリン酸液につけた場合なども表示されない。

　生鮮食品と加工食品の区別は簡単そうにみえて、実はあまり簡単ではない。ミカン、リンゴ、ホウレンソウなどの生鮮食品はその食品がとれた場所、また国産農産物の場合は都道府県名、輸入農産物は原産国が表示されて

いる。缶詰やビン詰、味つけされた食べ物など加工食品のうち海外で加工した食品が日本で売られる場合は原産国が表示され、多くの国産の加工食品には表示の義務はない。

II）消費者には不十分な表示

ドイツのソーセージも肉はイギリスのものかもしれないし、日本のしょう油も大豆はアメリカ産のものが多い。これは安心できる食品を選びたい消費者にとって大きな問題といえる。かんきつ類のポストハーベスト農薬を避けようと思い、国産のマーマレードを買ったとしてもポストハーベスト農薬が使われたアメリカ産のオレンジを原材料としてつくられているかもしれない。安全なマーマレードを楽しみたいのなら、国産かんきつ類使用と書かれているものを購入することである。

冷凍野菜の輸入量は年々増加（89万5000トン：2019（平成23）年）している。主として外食産業の食材として需要が伸びてきた。生鮮野菜は残留農薬基準にもとづき検疫検査が行なわれているものの、冷凍野菜はほとんど検査されることはなかった。2002（平成14）年、市民団体が市販の中国産冷凍ホウレンソウの残留農薬検査を行なったところ、禁止農薬や基準値を大幅に上回る残留農薬が次々と検出された。

冷凍野菜は中国だけでなく、アメリカやアジアの国々からも輸入されている。国の検査でアメリカ産の冷凍ホウレンソウからも生鮮野菜の基準をはるかに超えた農薬が検出された。政府は慌てて冷凍野菜にも農薬残留検査を行なうことを決めた。また、従来、下ゆで・塩ゆでされた冷凍野菜は加工食品として原産地表示はされていなかったが、2003（平成15）年から原産地表示が義務づけられた。

こうして店頭売りの冷凍野菜に原産地表示が行なわれるようになったが、最も多く冷凍野菜を使用するレストランメニューには表示義務がないままである。外食産業で使用する食材は野菜、魚介類、畜産物いずれもほとんどが輸入品である。イギリスでは遺伝子組み換えの原料使用の場合、レストラン

メニューに表示義務が課せられている [32]。日本でもレストランメニューに表示制度を適用することが必要である。

　以前は魚介類をはじめ野菜、果実など生鮮食品についてはまったく表示義務はなく、ウナギのかば焼きに使われているウナギが国産か中国産か、「紀州の梅」の梅が国産か中国産かわからなかったが、現在ははっきりとわかるようになっている。冷凍ベジタブルミックスなど冷凍野菜加工品の原産地も、消費者の強い要望によって表示されることになった。

　しかし外国の濃縮ジュースを日本で薄め、ビン詰めした場合には日本原産と表示されるなど、外国食品を簡単に国産食品にできる表示制度となっている。最終的に実質的な変更を行なった国（場所）が原産国とされる。したがって国内で行なわれていれば、製品（商品）そのものの原産地は国内となることから「国産」、「○○県産」と表示できる。ただ原材料が国産だと誤認させるような表示はできない。

　輸入食品の日付表示は製造年月日が不明なら輸入年月日でも良いことになっている。賞味期限は保存テストなどを実施して、製造業者、輸入業者が独自に決めている。その商品が「いつ・だれが・どこで・何を使ってつくったか」をわかりやすく表示するのが生産者・輸出業者の最低限の義務であり、表示を義務づけるのが政府の責任である。

　学校給食の献立表をみせられても、どれが国産で、どれが輸入食品か見分けることは困難である。むしろすべて輸入食品と考えたほうが正しいであろう。学校給食といえども特別な検査は行なわれない。価格だけを重視して輸入品に頼るのは危険である。

Ⅲ）コメの表示 [33]

　コメをみただけでコシヒカリだと判断できるのはよほどの専門家だけである。消費者がコメを選択する拠り所は食品表示しかない。原料玄米について、次のように表示する（表 6 − 6）。
　ア．産地、品種および産年が証明（国産品は農産物検査法、輸入品は輸出

国の公的機関等による証明）された単一原料使用のもの。

単一原料米と表示し、産地、品種および産年を表示する。国産品は都道府県名、市町村名、そのほか一般に知られている地名を、輸入品は原産国名または原産国名および一般に知られている地名を表示する。

イ．ア以外の原料玄米を用いる場合。

「複数原料米」原料玄米の産地、品種または産年が同一でないか、または産地、品種または産年の全部または一部が証明を受けていない旨を表示し、産地、使用割合を併記する。産地、使用割合は、国産品の場合「国内産○割」と、輸入品の場合は原産国ごとに「○○（国名）産○割」と、国産品および原産国ごとの使用割合の高い順に表示する。

①このうち、原料玄米に産地、品種または産年について証明を受けたもの（証明米）が含まれている場合＝当該証明米について、上記の「国内産○割」または「○○（国名）産○割」の次に括弧を付けて、アに示す産地、品種および産年の３つの表示項目の全部または一部をそれぞれに対応する使用割合と併せて表示する。

②このうち、原料玄米に産地についての証明を受けていない原料玄米が含まれている場合＝上記の「国内産○割」の次に括弧を付けて、都道府県名等を「○○産（産地未検査）○割」と表示することができる。

③このうち、原料玄米に産地、品種および産年のすべてについて証明を受けていない原料玄米（未検査米）が含まれている場合＝上記の「国内産○割」または「○○（国名）産○割」の表示の次に括弧を付けて「未検査米○割」と表示する。

内容量は、内容重量を kg または g で単位を明記して表示する。調整・精米・輸入年月日については、玄米の場合、原料玄米を調整した年月日を、精米は玄米を精白した年月日を、輸入品で調整・精米年月日が不明なものは、輸入年月日を表示する。調整・精米または輸入年月日の異なるものを混合したものについては、最も古い調整・精米または輸入年月日を表示する。

　玄米および精米に関してコメに表示が必要なのは、「品名」、「産地・品種・産年・使用割合」、「内容量」、「精米時期」、「販売者」である。袋表示は「産地・品種・産年」の３点セットの記載が基本である。さらに消費者が品質を判断する際に重要な「使用割合」を明示することが定められている。産地（どこでとれたか）・品種（銘柄）・産年（いつとれたか）の３つの要素とブレンドの割合がポイントである。新米と表示できるのは生産された当該年の12月31日までに精米し、包装された精米やもみすりした玄米に限られる。輸入米の場合、精米（または玄米調整…乾燥した籾を擦って玄米を取り出し選別する）年月日が不明なものは輸入年月日の記載でも良いことになっている。

表６－６：新制度における一括表示の例

単一原料米の場合

名　　　　称	精米		
原 料 玄 米	産地	品種	産年
	単一原料米 〇〇県　〇〇ヒカリ　〇〇産年		
内　容　量	10 kg		
精米年月日	00.00.00		
販　売　者	丸信米穀株式会社 〇〇県〇〇市〇〇町〇-〇-〇 TEL.〇〇〇（〇〇〇）〇〇〇〇		

複数原料米を用いる場合

原料玄米が国内産のみの場合

	産地	品種	産年	使用割合
原 料 玄 米	複数原料米 国内産　10割			
	〇〇県産	〇〇ひかり	〇〇年産	5 割
	〇〇県産	〇〇にしき	〇〇年産	3 割
	〇〇県産	〇〇つくし	〇〇年産	2 割

輸入品の原料玄米を含む場合

	産地	品種	産年	使用割合
原 料 玄 米	複数原料米 アメリカ産　6割			
	〇〇州		〇〇年産	4.5 割
	〇〇州		〇〇年産	1.5 割
	国内産　4割			
	〇〇県産	〇〇つくし	〇〇年産	2 割
	〇〇県産	〇〇つくし	〇〇年産	2 割

証明を受けていない原料玄米を含む場合

	産地	品種	産年	使用割合
原 料 玄 米	複数原料米 国内産　10割			
	〇〇県産	〇〇ひかり	〇〇年産	7.5 割
	〇〇県産	（産地未検査）		2.5 割

（食品表示 .com）

しかも使用割合が 50％未満の原料米の強調表示を禁止した。たとえば、「新潟産コシヒカリ」を 10％、「○○県産 ×× ヒカリ」を 90％ブレンドしたコメの場合、パッケージの表などの目立つ部分に「新潟県産コシヒカリブレンド」との表示はできない。割合の多い「○○県産 ×× ヒカリブレンド」あるいは「新潟県産コシヒカリ 10％」なら認められる。「ブレンド」の文字を産地や品種の文字より小さくするのも禁止された。消費者は強調表示にまどわされてはならないということである。

IV）有機農産物

　ようやく有機食品が信じられるようになった。しかし有機農産物の生産高が少ないのも事実である。2009（平成 21）年の有機農産物の生産高は国内の農産物全体の 0.20％にすぎない。2019（令和元）年も茶は 4％ を超えているが、野菜は 0.46%、米や麦、果実は 0.1% にすぎない（表 6 − 7）。

表 6 − 7：国内の総生産高と有機農産物の格付数量　2019（令和元）年度

区分	総生産量（t）	格付数量(国内)（t）	有機の割合（％）
野菜	11,660,000	53,326	0.46
果樹	2,701,000	2,460	0.09
コメ	8,154,000	8,483	0.10
ムギ	1,259,000	12,492	0.10
大豆	218,000	1,305	0.60
緑茶（荒茶）	76,500	3,511	4.59
合計（その他とも）		76,473	

（農林水産省 HP　「有機農産物等の格付実績」）

　多年生作物（果樹など）を生産する場合は 3 年以上、それ以外の場合は 2 年以上、化学肥料や農薬を使用していない田畑で栽培された農産物を有機農産物といっている。

　「有機（オーガニック）」という表示は農林水産大臣から認可を受けた第三

者機関が生産工程を検査し、厳しい規格に合格した農産物だけに認められる
もので、有機 JAS マークをつけることができる。有機農産物加工食品の場
合も食塩と水を除いた原材料のうち有機農産物材料が 95％以上を占め、農
産物と同様に第三者認定機関の厳しい規格に合格した加工食品だけに有機
JAS マークをつけることができ、同時に有機、オーガニックという表現が許
される [34]（図 6 - 10）。有機食品だけが独自の有機 JAS マークをもち、表
示に厳しい規制があるのは、かつてニセ有機食品がはびこり、消費者を混乱
させたためである。

図 6 - 10：有機農産物、有機農産物加工食品に表示される「有機 JAS マーク」

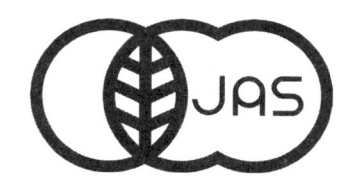

（武末高裕『食品表示の読み方』328 ページ）

　有機 JAS マークの認証を得るには有機であること以外に、次の 3 つの条
件に合致しなければならない。①遺伝子組み換えではないことが保証される
こと。遺伝子組み換え作物やそれを使った加工食品には、有機 JAS マーク
をつけられないこと、②「放射線照射食品」には有機 JAS マークはつけら
れないこと、③食品添加物の使用が製造や加工に必要最小限度なものである
ことを示していること、である。したがって有機 JAS マークつきの食品を
買えば、遺伝子組み換えではない、放射線照射食品ではない、食品添加物が
最小限度であるという 3 つの安心を同時に手にすることができる [35]。
　有機農業は現在の農政のなかではきちんと位置づけされていない。現在の
青果物流通の仕組みでは大量流通を可能にするため品質が均一で病害虫のま
ったくない品物が求められ、また規格を定めて農家に厳しく選別を要求す
る。こうした流通資本の戦略に慣らされて、消費者も完全無欠な野菜や果物

を求める傾向が定着している。しかし有機農業では病気や虫喰いのため外観上の品質が落ちたり、品質が不揃いになることがしばしばあり、みかけが悪いために安く買いたたかれている。

　そのため有機栽培農家は市場に出荷することは少なく、生産した有機農産物を特定の消費者または消費者グループに直接販売することが多い。むしろ農家と消費者が相互理解を深め、両者が統一的な運動を起こすことが望まれる。

　手に入りやすいのなら多少値段が高くても有機食品を活用したいものである。健康、安全以外に環境問題まで視野に入れて考えるとベターである。「有機 JAS マーク」がついているものが有機食品であり、有機 JAS マークの下に認定機関名が付されている。しかし認定機関の格付けリストはまだつくられていない。

　　『ヨーロッパの国ぐにでは、農薬の使用への厳しいまなざし、アメリカ、中国では、慣行農業（従来の農業）への不信感があり、消費者が有機農業による作物の方が安心できる。したがって余分にお金を出しても買いたいという傾向がある。一方で日本の場合、消費者が慣行農業に比較的信頼感を持っていて、有機農業による作物の消費量がなかなか増えない』[36] ように考えられる。

　食料の輸入を増やしたために化学物質汚染の危険性が増したり、「快適さ」のために食料生産に使用した化学物質が食料や環境を汚染するという愚かさを再考しなければならない。生命を守り、健康な生活を送ることが国民の倫理基準であり、今後の課題でもある。

　表示は信頼の上に成り立つものである。消費者は表示の当事者を信頼するからこそ表示に注目する。しかしひとたび事件が起これば、信頼は一瞬にして失墜する。当然のことである。

　ここ数年にわたり、消費者の信頼を失わせる不祥事が連続して起きた。こ

れらの事件は確かに企業による不正であり、すべての責任は企業にあること
は明らかである。社会に対する責任をはたしてこそ企業の存在意義がある。
しかし現在の経済システムは何よりも企業の利益を優先し、必然的に安全が
二の次になっている。

　食の安全にかかわる不祥事は企業ばかりを責めてすむ問題ではない。企業
倫理をここまで荒廃させた原因のひとつは行政倫理の荒廃にあるからであ
る。食の安全に関して行政が行なったことは、①市場原理の徹底による規制
緩和であり、②それに伴う安全管理の民間企業への移管、であった。しかし
行政の犯した過ちは公正な競争を企業に課したにもかかわらず、ルールに違
反したときの措置が不明確なことであった。

　消費者だけが被害者ではなかった。企業は自らも莫大な損害を被った。し
かし行政だけは何ら傷を負わなかった。行政倫理の荒廃は三菱自動車の欠陥
隠し、アスベスト公害、耐震計算偽装事件、C 型肝炎患者の放置などにみら
れ、共通してすべて無責任であった。

　厚生労働省は常に「情報は出している。選択は消費者がすれば良い。消費
者に選ばれない食品企業は淘汰される」と主張してきた。しかし企業が淘汰
されるまでに起こったリスクや被害はだれが責任をもつのか。その無責任な
政府・行政を選択したのは、私ども消費者であることも肝に銘じておくべき
であろう。

　消費者が毎日口にしているあらゆる食べ物は、多かれ少なかれ有害物質に
汚染されている。食品の大量生産、大量消費、つまり食の工業化には食品添
加物が大きな役割をはたした。大量・広域の食料供給を可能にした最も重要
な要因のひとつとなった。添加物の使用が認められていなければ、食品の大
量生産、長距離輸送、大量消費は不可能であった。食品添加物を使用する機
会が増え、健康に対する危険性も増大することになった。健康教室やエアロ
ビクス、ジャズダンス教室も必要なかったかもしれない。これについて渡辺
雄二はその著『食品汚染』のなかで次のように述べている。

保存料や殺菌剤によって、食品は腐らなくなり、何カ月間も店頭に並べたり、倉庫に保管することが可能になった。品質改良剤や乳化剤などによって、また機械によって容易に大量生産することができるようになった。着色料や着香料、調味料などによって、何とか食べるのに耐えうるものに変えることができた。例えば、パンは、臭素酸カリウムなどの品質改良剤によって、ふっくらとしたものが、機械によって大量に生産できるようになった。肥料にしかならないような魚肉でも、着色料や着香料、化学調味料によって、ソーセージにすることができるようになった[37]。

ファミリーレストランなどの外食産業では原価を低く抑えるために、しばしば古米や古古米を使用している。そのまま炊くと特有のにおいがしておいしくないため、炊くときにデキストリンやサイクロデキストリンなどの炊飯用品質改良剤を加える。これで古米特有のにおいを消し、風味も良くしている。
　企業が添加物を使用するのは主として経済的理由である。安価でおいしく、保存性が良く、使い勝手の良い、競争力のある商品をつくり出すためである。安く、おいしく、手軽に食べられる食品を消費者は望んでいるという美名のもとに、安全性の軽視という消費者にとって好ましくない使われ方がなされている危険性がある。添加物は企業の大量生産、大量販売のための手段として使用されており、消費者にとっては有害でまったく必要のないものである。
　生鮮、加工食品中に含まれる多数の食品添加物も摂取量が微量なら人体には影響がないという、いわば保証なき保証のもとで使用されており、国民の身体を蝕んでいることを忘れてはならない。まず食べ物に対する意識を根本的に変え、自然に育てられたものをできるだけ自然な形で摂取できる状況に変えることが必要である。今までのところ、消費者自身が注意する以外に方法はない。危険性の高い添加物はできるだけ体内に取り込まないようにする

必要がある。

6−2．新しい食材の代表、遺伝子組み換え作物の安全性

遺伝子組み換え作物はどのようにしてつくられるのでしょうか。

遺伝子を組み込んだ作物は安全なのでしょうか。

どこが問題なのでしょうか。

なぜ遺伝子組み換えに関する表示が必要なのでしょうか。

1．遺伝子組み換え食品は本当に必要なのでしょうか。組み換え作物に頼る以前になすべきことがあるのではないでしょうか。自給率をもっと高めるのもそのひとつです。

2．遺伝子組み換え食品はどのようにしてつくられるのでしょうか。大豆・トウモロコシ・ジャガイモなど輸入が認められている遺伝子組み換えによる新食品は完全に安全と言い切れるのでしょうか。急性毒性はなくとも、食品を食べ続けた後にどのようになるかはまったくわかっていません。現在の安全性はあくまで現在の科学で想定される範囲での安全性です。現在、世界中で遺伝子組み換え食品を一番たくさん食べているのは日本人です。

3．「遺伝子組み換えでない」と表示されているもの、「飼料に遺伝子組み換えコーン・大豆を与えていません」などの表示のあるものを選ぶことです。ファストフードやその場で包んでくれるお弁当屋などには遺伝子組み換え食品に限らず、原材料の表示義務はありません。消費者はどんな材料が使われているか知ることはできません。

V）遺伝子組み換え食品と表示の現状[38]

最初に消費者が口にした遺伝子組み換え作物はアメリカで 1995（平成 7）

年に販売された日持ちトマト「フレーバー・セイバー」であった（後に申請が取り下げられ、アメリカでも市場から姿を消している）。遺伝子組み換え食品とは「遺伝子組み換え技術」を応用して品種改良した農産物またはそれを原材料とした食品のことである。ある生物にほかの生物の遺伝子を導入し、新しい形や性質をつけ加え、その結果、つくられた作物が遺伝子組み換え作物、それを原材料にした食品が遺伝子組み換え食品である。わかりやすくいえば、有用な利用したい性質をもった生物の遺伝子 ― DNA（デオキシリボ核酸からできている）― を切り取って、別の植物に入れ、新しい性質をもたせるものである。

　昔から行なわれてきた品種改良やかけ合わせは同種の生物同士の交配なのに対して、遺伝子組み換え技術は生物の種を超えたかけ合わせである。種を超えるのでどんな可能性でも考えられる（図6－11）。

図6－11：遺伝子組み換えと従来交配の育種の違い

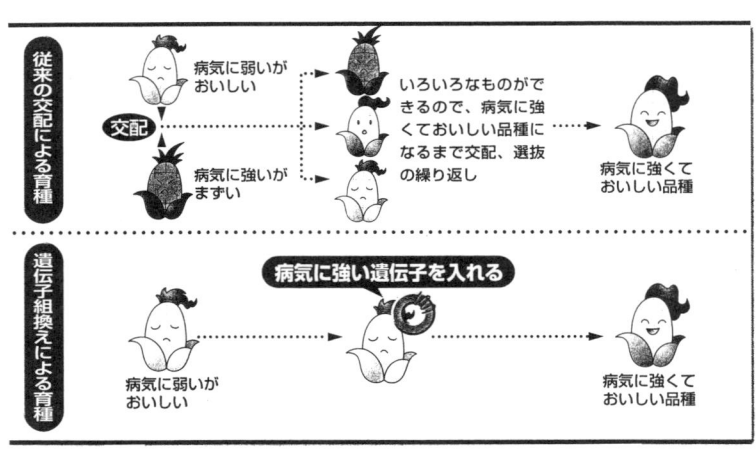

（食生活情報サービスセンター『遺伝子組換え食品』1ページ）

　しかし遺伝子組み換え作物をつくるときに、一体いくつの外来遺伝子が導入されるのか、作物が本来もっている遺伝情報のなかのどこに組み込まれる

のか、などの詳細は予測できない。現在のところ目的遺伝子の導入はセットで導入されるが、組み換え操作の結果、まるごと 1 セット入るのか、何セットも入るのか、物理的に切断された断片が入るのか予測できず、偶然に左右されており、研究者の力ではコントロールできない。再現性に欠ける未熟な技術である。その結果、栄養価が損なわれ、望ましくない成分の含有量が増加する可能性が生じると考えられる。たとえば現在、ジャガイモの芽の部分だけに存在する有害成分ソラニンがあらゆる組織で合成されるようになる可能性も否定できない。可能性は非常に低くとも起こる可能性がある以上、厳しい安全性検査が必要であろう。

　除草剤をまいても枯れないように遺伝子を操作してある除草剤耐性作物と、虫が食べると死ぬ毒素が出る遺伝子を組み込んだ殺虫性作物の 2 種類が主流である（ほとんどの場合、抗生物質耐性遺伝子〈DNA〉も同時に組み込まれている。これまでにつくられたほとんどの組み換え作物には抗生物質耐性遺伝子が入っている）。1996 年に商業栽培が開始されて以来、2023 年には 26 ヵ国で栽培されている。2023（令和 5）年における世界の遺伝子組み換え作物作付面積は約 2 億 600 万 ha と日本の国土の約 5.4 倍にまで拡大している。栽培面積の多い国は上位よりアメリカ、ブラジル、アルゼンチン、インド、カナダで、その面積はいずれも 1000 万 ha を超えている[39]。

　1996（平成 8）年 8 月、日本ではじめて遺伝子組み換え作物の輸入が認められた。遺伝子組み換え技術は最初、大腸内で C 型肝炎などに効くインターフェロンを合成するなど医薬品分野で実用化され、その後、農業の効率化をはかるために導入された。農業分野への応用は 1980 年代の後半からである。外国企業が開発した大豆（エダマメ、大豆モヤシを含む）、トウモロコシ、なたね、綿実、ジャガイモの 5 種類（テンサイも安全性が確認されているが、食品として輸入されていない）での遺伝子の導入が認可されている。農産物では 5 年後の 2001（平成 13）年になってようやく本格的に、この 5 品目の表示が義務づけられた。その後、アルファルファ、テンサイが表示対象に追加され、2019 年 8 月の時点で、8 作物、320 品種、2024

（令和6）年3月現在、9作物334品種、2021（令和3）年の遺伝子組み換え添加物は、22種類59品目（令和6年：83品目）である（表6−8）。

表6−8：安全性審査の手続きを経た遺伝子組み換え食品および添加物

2021（令和3）年3月

遺伝子組み換え食品

名称	数	性質
じゃがいも	12	害虫に強い ウイルス病に強い
大豆	29	特定の除草剤で枯れない 特定の成分(オレイン酸など)を多く含む
てんさい (砂糖大根)	3	特定の除草剤で枯れない
とうもろこし	211	害虫に強い 特定の除草剤で枯れない
なたね	22	特定の除草剤で枯れない
わた	48	害虫に強い 特定の除草剤で枯れない
アルファルファ	5	特定の除草剤で枯れない
パパイヤ	1	ウイルス病に強い
カラシナ	1	特定の除草剤で枯れない 花粉の稔性を回復させる

（バイテク情報普及会HP　「消費の状況」）

添加物

名称	数	性質
α - アミラーゼ	11	生産性向上 耐熱性向上 等
キモシン	4	
プルラナーゼ	4	
リパーゼ	3	
リボフラビン	2	
グルコアミラーゼ	4	
α - グルコシルトランスフェラーゼ	3	
シクロデキストリングルカノトランスフェーゼ	1	
アスパラギナーゼ	1	
ホスホリパーゼ	6	
β - アミラーゼ	1	
エキソマルトテトラオヒドロラーゼ	2	
酸性ホスファターゼ	1	
グルコースオキシダーゼ	2	
プロテアーゼ	2	
ヘミセルラーゼ	2	
キシラナーゼ	5	
β - ガラクトシダーゼ	1	
プシコースエピメラーゼ	1	
テルペン系炭化水素類	1	
α - グルコシダーゼ	1	
ペクチナーゼ	1	

（食品安全委員会HP「特集　リスク評価」3ページ）

　日本の自給率では、トウモロコシ、ワタ、ナタネが0％、ダイズが6％のなか、国内需要を海外からの輸入によって賄っている。日本への主要輸出国では遺伝子組み換え品種が高い割合で使用されているため、日本に輸入される農産物の90％程度が遺伝子組み換え作物品種である[40]と推測される。

　日本は遺伝子組み換え（GM）作物の栽培国ではないが、年間数千万トンのGM作物を輸入する消費大国である。しかし、その実態はあまり知られておらず、安全性やその必要性についても国民の理解はあまり得られていない。「バイテク情報普及会」の援助で、輸入国として日本から見たGM作物の経済的インパクトについて調査、報告によれば、日本に輸入されるGMダイズ・トウモロコシが1世帯当たり年間、約2.5～6万円の所得増加に貢献していること、反対に、これらが輸入されなかった場合の影響は、代替品の調達がなければ、国産トウモロコシの価格は2.5倍、国産ダイズ1.9倍、国産鶏肉、卵は2倍、国産動植物油脂約1.9倍に上昇する[41]とのことである。

　トウモロコシ（GM作付け比率93%）、大豆（GM作付け比率95%）のアメリカから、なたね（GM作付け比率22%）、綿実（作付け比率99%）のオーストラリアから主として輸入される。日本の年間輸入量のうち遺伝子組み換え食品の割合は、2021（令和3）年の推計値で、トウモロコシが87%、大豆が94%、なたねが65%で、この3作物はほとんど日本で栽培されていない。綿実が83%で、この4作物で総輸入量2098万2千トン、そのうち組み換え作物の推定輸入量は、1801万2千トン、推定輸入比率86%である。輸入される遺伝子組み換え作物の大半は表示義務のない食用油や飼料として利用されるため、多くの人が現状に対して実感がわかない。しかし飼料を輸入穀物に依存している日本ではこの作物の輸入が途絶えれば、畜産業は直ちに立ち行かなくなるのも事実である[42]。食料自給を放棄した結果がこの数値である。しかし多くの消費者にはそれほど多く食べているという実感はないのではないか。

　加工食品では加工後も組み換えられた遺伝子またはこれによって生じたたんぱく質が残る可能性のあるものだけに表示義務がある。表6－9に示されているわずか9つの農産物とその加工品33食品群（334品種）である。また、添加物は、22種類59品目である。組み換え農産物は、図6－12の

ように使われている。

表6−9：遺伝子組み換え農産物＆その加工食品の表示制度

【農産物　9作物】大豆（枝豆、大豆もやしを含む）、とうもろこし、ばれいしょ、なたね、綿実、
　　　　　　　　アルファルファ、てん菜、パパイヤ、からしな

【加工食品　33食品群】　　　　　　　　　　　　　　　　　　　　　　　　　対象農産物
1．豆腐・油揚げ類………………………………………………………………………大豆
2．凍豆腐、おから及びゆば……………………………………………………………大豆
3．納豆……………………………………………………………………………………大豆
4．豆乳類…………………………………………………………………………………大豆
5．みそ……………………………………………………………………………………大豆
6．大豆煮豆………………………………………………………………………………大豆
7．大豆缶詰及び大豆瓶詰………………………………………………………………大豆
8．きな粉…………………………………………………………………………………大豆
9．大豆いり豆……………………………………………………………………………大豆
10．1から9を主な原材料とするもの　………………………………………………大豆
11．大豆（調理用）を主な原材料とするもの　………………………………………大豆
12．大豆粉を主な原材料とするもの　…………………………………………………大豆
13．大豆たん白を主な原材料とするもの　……………………………………………大豆
14．枝豆を主な原材料とするもの　……………………………………………………大豆
15．大豆もやしを主な原材料とするもの………………………………………大豆もやし
16．コーンスナック菓子……………………………………………………とうもろこし
17．コーンスターチ…………………………………………………………とうもろこし
18．ポップコーン……………………………………………………………とうもろこし
19．冷凍とうもろこし………………………………………………………とうもろこし
20．とうもろこし缶詰及びとうもろこし瓶詰……………………………とうもろこし
21．コーンフラワーを主な原材料とするもの……………………………とうもろこし
22．コーングリッツを主な原材料とするもの（コーンフレークを除く）…………とうもろこし
23．とうもろこし（調理用）を主な原材料とするもの…………………とうもろこし
24．16から20を主な原材料とするもの　………………………………とうもろこし
25．冷凍ばれいしょ……………………………………………………………ばれいしょ
26．乾燥ばれいしょ……………………………………………………………ばれいしょ
27．ばれいしょでん粉…………………………………………………………ばれいしょ
28．ポテトスナック菓子………………………………………………………ばれいしょ
29．25から28を主な原材料とするもの　…………………………………ばれいしょ
30．ばれいしょ（調理用）を主な原材料とするもの………………………ばれいしょ
31．アルファルファを主な原材料とするもの………………………………アルファルファ
32．てん菜（調理用）を主な原材料とするもの……………………………………てん菜
33．パパイヤを主な原材料とするもの………………………………………………パパイヤ

●加工食品については、その主な原材料（全原材料に占める重量の割合が上位3位までのもので、
かつ原材料に占める重量の割合が5％以上のもの）について表示が義務づけられています。

（『食品表示ハンドブック　第4版』60−61ページ一部修正）

図6－12：どんなものに使われますか？

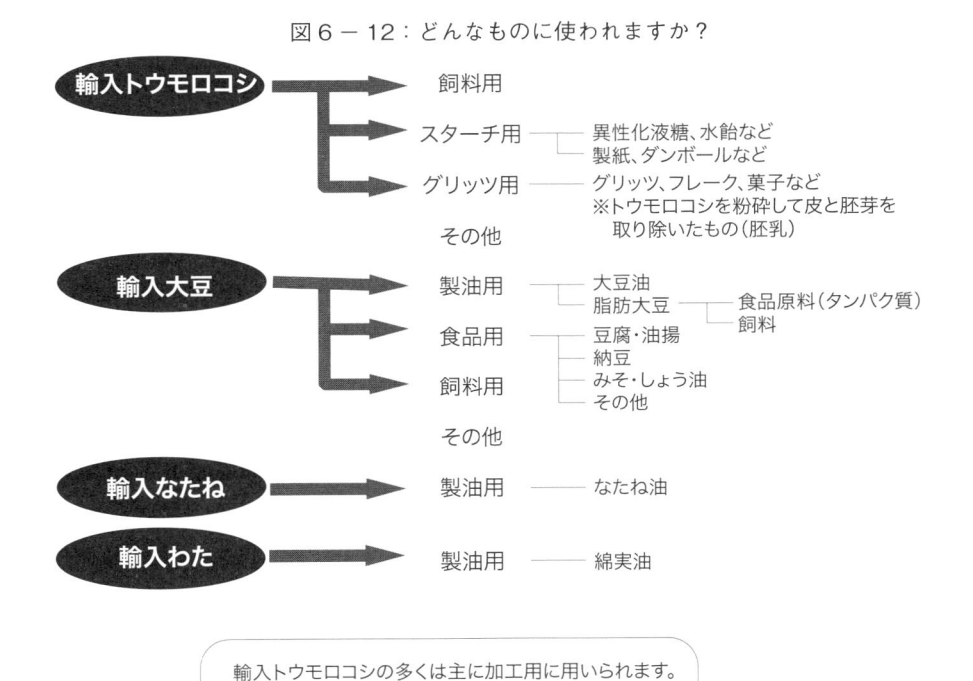

輸入トウモロコシの多くは主に加工用に用いられます。
大豆、なたねも油を絞る品種が主流になっています。

（厚生労働省ＨＰ）

　遺伝子組み換えの場合、農産物と加工食品については表6－10のように表示される。「遺伝子組み換え食品」、「遺伝子組み換え不分別」と書いてあるものは避ける必要がある。「不分別」とは遺伝子組み換えと非遺伝子組み換えのものを分けて生産・輸送・保管していない、つまり遺伝子組み換え作物が混じっていると考えたほうが賢明である。流通している遺伝子組み換え食品はすべて輸入品である（表6－11は食品の表示例）。

表6-10：表示制度

【農産物】大豆、とうもろこし、ばれいしょ、なたね、綿実、アルファルファ、てん菜、パパイヤ、からしな

【加工食品】豆腐、おから、みそ、きなこ、ポップコーン、乾燥ばれいしょ等

※加工食品については、その主な原材料（重量割合の高い原材料の上位3位までのもので、かつ、重量割合が5％以上のもの）について表示が義務付けられています。

表示義務	遺伝子組換え食品の使用状況	表示例
義務	遺伝子組換え食品を使用している	大豆（遺伝子組換え）
義務	遺伝子組換えと組換えでない原材料を分別していない	大豆（遺伝子組換え不分別）
任意	遺伝子組換え食品を使用していないが、製造過程等で遺伝子組み換え食品が混入（分別生産流通管理を行い、混入率を5％以下に抑えている。）	大豆（分別生産流通管理済み）
任意	遺伝子組換え食品を使用していない（混入がないと認められる）	大豆（遺伝子組換えでない）大豆（非遺伝子組換え）

組み換えられたDNA及びこれによって生じたたんぱく質が、加工後に検出できない加工食品（大豆油、しょうゆ、コーン油、異性化液糖等）

「大豆（遺伝子組換え不分別）」等「大豆（遺伝子組換えでない）」等	→ 任意表示

◆従来のものと組成、栄養価等が著しく異なるもの（ステアリドン酸産生大豆　等）

「大豆（ステアリドン酸産生遺伝子組換え）」等	→ 義務表示

（『食品表示ハンドブック2003年』山形県・山形市、消費者庁『早わかり 食品表示ガイド』）

表6-11：遺伝子組み換えに関する表示の例

大豆を主な原材料とする食品の例

①遺伝子組換え大豆を分別していない大豆を原材料としている場合

名称	○○
原材料名	大豆（遺伝子組換え不分別）、○○、△△
内容量	100g
賞味期限	○年△月×日
保存方法	要冷蔵、10℃以下に保存
製造者	○○食品株式会社
	東京都千代田区○○○

②非遺伝子組替え大豆を原材料としている場合

名称	○○
原材料名	はだか麦、大豆、○○、△△
内容量	100g
賞味期限	○年△月×日
保存方法	直射日光を避け常温で保存
製造者	○○食品株式会社
	東京都千代田区○○○

（食品表示.com）

　納豆を例に原材料となる大豆についてみてみると、それぞれの表示の意味は次のようになる[43]。

① 『遺伝子組み換え農作物を使用している』⇒遺伝子組み換え。
② 『遺伝子組み換え農作物とそうでないものを分けて管理していない』
　　⇒遺伝子組み換え不分別。＝義務表示。
③ 『遺伝子組み換えでないものを使用しているが、5% 以の遺伝子組み換え農作物の意図せざる混入があるかもしれない』
　　⇒分別生産流通管理済み。
④ 『遺伝子組み換え農作物の混入がない』
　　⇒遺伝子組み換えでない。＝任意表示

　①②は義務表示であるが、③④の『遺伝子組み換えでない』『分別生産流通管理済み』、などの表示は任意のものにすぎない。したがってスーパーマーケットに並ぶ納豆にも「遺伝子組み換えでない」という表示があるものと、何の表示もないものがある。どちらも遺伝子組み換えが行なわれていない食品である。
　遺伝子組み換え加工食品でも表示が免除されている[44] ものがある。遺伝子組み換え農作物を原料とする加工食品や飼料にも表示すべきであるが、実際に表示が義務付けられているのは 33 の食品群のみである。例えば、豆腐、納豆、みそには表示義務があるが、①しょう油（発酵食品）、②大豆油、コーン油、なたね油、綿実油（以上、油を抽出して精製したもの）、③水あめ、異性化液糖、デキストリン（以上、でんぷんを抽出して加工したもの）、④コーンフレーク（加熱してつくったもの）、⑤ビール、酒、ウイスキーなどの酒類などには表示義務はない。さらに、家畜のえさには表示義務はないし、遺伝子組み換えのエサを食べて育った家畜の肉や卵・牛乳・乳製品などの畜産品も表示免除となっている。

つまり表示されていない食品で遺伝子操作した疑いのある食品が存在するということである。輸入される組み換え大豆、トウモロコシの90％は飼料、油、しょう油になり、ほとんどは表示されないまま流通している。製造・加工の段階で原料に使われた農産物中の組み換えDNAや酸性たんぱく質が分解されたり、除去されるために、組み換え農産物が使われたかどうかの判定が困難になり、表示の意味がないものや、技術的、経済的にも困難なことなどが農林水産省の判断の根拠となっている。

　上記の加工食品の対象農産物は表6－9の1～14大豆、16～24トウモロコシ、25～30ジャガイモ、31アルファルファ、32テンサイ、33がパパイヤである。遺伝子組み換え食品のなかには加熱すると組み換え遺伝子やそれから生じたたんぱく質が検出できなくなるものがあり、製品になれば遺伝子組み換えかどうかの判別が困難なものは表示が免除されている。

　たとえば大豆の場合、大豆そのものは表示義務がある。エダマメ、煮豆も当然である。豆腐も大豆のたんぱく質を固めたものであり、たんぱく質が残っているので表示義務がある。みそはたんぱく質が残っているので表示されるが、しょう油はコウジ菌でたんぱく質が分解されているので表示義務はないことになる。さらに組み換え技術を利用して生産された食品添加物も対象とならない。しかも表示義務のある食品（たとえば豆腐）では、「表示なし」は不使用を意味し、表示義務のない食用油では「表示なし」は使用を意味する。消費者は表示義務のある商品をすべて知っていなければ選べないことになる。

　消費者の知りたいことは組み換え農産物が食品に使われたかどうかである。そのためにも組み換え農産物が原料として使われたかどうかを生産・流通段階から表示義務を課すべきではないか。なぜメーカーも堂々と「使用」あるいは「不使用」と表示できないのか（2003年、EUは日本の農水省とは異なり、たんぱく質が最終製品中に存在するかどうかにかかわらず、遺伝子組み換え食品および飼料に表示を義務づけた）。

　さらに日本では加工食品の「遺伝子組み換えの原材料」が重量の5％より

少なく、原材料表示の順位が 4 番目以下の場合も表示が免除されている（重量の 5％以上、重量の上位 3 番目までは表示義務がある）。日本が海外から大豆を輸入した場合、農家の倉庫⇒外国の港の倉庫⇒輸送船の倉庫⇒日本の港の倉庫⇒食品メーカーの倉庫と、いくつもの段階を経るので、いくら厳密にチェックしても混入をゼロにすることは困難[45]だという理由による。EU は 2000 年 4 月から 0.9％以上の組み換え農産物が混入した場合はすべての加工食品、食品用原材料、添加物などに表示を義務づけている。5％まで意図せざる混入を認める日本の姿勢は非常に甘いといわざるを得ない。この 5％という数字は農産物の多くをアメリカから輸入していることと関係がある。

　日本が輸入する大豆の約 75％はアメリカ産で、アメリカで栽培される大豆のうち約 87％が遺伝子操作大豆である。外見から遺伝子組み換え作物と従来の作物とを区別できない。しかもアメリカでは多くの農家がこの両者を同時に栽培し、収穫後も分けて貯蔵していない。したがって輸入作物のなかにどれくらいの組み換え作物が入っているかわからない[46]。

　アメリカを最大の輸入相手国とする以上、意図せざる混入の規制基準を甘くしておかなければ表示を実現できないという問題がある。日本の遺伝子組み換えに関する表示制度の甘さを象徴している。

　重要な加工食品、高オレイン酸大豆は特定遺伝子組み換え農産物（組み換え DNA 技術を用いて生産されたことによって、組成、栄養価等が通常の農産物と著しく異なる農産物）の対象から除外されたが、表示は義務づけられた。また、高リシンとうもろこし、ステアリドン酸産生大豆が、さらに EPA、DHA 産生なたねが特定遺伝子組み換え農産物に指定された。図 6 － 13 のように表示される。

　農林水産省の表示方法では約 90％の遺伝子組み換え食品は表示の対象外になると試算されている。その結果、表示された組み換え食品と表示のない組み換え食品が流通しており、消費者は事実上、選択困難な状況にある。すべての組み換え食品に表示されはじめて一般の食品と区別でき選択する意味がある。また表示が任意だと商品に対する責任が曖昧になり、事故が起きた

際の原因究明や責任追及が不可能になる。

図 6 − 13：品質表示例

名称	食用大豆油
原材料名	食用大豆油（大豆（高オレイン酸遺伝子組換え））
内容量	300g
賞味期限	○年△月 × 日
保存方法	直射日光を避け、常温で保存
製造者	○○食品　東京都千代田区△△

名称	○○
原材料名	とうもろこし（高リシン遺伝子組換え）、○○、○○
内容量	300g
賞味期限	○年△月 × 日
保存方法	直射日光を避け、常温で保存
製造者	○○食品　東京都千代田区△△

名称	食用大豆油
原材料名	食用大豆油（大豆（ステアリドン酸産生遺伝子組換え））
内容量	300g
賞味期限	○年△月 × 日
保存方法	直射日光を避け、常温で保存
製造者	○○食品　東京都千代田区△△

（消費者庁 HP「遺伝子組換え食品に関する品質表示基準」の一部改正について）

　厚生労働省は、「情報は提供しているので、あとは消費者の選択の問題である。消費者の支持が得られないブランドや企業は淘汰される」と言い切る。問題がないと思えば受け入れれば良いし、不安なら避ければ良い、お好きにどうぞということであろう。

　JAS 法で定められた表示は原材料表示の欄などに小さく「遺伝子組み換え」などと書かれているだけでわかりくにくいため、東京都は独自のマークをつくった。「組換え」、「非組換え」、「不分別」のどれに相当するのか、▼印でマークがつけられる。残念ながらこのわかりやすいマークに使用義務はない。日本では「国産 100％」などの表示があれば、遺伝子組み換え農作物は混入していないと考えられる。ファストフードやその場で包んでくれるお弁当屋などには遺伝子組み換えに限らず、原材料の表示義務はない。消費者にはどのような材料が使われているかまったくわからない。EU では外食産

業も対象でメニューに表示しなければならない。

　バター、脱脂粉乳、全粉乳、卵黄、果糖、ぶどう糖、アミノ酸など、植物性たんぱく、でんぷん、レシチンなどは遺伝子組み換えのものが入っているか見分ける方法はなく、しかもこれらを使っていない食品はほとんどない。そこでこれらの原材料がなるべく少ない食品を選ぶしか方法がない。

　　　遺伝子組み換え不安の大きい食品の選び方（ワンポイント[47]）は、
　　　　　◎しょう油　　有機大豆使用のものを選ぶ
　　　　　◎食用油　　　紅花油、オリーブ油、ごま油、米油、ひまわり油、
　　　　　　　　　　　　しそ油を選ぶ
　　　　　◎マヨネーズ　紅花油のものを選ぶ
　　　　　◎マーガリン　紅花油のものを選ぶ
　　　　　◎フレーク　　カボチャ、サツマイモ、玄米のものを選ぶ
　　　　　◎酢　　　　　純米酢を選ぶ
　　　　　◎酒　　　　　純米酒、純米吟醸酒を選ぶ
　　　　　◎ビール　　　麦芽100%のものを選ぶ
　　　　　◎ウイスキー　モルトのものを選ぶ
　などである。

VI）遺伝子組み換え作物の問題点

　遺伝子組み換え作物のうち最も数多く開発されている品種は除草剤耐性作物である。従来、作物を残して雑草だけを完全に枯らすことのできる除草剤がなかったため、雑草の種類ごとに除草剤を使い分けてきた。しかし組み換え技術の導入により、その作物以外の雑草をひとつの除草剤で根こそぎ枯らすことができるため、大きな省力効果によるコストダウンが実現し、作付面積を拡大できるようになった。

　除草剤耐性作物（大豆、なたね、トウモロコシ、ジャガイモ、綿実など）には除草剤のグリホサートが使用されている。アメリカでは最近、グリホサートの基準値が大幅に緩和された。トウモロコシで10倍、綿実は20倍に

変更された。遺伝子組み換え作物に除草剤のグリホサートを使用している限り、雑草だけが枯れて作物には影響がない性質が組み込まれ続け、こうして栽培されたトウモロコシや大豆、綿実などがアメリカから大量に輸入されている。この農薬は酵素の働きを阻害し、植物がアミノ酸を合成できなくなり、枯死するという仕組みになっている。また殺虫性作物（ジャガイモ、トウモロコシ、綿実など）は殺虫性たんぱく質、BT毒素の遺伝子を組み込んだ作物でチョウ、ガ、蚊、ハエ、カブト虫、クワガタ、テントウ虫などに対して強い毒性を示すが、人間はこの毒素に対する受容体をもたないため経口摂取しても健康への影響はない[48]といわれている。

アメリカではより厳しい基準を決めている。毒性の作用が同じ農薬についてはまとめて摂取量を計算することや子供への安全を配慮して基準を大人の10倍も厳しくしていることである。一方で、日本はアメリカ流の計算方法を採用しながら重要な点は取り入れていないのが現状で、国民の健康には配慮していない。その後、クローン牛が食品として出回っている事実も明らかになった（ヨーロッパではこうした生命を操作してつくる食品をフランケンシュタイン食品とよんでいる）。

遺伝子組み換え作物の作付面積は、2023（令和5）年に2億626万haとなり、大豆の栽培面積は1億89万ha、トウモロコシは6928万ha、綿実は2408万ha、なたねは1027万haとなっている。日本国内の大学や研究機関でも野外での試験栽培がはじまっている[49]。

作付面積が拡大するにつれて問題点も顕在化してきた。害虫の耐性化を引き起こす、チョウを殺す、ミツバチやテントウ虫などの益虫を短命化させる、など生態系に影響を与えている。一生食べ続けた場合の「慢性毒性」は調べられていない。この遺伝子組み換え食品の登場によって新たな不安が増したことになる。遺伝子組み換えの何が危険なのであろうか。

かつて「遺伝子組み換え」は積木と同じで、遺伝子の一部を取り外し、ほかの遺伝子につける単なるパーツの交換と考えられがちであった。しかし生物はほかの遺伝子が組み込まれると、それに抵抗しようとする保護機能が働

く。そこで遺伝子組み換えをする場合、その保護機能を抑えるために病気を起こす力をなくした上で、病気のウイルスをいっしょに遺伝子のなかに組み込ませる。病気のウイルスがほかの遺伝子に対してどんな働きをするのか、また最初に遺伝子組み換えをするときにほかの遺伝子に対してどんな連鎖反応を起こすのか、ほとんどわかっていない[50]。安全の面からも、生態系の面からも未解決である。動物の遺伝子が植物に組み入れられる危険性の問題にも答えが出ていない。

　安全の面からも、生命倫理の面からも決着がついておらず、本来なら食の分野では世に出せるほど成熟した技術ではない。遺伝子1個を作物に導入すれば目的が達成できるほど単純であろうか。

　DNAそのものを摂取した場合にも問題がある。食べ物として摂取したDNAが必ずしも完全に消化分解されているとは限らないこと、DNAの水平方向（異種生物）への伝達が起こりうるということである。また生きている人間の体内で人間の細胞にDNAが組み換わった場合にどのようなことになるのか[51]わかっていない。

　高オレイン酸大豆はOECD（経済協力開発機構）が提起した「実質的同等性」（新しい食品を人間が消費するときの安全性を評価する場合、既存の食品を比較の基準として使用できる）という概念にもとづき、日本政府によって認可された。しかしこれは従来の大豆とは成分も栄養価も異なる「実質的に」異質なもので安全の前提が崩れてしまっているにもかかわらず、政府は安全性チェックすら行なっていない。今後、様々な生理機能をもつ遺伝子組み換え作物を開発する道を開いてしまったことになる。

　残留農薬や成長ホルモン剤、抗生物質などの場合、悪影響があるとしてもせいぜい次世代までである。しかし遺伝子組み換えでは何世代も続き、しかも途中で危険だとわかっても元の状態に戻すことができない。まさに"悪魔の手品[52]"である。本当に遺伝子組み換え作物は21世紀の世界の食糧難を回避するためのものであろうか。増産された遺伝子組み換え作物が発展途上国に送られたということは聞いたことがない。世界の飢餓は先進国がつくり

出した富の分配の問題であって増産すれば解決する問題ではない。ほかにすべきことがあるのではないか。

　遺伝子組み換え食品は作物だけでなく、家畜や魚などでも開発されている。ホウレンソウの遺伝子を導入した豚がつくられている。健康な豚肉を供給するのが目的だということである。アメリカでは３倍の大きさのサケが開発され市場化を待っている。しかし遺伝子組み換え魚は一度環境中に放たれると、ほかの生物種を駆逐するなど生態系に取り返しのつかないダメージを与える可能性がある[53]。

　　―註―

1　垣田達哉『面白いほどよくわかる食品表示』商業界、2018 年、91 ページ。

2　同上。

3　同上、93 ページ。

4　同上。

5　同上。

6　垣田達哉『わかる食品表示　基礎と Q & A』商業界、2005 年、44 ページ。

7　前掲 垣田『面白いほどよくわかる食品表示』177 ページ。

8　消費者庁 HP。

9　前掲 垣田『面白いほどよくわかる食品表示』169 ページ。

10　同上、176 ページ。

11　同上、174 ページ。

12　同上、91 ページ。

13　東京都 HP「アレルギー表示」。

14　同上、「栄養成分表示」。

15　消費者庁『早わかり食品表示ガイド』。

16　前掲 垣田『面白いほどよくわかる食品表示』190 ページ。

17　同上。

18　政府広報オンライン「すべての加工食品に原材料の原産地が表示されます」。

19　同上。

20　同上。

21　前掲 垣田『わかる食品表示　基礎と Q & A』45 ページ。

22　食品表示 .com　HP。

23　同上。

24　前掲 垣田『わかる食品表示　基礎と Q & A』43 ページ。

25　鶏鳴新聞電子版。

26　前掲 垣田『わかる食品表示　基礎と Q & A』134 ページ。

27　安田節子『消費者のための食品表示の読み方』岩波書店、2003 年、2 ～ 5 ページ。

28　全日本コーヒー協会HP。

29　山形県『食品表示ハンドブック』。

30　フーズチャネル HP。

31　前掲 安田『消費者のための食品表示の読み方』2 ～ 5 ページ。

32　消費者庁 HP。

33　消費者庁 HP。食品表示 .com　HP。

34　消費者庁 HP。

35　吉田利宏『食べても平気 ?』集英社、2005 年、149 ～ 150 ページ。

36　東洋経済オンライン。

37　消費者庁 HP。

38　『食品表示ハンドブック　第 4 版』全国食品安全自治ネットワーク、2011 年、66
　　ページ。

39　バイテク情報普及会 HP「世界での栽培状況」。

40　農林水産省 HP。

41　バイテク情報普及会 HP「経済的貢献」。

42 同上「輸入の状況」。

43 創健社 HP「健康コラム」。

44 KOKOCARA HP「このままだと『遺伝子組換えでない』の表示がなくなる？」。

45 吉田利宏『新食品表示制度』一橋出版，2002 年、118 〜 119 ページ。前掲 吉田『食べても平気？』74 ページ。

46 農林水産省 HP、武末高裕ほか著『いのちを守る食品表示　食品表示の読み方＜基礎編＞』中央法規出版、2009 年。

47 同上。

48 前掲 吉田『食べても平気？』113 ページ。

49 前掲 バイテク情報普及会 HP「作物別の栽培面積」。

50 石堂徹生『「食べてはいけない」の基礎知識』主婦の友社、2003 年、271 〜 272 ページ。

51 山口英昌ほか編『食環境問題 Q ＆ A』ミネルヴァ書房、2003 年、201 ページ。

52 前掲 石堂『「食べてはいけない」の基礎知識』272 ページ。

53 辻啓介監修『食べもの安心事典』法研、2001 年、202 〜 203 ページ。

第7章　食品添加物天国日本

7－1．食品添加物と不安な食品環境

食品添加物とはどのようなものでしょうか。

なぜ使われるのでしょうか。

毎日どのくらい摂取しているのでしょう。

安全なのでしょうか。

1．美しくおいしそうな食品が並んでいます。自然のままのものでしょうか。もしそうでなければ、何を使って色づけしているのでしょう。赤ちゃんのようなつやつやの肌にして、不自然なほど鮮やかなピンクに染めたタラコが本当に必要でしょうか。

2．食品添加物は食品ではありません。ほとんどの添加物は栄養になりません。原則として食品に化学物質を加えることは禁止されています。しかし添加物は食品衛生法で「食品の製造の過程においてまたは食品の加工もしくは保存の目的で、食品に添加、混和、浸潤その他の方法によって使用するもの」と定義されています。製造、加工、保有（保存）のために食品に補助剤的に加えられるもののことです。例外として認められたものが食品添加物です。

3．「東京近郊の子どものいる主婦400人に対する食の意識調査」によると、主婦の約95％が「食の安全」について関心をもっており、大きな年代差はみられません。総じて「食品添加物」については、他の項目と同様、「食の安全」の行動は少なくなってきています[1]。しかし乳化剤、

着色料、保存料によって、今日の「豊かな」食生活が成り立っているのも事実で、外食や加工食品に依存した生活をすればするほど食品添加物を大量に摂取することになります。グルタミン酸ナトリウムが10.5万トンで最も大量に生産されています。なぜこんなに多くのグルタミン酸ナトリウムが必要なのでしょうか。

4. 消費者の食生活は、現在、加工食品や外食に大いに依存しており、市販されている食品には家庭の手づくりの食品に比べて食品添加物が大量に使用されています。1人1日当たり約11g摂取しています。これは1日の食塩の摂取量とほぼ同じになります。毎日、食品添加物を取り続けて問題はないのでしょうか。成長期にある子供たちの健康に影響はないのでしょうか。国民に食品添加物に関する真相は知らされているのでしょうか。

5. 食品添加物に関する現状や食品がどのようにつくられているかなどの情報は十分に公開されていません。したがって消費者は何も知ることができません。

6. 消費者は代金を払って商品を購入するお客です。消費者には安全な食品を手に入れる権利はあっても、安全性を確保する義務はないはずです。消費者には知識や理解を深める義務など、本来ないのではないでしょうか。

7. 表示は本当に信用できるのでしょうか。しかし頼らざるを得ないのが「表示」です。

8. 食品の表示をみることもせず、生産者から出されたものを疑うことなく買って食べています。企業のモラルの低下、いや、そのようなものはもともとないと思います。したがって消費者は目を覚まさないととんでもないことになります[2]。

9. 食品添加物は「食品を長もちさせる」、「色形を美しく仕上げる」、「品質を向上させる」、「味を良くする」、「コストを下げる」ものです。これらすべては添加物を使えば簡単なことで、まさに『魔法の粉』[3]です。

10. 食品添加物は農薬と違い、基本的にどんどん減るものではなく、原則的に消えてなくなることはありません。したがって使用された食品添加物の全量が必ず消費者の体に取り入れられることになります。

11. 現状では消費者自身が注意し、表示をよくみて危険性の高い添加物はできるだけ体に摂取しないようにする以外に方法はありません。そのためには安全な食品への理解を深めることによって危険な食品添加物を知り、見分け、安全な食品を選ぶことが必要です。小さいときに見分け方などだれかに教えてもらったことがありますか。

12. 食品添加物の毒性は煮ても焼いても抜けません。冷やしても同じです。熱に強いことが添加物の条件です。消費者が食べ物を口に入れて噛むときに出る唾液が添加物の毒性を弱くすることが発見されています。まずしっかりと噛むことが重要です [4]。

13. 食品添加物は物質名や用途名など原材料の欄に表示されます。はじめて表示をみる人はどんなことが表示されているのか知っているのでしょうか。表示はなぜこんなに難しいのでしょうか。

14. 食品添加物の表示の特徴を知り、どれが材料で、どれが食品添加物かを区別することが必要です。食品添加物と材料の見分け方のコツをつかむと簡単です。食品添加物が多く使われているものもわかるようになります。

15. 買い物のときにパッケージに書かれている「表示」を見逃さず、しっかり確認することが必要です。この表示は安全な食品を選ぶ際の大きな手がかりなのです。少しでも有害な食品添加物の摂取量を減らすことができます。年月が経つほど体内に蓄積される量に大きな差が出ます。

16. 加工食品には様々な表示がされています。「原材料名」の表示が義務づけられ、原材料名をみることで、その食品の正体を見抜けるようになりました。そのほか、「賞味期限」（この期限までならおいしく食べられますという意味です）、「消費期限」（この期限を過ぎて食べると危険という意味です）、「添加物」については必ずみる必要があります。

ヨーロッパ諸国では、「明らかな安全性」がない限り、使用できない。しかし、日本では添加物も農薬も、「明らかな危険性」がない限り、使用禁止にはならないことを記憶しておかなければならない[5]。

Ⅰ）消費者の安全性の意識と買い物行動

　1950年代前半までは食品添加物はあまり使用されず、毎日の食材は近所の商店で買うのが常であった。このような店はその日につくったものをその日のうちに売り切るため、保存料などの添加物を使う必要はなかった。しかし高度経済成長期に入り、「大量生産・大量消費」の時代になるとともに全国的に商品を流通させるシステムができあがった。長期の保存に耐え、長距離輸送でも食品が傷まず、しかも「安価なものを」となれば、ほとんどの加工食品に食品添加物を使わざるを得なくなった。換言すれば添加物のおかげで今日の豊かな食生活がある。保存料や殺菌剤によって食品は腐らなくなり、何ヵ月間も店頭に並べたり、倉庫に保管できるようになった。

　消費者も見た目がきれいで、おいしくて、便利なものを安く買うことができる。しかも一度買ったらなかなか腐らない。忙しいときは本来なら2時間かけてつくる食事を5分ですませることができる。しかし食品添加物に関する現状を消費者はまったく知らない。添加物がどの食品にどれくらい使われているか、その実態を消費者は知る方法がない。十分に情報が公開されていないからである。本来なら、「どれも安心ですよ」と提供すべきなのに、消費者側に選別を強制している。

　加工食品には前述のとおり、様々な表示が必要である。たとえば使った原材料も表示されるが、原材料の欄には使用した素材食品と食品添加物が表示され、素材食品と食品添加物とは分けて書くこと、また使用量の多い順に書くように決められている。これで何が使われているか、どれが一番多く使用されているかが一応わかるようになっている。食品添加物表示は十分ではないが、一応の目安にはなる。ほかのメーカーの食品と比較して、添加物の少

ない食品を選ぶべきである。

　現行制度ではそれぞれの食品に、一体どれだけの量の添加物が使われているかわからない。できるだけ添加物の使用量を少なくしようとする良心的で努力している企業があるかどうかも、消費者には区別できない。添加物の使用量や詳細な表示制度が望まれる理由である。すべての添加物に品名と用途が表示され、さらに使用量や濃度表示などの情報が表示されれば、添加物の使用が削減されることも期待できるからである。

II）食品添加物を大量に摂取している現実

　合成化学物質に分類される食品添加物の年生産高は、ここ数年、ほぼ50万トン（化学的合成品のみ）である。食品添加物は原則的に消えてなくなることはない。スーパーマーケットの棚に置かれているうちに段々と減少して消えてしまえばたちまち食中毒が心配されるからである。1人当たり年間4kg摂取されているから、1日当たりでは約11g（50年間では約200kg）になる。食品添加物はできるだけ摂取しないようにしなければならないといわれても、それを実行すれば食べるものがなくなってしまうほど大量・多種類の添加物が使用されている。外食や加工食品に依存した生活をすればするほど食品添加物を大量に摂取することになる（日本の約1500種に対して、アメリカは133種、ドイツは64種、イギリスでは25種しか認可されていない）。

　今日、ほとんどの加工食品に必ず入っているものがある。それは調味料（アミノ酸など）＝「化学調味料」で、旨みを出すために使われており、グルタミン酸ナトリウムにイノシン酸などを混ぜ合わせたものである。安部司によれば、これを使用すればまずいものでも消費者の舌に旨みを感じさせる[6]ことができるという。日本人の舌は完全に「化学調味料」に侵されている。「天然だし」も一部が天然だというだけであって、半分は「化学調味料」である。

「化学調味料」と「酵母エキス」と「たん白加水分解物」の3つは、加工

食品に多用される人工的なうま味調味料で、このうち酵母エキスとたん白加水分解物は、表示を免除されることが多い。化学調味料そっくりの酵母エキスは、「化学調味料を使わずに作りたいが、化学調味料並みの強いうま味が欲しい」ときに使われる、たん白加水分解物は、たんぱく質を加水分解する際に、不純物として発がん性物質が生じてしまう可能性がある。「化学調味料不使用」と表示されていても、うま味調味料が使用されていないだけで、これが使用されていれば、食品扱いの人工的なうま味調味料が「使用されている」と考えられる [7]。

「おいしい」といって喜ばれるタラコや明太子、かまぼこの味は食品の味ではなく化学調味料の味である。明太子はタラコを原料としてつくられる。タラコはかたくて色の良いものが高級品とされるが、添加物でどのようにでもなる。

消費者が日常食べている菓子や清涼飲料などの加工食品にも保存、つなぎ、酸化防止、発色、漂白、カビ防止、乳化、味つけ、においづけなどのために何らかの薬品が添加物として使用されていると指摘されている。これらすべての添加物、つまり化学薬品は人体に有害である。

決してN君、F子さんだけが特別に添加物を多く取っているわけではなく、日本人の多くが知らず知らずのうちに添加物を日常的に「食べている」ということである。何も考えずに買い、何も考えずに口にすることは非常に恐ろしいことだと認識しなければならない（表7-1）。

はじめて表示をみる人はどれが材料で、どれが食品添加物なのか見分けにくいと思われる。食品添加物の表示の特徴を知って、どれが材料で、どれが食品添加物か区別することが必要である。

原材料表示は、まず食品原料が多い順に書かれ、それが終われば次に添加物が多い順に書かれている [8]。

今回の新表示では、「/」は原材料と添加物を区切る役目をしている。「/ 以前はすべて原材料、/ 以降はすべて添加物」ということである。食品表示法で

は、「原材料と添加物の区分を明確に表示すること」が義務付けられた[9]。

表7－1：《コンビニ大好き独身サラリーマンN君の1日の添加物摂取》

朝食　ハムサンドイッチ　　　　　　　　　　　　　　　20種類以上

> ハムサンドイッチ
> ●原材料　パン、卵、ハム、マヨネーズ、レタス
> ●添加物　乳化剤、イーストフード、酸化防止剤（V・C）、調味料（アミノ酸等）、pH調整剤、グリシン、リン酸塩（Na）、カゼインNa、増粘多糖類、発色剤（亜硝酸Na）、着色料（カロチノイド、コチニール）、香料

昼食　スーパーのお弁当（豚キムチ弁当）　　　　　　　20種類

　　　インスタントコーヒー（クリームパウダー付）　　6〜8種類

> 豚キムチ弁当
> ●原材料　白飯、豚肉、白菜、植物性油脂、唐辛子
> ●添加物　調味料（アミノ酸等）、pH調整剤、グリシン、増粘多糖類、カロチノイド色素、グリセリン脂肪酸エステル、香料、酸味料、ソルビット、キトサン、酸化防止剤（V・E）
>
> クリームパウダー
> ●原材料　植物性油脂
> ●添加物　乳化剤、増粘多糖類、pH調整剤、カラメル（着色料）、香料

夕食　カップ麺、おにぎり（昆布）10種類以上

　　　パックサラダ（ツナ・コーン入り）　　　　　　　10種類

> カップめん
> ●原材料　麺、卵、粉末しょう油、チキンエキス
> ●添加物　調味料（アミノ酸等）、リン酸塩、たんぱく加水分解物、増粘多糖類、炭酸カルシウム、乳化剤、紅こうじ色素、酸味料、クチナシ、酸化防止剤（V・E）、ビタミンB1、ビタミンB2、かんすい、pH調整剤
>
> おにぎり（昆布）
> ●原材料　白飯、昆布、しょうゆ、砂糖
> ●添加物　調味料（アミノ酸等）、グリシン、カラメル、増粘多糖類、ソルビット、甘草、ステビア、ポリリジン
>
> パックサラダ（ツナ・コーン入り）
> ●原材料　レタス、ニンジン、たまねぎ、ツナ、コーン
> ●添加物　乳化剤、増粘多糖類、カロチノイド（色素）、pH調整剤、調味料（アミノ酸等）、酸化防止剤

計60種類以上

表7−1：《「普通」の主婦F子さんの1日の添加物摂取》

朝食　ご飯、味噌汁、漬物（たくあん）、焼き魚、明太子など　30種類以上

> 味噌汁（だし入り味噌）
> ●原材料　大豆、小麦、食塩、昆布エキス、かつおエキス
> ●添加物　調味料（アミノ酸等）、着色料（クチナシ）、アルコール
>
> 漬物（たくあん）
> ●原材料　大根、食塩
> ●添加物　調味料（アミノ酸等）、エリソルビン酸Na、ポリリン酸Na、サッカリンNa、グアーガム、酸味料、ソルビン酸カリウム、黄色4号、黄色5号
>
> 明太子
> ●原材料　スケソウダラの卵巣、食塩、唐辛子、日本酒、昆布エキス
> ●添加物　調味料（アミノ酸等）、ソルビット、たんぱく加水分解物、アミノ酸液、pH調整剤、アスコルビン酸Na、ポリリン酸Na、甘草、ステビア、酵素（リゾチーム）、亜硝酸Na
>
> かまぼこ
> ●原材料　スケソウダラ、食塩、卵白、でんぷん、みりん、小麦たんぱく、大豆たんぱく
> ●添加物　調味料（アミノ酸等）、リン酸Na、乳化剤、たんぱく加水分解物、炭酸カルシウム、ソルビン酸カリウム、pH調整剤、グリシン、赤色3号、コチニール

昼食　太巻き寿司　　　　　　　　　　　　　　　　　　　　　30種類以上

> 太巻き寿司
> ●原材料　すし飯、卵焼き、油揚げ、そぼろ、えび、たくあん、かんぴょう、きゅうり、まぐろ、かまぼこ、のり、食酢、砂糖
> ●添加物　調味料（アミノ酸等）、ソルビン酸カリウム、ステビア、甘草、酸味料、香料、乳化剤、グリシン、pH調整剤、ポリリジン、ペクチン化合物、白子たんぱく、酸化防止剤、消泡剤、凝固剤、ワサビ抽出物、増粘多糖類、赤色3号、赤色106号、コチニール、カラメル、紅こうじ、カロチン、クチナシ色素

夕食　カレーライス、サラダ（ドレッシング付き）　　　　　　10種類以上

> カレーライス（固形状のカレールー）
> ●原材料　牛脂、豚脂、小麦粉、でんぷん、食塩、カレー粉、野菜パウダー（オニオン、たまねぎ、にんじん、トマト、じゃがいも）、畜肉エキス、脱脂粉乳
> ●添加物　調味料（アミノ酸等）、乳化剤、酸味料、酸化防止剤、着色料（カラメル色素、パプリカ色素）、香料
>
> ドレッシング
> ●原材料　植物性油脂、しょう油、醸造酢、たまねぎ、砂糖
> ●添加物　調味料（アミノ酸等）、酸味料、乳化剤、増粘多糖類、ステビア、pH調整剤、香料

計60〜70種類

（安部司『食品の裏側』131〜145ページ）

Ⅲ）消費期限と賞味期限 [10]

　ほとんどすべての加工食品には消費期限または賞味期限のどちらかの期限が表示されているが、消費期限と賞味期限はまったく別のものである（図7－1）。

図7－1：知っておきたい2つの日付表示

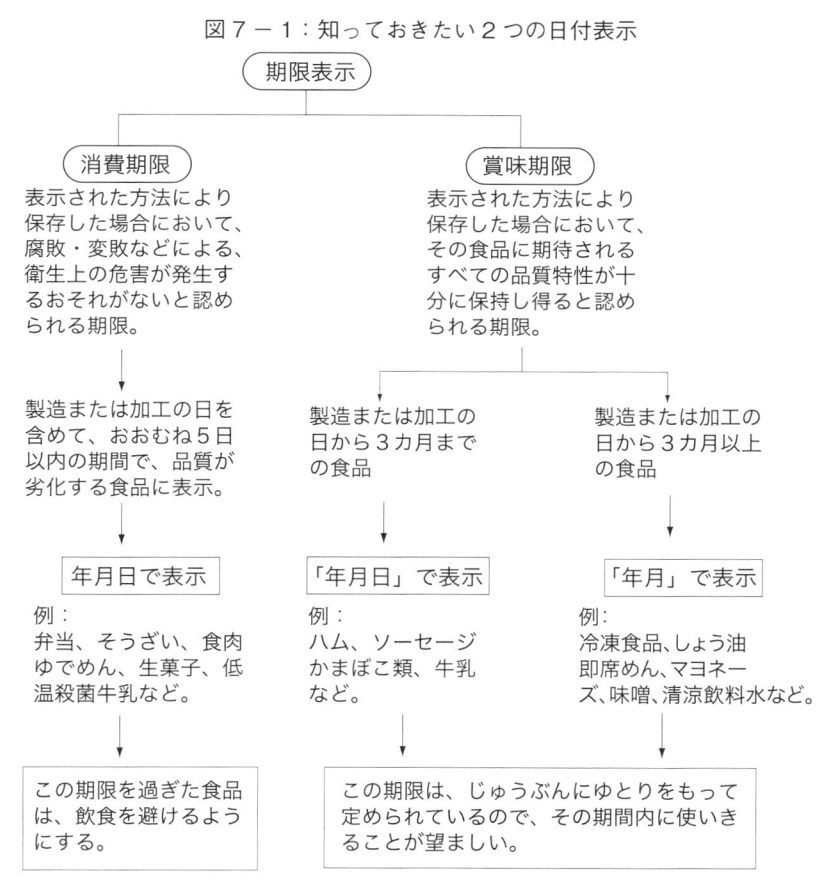

（正木英子『食べちゃダメ？』27 ページ、筆者一部修正）

　「消費期限」（この期限を過ぎて食べたら危険）の対象商品は、製造日を含めて5日程度で消費する必要のある生麺類、弁当、調理パン、惣菜、生菓

子、ギョーザ、食肉、生カキなど腐りやすい食品である。傷みやすいかどうかは製造日を含めて概ね5日以内に食べる必要があるかどうかで分かれる。

　また「賞味期限」は「期限を超えた場合であっても、これらの品質が保持されている」期限なので、期限が切れてもすぐに「食べられなくなる」わけではない。通常、安全係数0.7〜0.8をかけて十分ゆとりをもった「美味しく食べられる期限」として決められているようである。

　したがって実際には1.5〜2.0倍の期間、食べることができる。たとえば10日間食べられる食品の場合、安全係数0.7をかけて7日間までを賞味期限としているので3日間ならオーバーしても問題なしということになる（だからといって、食べてお腹をこわしても責任はもてない）。ただし賞味期限とはあくまでも未開封の場合の期限であり、封を切ってしまえば意味を失う。

　賞味期限では製造した日を含めて6日〜3ヵ月以内に消費すべき食品は、期限を「年月日」で表示すること、3ヵ月を超えるものについては、「年月」で表示して良いことになっている。対象商品は次の3つである。

① 品質が保たれるのが3ヵ月以内の食品で、年月日で表示されるもの
　…食肉製品、乳製品、果汁飲料水、かまぼこなど。
② 品質が保たれるのが3ヵ月を超える食品で、年月日または年月で表示されるもの
　…植物油、調理ずみ冷凍食品、即席中華麺、風味調味料など。
③ 品質が保たれるのが数年以上の食品で、期限表示は不要のもの
　…砂糖、塩、うま味調味料など。

　食品の日付表示は、従来、「製造（加工）年月日」であった。この「製造年月日」は、消費者の食品選択時の重要な指標として定着していた。また事故時の原因究明や回収する際の行政措置の手がかりになる点でも優れた表示制度であった。しかし輸入食品が国産品と競争する時代に入り、日本の製造年月日制度は貿易障壁に当たるとクレームがついた。日本の消費者は鮮度に

こだわるので輸送や通関に日数を要する外国食品は国産品に比べて不利な競争条件に置かれるというわけである。こうして 1994（平成 6）年 9 月より期限表示へ移行し、「いつ製造されたか」表示から「いつまでもつか」表示へと 180 度転換された [11]。

　注意すべきは表示期限の長い商品が必ずしも良い商品とは限らないことである。添加物を多く使用したため長くなっているのかもしれないからである。

　安田節子は次のように提案している [12]。

① 　政府は少なくとも輸入品とは競合しない牛乳やパンなど、日持ちのしない食品には製造年月日表示を復活させるべきではないか。

② 　消費者は製造年月日をみれば冷蔵庫でどれだけもつか見当がついたし、五感でまだ食べられるとか、火を通せば食べられるなど自分で判断してきた。期限表示になって、特に生活経験の浅い若い人たちのなかには期限が過ぎれば不安を感じ、そのまま廃棄してしまう人たちが増えている。食品の廃棄率は期限表示になってから減ったということを聞かない。

　現在、年間約 523 万トン（企業から 279 万トン、家庭から 244 万トン）もの多量の食品廃棄物が問題になっている。期限表示では偽装事件が絶えない。2002（平成 14）年、一度貼りつけた賞味期限を貼り替えて出荷する事件が発覚したが、貼り替えの禁止は法律で定められていなかった。その後、2003（平成 15）年に、貼り替えを禁ずるという通達が出されたが、罰則もなく、偽装事件が次々と起こって事件を根絶できない。

　消費期限や賞味期限などの期限表示はあくまでも業者の自主基準であり、明確な基準があるわけではない。賞味期限など期限表示の日数の設定は業者の判断に任されてきた。また製造業者は物理的期限の約 80％に期限日付を打っているといわれている。さらに小売段階では期限に近くなって商品はま

だまだ十分に食べられるのに返品、廃棄されている。

　なお期限表示導入後も、牛乳には製造年月日が併記されていたが、1997（平成9）年にはついに撤廃されてしまった。生鮮品である牛乳の製造年月日は消費者が最も知りたい情報である。

7－2. 食品添加物の種類と食品

　食品添加物はどのような目的で、主としてだれのために使用されているのでしょうか。

　どのような種類の添加物があるのでしょうか。

1. 食品添加物は使用目的順に、
    ①食品の製造に必要なため
    ②食品の保存性を良くし、食中毒を予防するため
    ③食品の品質を向上させるため
    ④食品の風味、外観を良くするため
    ⑤食品の栄養価を高め、強化するため
    の5つに分類できます。
2. 添加物の種類・用途は表7－6、表7－7のとおりです。食品添加物は天然添加物と合成添加物に分類されます。厚生労働省が指定した天然・合成添加物である指定添加物475品目、食経験のある食品などの原料からつくられ、長年使用され、厚生労働大臣が認めた天然添加物である既存添加物367品目、動植物から得られるもので、食品の着香の目的で使用される天然添加物である天然香料約600品目、一般飲食物添加物約100品目となっています（2023（令和5）年7月23日現在）[13]。
3. 一括表示やキャリーオーバーなど例外規定があり、かなりの抜け道があります（表7－8）。

Ⅳ）食品添加物の使用目的

　添加物は大きく分けて5つの目的で使用される[14]。

(1)　食品の製造に必要なもの－豆腐の凝固剤、炭酸飲料の炭酸ガス、ラーメンのかんすい、マーガリンの乳化剤、ビスケットなどの膨張剤（たとえば小麦粉に水を加え練ったものをそのまま焼くとかたいパンしかできないが、膨張剤を添加してつくると柔らかく膨らみ、優れた食感を与える）。

(2)　食品の保存性を高めるもの－保存料は食品の防腐を目的とした添加物である。食品を長く貯蔵したり、遠隔地への輸送途中で腐敗、変質しないように添加される。今日のように加工食品の全盛時代には使用頻度の高い添加物である。微生物の発育を阻害するということは、人体にも影響があることを意味する。厳しい使用基準が決められているのはそのためである（食中毒を心配するのなら、本来は工場や調理場などの厳重な衛生管理で防ぐべきである。それに早目に食べれば使用する必要はない。安易に使われすぎである。

　　保存料は殺菌剤とは異なり、殺菌効果はほとんどなく、単に腐敗させる時間を遅らせるだけである。したがって保存料を添加した食品でも加熱滅菌、冷蔵・冷凍保存などに厳重な管理が必要である。たとえば保存料としてはソルビン酸カリウムやパラオキシ安息香酸などがある。前者はプロセスチーズ、魚肉ねり製品、しょう油漬、ジャムなどに用いられ、後者は pH による影響を受けにくいため、しょう油、果実ソース、清涼飲料水などに使用されている。ソルビン酸は亜硝酸と反応して変異原性《細胞の遺伝子や染色体に影響が出る毒性》や発ガン性物質を生成することが、またパラオキシ安息香酸エステルの一部には発ガン性のあることが指摘されている）（表7－2）。身近な加工食品によく使われており、よく目につくのはおみやげ用かまぼこ類など魚肉ねり製品でほとんどのものに入っている。

　　特に最近はコンビニでも「保存料・着色料不使用」と CM が流されているが、「保存料」は入っていないが、代わりに、ビタミン B1・グリシ

ン・酢酸ナトリウムなどの「日持ち向上剤」を入れている。無添加表示であっても、「食品扱いの添加物」が入っていることが多い。注意が必要[15]である。

表7-2：ソルビン酸とカリウム塩（保存料）が使用できる食品

食衛法施行規則別表第2の名称		対象食品・使用基準
ソルビン酸	保存料	甘酒、あん類、うに、果実酒、かす漬、こうじ漬、塩漬、しょう油漬、酢漬、みそ漬、キャンデッドチェリー、魚介乾製品、魚肉ねり製品、鯨肉製品、ケチャップ、雑酒、ジャム、食肉製品、シロップ、スープ（ポタージュを除く）、たくあん漬、たれ、チーズ、つくだ煮、つゆ、煮豆、乳酸菌飲料、ニョッキ、はっ酵乳、フラワーペースト類、干しすもも、マーガリン、みそ、菓子の製造に用いる果実ペースト及び果実（ソルビン酸カリウム）に限る。
ソルビン酸カリウム	保存料	

（山口英昌他編『食環境問題Q＆A』154ページ）

　殺菌剤は食品中の腐敗細菌などの微生物を殺すために使用され、食品の長期保存が目的である。毒性の強いものが多い。たとえば次亜塩素酸ナトリウムは野菜、果実など食品の殺菌に使用されている。防カビ剤も保存料と同じようにカビを殺すものではなく、その繁殖を抑えるもので一部の輸入かんきつ類やバナナのカビによる変質を防ぐために使用される。
酸化防止剤は食品中の油脂が酸化しないように、また果実加工品や漬物などの変色を防止するために使用される。油脂によくなじみ、優れた酸化防止作用があるBHA（ブチルヒドロキシアニソール）はバターやマーガリン、煮干し、インスタントラーメンなどに幅広く使用されていた。しかし1982（昭和57）年、ラットによる発ガン性試験で前胃にガンが発生することが判明し、使用禁止となっていた。1999（平成11）年になって、一時延期の措置が取り消され使用できるようになった。「一日摂取許容量（ADI）の0.5mg/kgを超えない限り、BHAは人に毒性はない」、「ラットの前胃にガンができたが、人には前胃がないから発ガンしない」から問題ないという理由で使用しても良いというのである。動物実験する必要があ

ったのか。今日、バターや煮干しに使用されていると考えられる。安全性の再確認が必要である。

(3)　食品の品質を向上させるもの－乳化剤、増粘剤、安定剤、ゲル化剤、糊料、軟化剤などがある。たとえば乳化剤は食品の乳化、分散、起泡などの目的に使用され、アイスクリーム、ゼリー、プリンなどにさわやかな食感を与える。

(4)　食品の風味、外観を向上させるもの－固有の色彩をそのままの状態で加工、保存することは困難なため、加工や保存中に失われた色調を復元したり、紅白まんじゅう、ラーメンの黄色、からし明太子などに魅力のある着色を行ない、食品に彩りを添えるために着色料が用いられる。現在、食品添加物として指定されている着色料は食用赤色2号・3号、黄色4号、青色1号、緑色3号など26品目あり、天然の色素としてカラメル、紅コウジ色素、コチニール色素（突然変異原性があるといわれている。これはサボテンの葉に寄生するエンジ虫のメスを熱湯で殺し、乾燥させて粉末にしたもので透明感のあるきれいなピンク色が特徴である。インカ帝国の時代から衣装の染料として使われていた）などが使用されているが、着色料にはすべて使用基準が定められており、生鮮食品には使用できない（表7－3）。

　発色剤はそれ自体無色であるが、食品の成分と反応してその色を固定したり、発色させたりする物質である。たとえば食肉加工品は褐色に変色しやすく、肉臭が残るため発色剤によって鮮やかな肉の色調にし、風味を醸成する。また水産加工品＝スジコ、タラコ、イクラは発色剤によって褐色になるのを防ぎ、おいしそうな淡い紅色となり、魅力が増す。食品への着色にはその特徴を生かして使用されるため多くの種類の着色料が必要になる。食用赤色3号は染着性に優れているので、かまぼこの着色などに効果があり、清涼飲料水には耐酸性、耐光性、耐熱性の優れている食用赤色2号・40号・106号、食用黄色5号、食用青色1号などが使用されている。

　合成着色料は石油からつくられ、発ガン性疑惑など問題の指摘されているものが多い。食品表示で添加物の表記の順番が3番目以内の食品は注

意を要すると同時に、着色料○色○号は遺伝子損傷、変異原性、染色体異常を起こすといわれており、絶対に避けるべきである。赤色2号は発ガン性があり、アメリカでは使用されていない。赤色4号・104号・105号・106号は発ガン性の疑いがあり、諸外国では使用されていない。また緑色3号も発ガン性の疑いがあり、アメリカやヨーロッパ諸国では使用されておらず、日本でも消費者の健康を第一に考えるなら、即刻禁止すべき添加物である。ノルウェーでは「食べ物を色素で染める必要はない」という理念が徹底している。日本も見習うべきである。着色料は使用しなくとも保存性、安定性が変わることはない。食品の安全を考えるなら、天然、合成を問わず、着色料が使用されていないものを選択するのが賢明である。

　嗜好性を高める目的で食品に調味料、酸味料、香料などが添加される。酸味料にはジャム、ジュース、菓子などに清涼感を増すために使用される酢酸、クエン酸、酒石酸など、甘味料には砂糖、ブドウ糖などの糖質のものとサッカリンナトリウム、アスパルテームなどのような合成品とがある。調味料には「うま味調味料」があり、これは「味の素」（商品名）などの昆布の味であるL－グルタミン酸1ナトリウムなどアミノ酸系のものとかつおぶしの味のS－イノシン酸2ナトリウムなどの核酸系のものとが使用されている。

表7－3：チョコレート色を出すための色素の割合　　単位：％

製品の種類	赤色				黄色		青色	
	2号	3号	40号	104号	4号	5号	1号	2号
A	45				50		5	
B		25				60	15	
C			52		40		8	
D				15		72	13	
E	36				48			16

同じ赤色でも2号は熱に弱く、3号は熱に強い。40号や104号は耐塩性に優れているので用途で使い分けられる。

（前掲 山口『食環境問題Q＆A』111ページ）

(5)　食品の栄養価を高めるもの—より栄養価を高めるために食品にビタミ
　　ン、アミノ酸、ミネラルなどを添加することがある（本来、特別な場合を
　　除き、バランスのとれた献立なら不要である）。輸入される組み換え微生
　　物を使って製造された食品添加物が 10 品目認められているが、表示され
　　ていない。

　添加物のうち天然添加物は古くから人類が生きる上での知恵として使用さ
れてきたものもあり、原料をそのまま使ったものもある。しかし多くは天然
原料を加水分解あるいは抽出したもの、酵素を使って合成したり、細菌や菌
類がつくり出す物質も天然添加物として扱われる。したがって天然添加物と
いっても化学物質であることに変わりがなく、構造の変化、変質が考えら
れ、決して安心して使用できない。「天然添加物は、食経験のある天然物で
あり、使用実績もあるので健康を損なうおそれはない」というのが厚生労働
省の見解である。しかし安全評価が不十分なまま使用が公認された。安全審
査がないまま認可された天然添加物が大部分であることは大問題である。
　天然添加物が法的に規制されるようになったのは 1980 年代後半である。
天然物であり、食経験や使用の実績があれば安全性の審査を受ける必要はな
かった。使用基準もなく表示の義務さえなかった。しかし、たとえば 1995
（平成 7）年に法的に「食品添加物」として認知されたアカネ色素（セイヨ
ウアカネの根から抽出され、黄色から赤紫色を示す）は発ガン性が明らかと
なった。認定リストに登載されてから、10 余年間、国民は危険にさらされ
続けたことになる [16]。しかも添加物リストに登載後、現在までわずか 14 品
目しか審査が終わっていない。表 7 - 4 は山口英昌などのいう避けたい天
然添加物である。日本でしか使われていない添加物もある。

用途	添加物	問題点
着色料	コチニール クチナシ色素 ラック色素 アカネ色素 カラメル	弱い変異原性 弱い変異原性（アメリカ、ＥＵで不使用） 染色体異常（アメリカ、ＥＵで不使用） 毒性物質混入のおそれ（アメリカ、ＥＵで不使用） けいれん作用（不純物メチルイミダゾール）
甘味料	ステビア カンゾウ抽出物＊ （主成分はグリチルリチン）	ＥＵでは不許可 （発ガン性試験に問題ありとされた） 妊娠抑制作用 けいれん作用、薬理作用
保存料	ポリリジン シャブリシン	食経験がない 食経験がない
増粘 安定剤	分解カラギーナン サイリウムシードガム	発ガン性 アレルギー作用
酸化 防止剤	ノルジヒドログアヤレチュック酸	ラット腎臓障害、アレルギー作用
製造 溶剤	くん液	発ガン性（ベンズピレン、ジベンゾアントラセンが含まれる）
その他	カフェイン ビタミンＡ トリプトファン	興奮作用 妊婦の過剰摂取で胎児催奇形性 好酸球増加、筋肉痛、関節炎、筋力低下、呼吸困難（遺伝子組換え技術で合成されたものの不純物が原因）

＊は1998年に旧厚生省が安全審査を済ませた。

（前掲 山口『食環境問題Ｑ＆Ａ』154ページ）

Ｖ）栄養表示[17]の問題点

　栄養表示は「減塩」、「低糖」に注意が必要である。「ノンシュガー」、「砂糖無添加」は砂糖を使っていなくても、ブドウ糖や果糖などエネルギーが砂糖と同じくらいの糖アルコールが使われているかもしれない。「ノンシュガー」、「砂糖無添加」は決して「ノン」あるいは「低」エネルギーではないことを知っておく必要がある（5歳以上の健康な人の糖質の1日当たりの上限摂取量の目安は300g）。

　最初からブドウ糖に分解されたものを一気に飲むことは、人類の歴史のなかで経験したことはない。何気なく子供に買い与えているお菓子、ジュー

ス、アミノ酸飲料、ラムネ、アイスクリーム、キャンディなど子供が好むお菓子にはほとんど「ブドウ糖果糖液糖」が大量に使われている。味覚が壊れていくこと、糖分を取りすぎることのほかに、体をつくる食べ物が安くて手軽に入ると、子供たちが思ってしまうことは危険である。

　食品表示基準では、欠乏や過剰な摂取が国民の健康の保持増進に影響を与えている栄養成分等について、補給ができる旨や適切な摂取ができる旨の基準を定めている。栄養強調表示は、下記の通り分類される（表－５）。ただし、このような表示をする場合は、定められた基準を満たすことが必要である。

表７－５：栄養強調表示

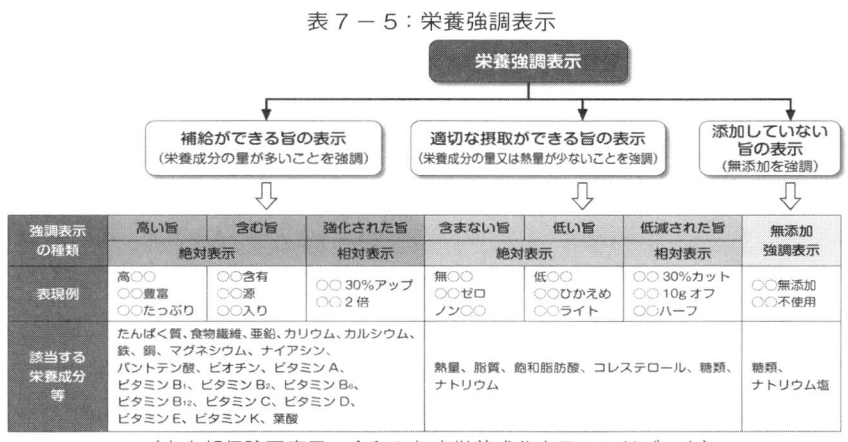

（東京都保険医療局　令和５年度栄養成分表示ハンドブック）

VI) 食品添加物表示の問題点 [18]

　食品添加物は原則として使用した物質名を容器や包装に表示することになっているが、消費者（使用者）にとって、また公衆衛生の立場から必要性に応じた表示方法がとられている。

「酸化防止剤」（ビタミンC）は酸化防止剤としてビタミンCを使っていることを示している。このように用途と物質名を両方書くことを用途名併記といい、表７－６のように８種類の添加物について、消費者がどんな添加物なのか自分で判断できるように用途名併記が義務づけられている。用途名併

299

記の添加物は毒性の強いものが多い。

表7－6：用途名併記が義務づけられている添加物

種類	目的と効果	食品添加物
甘味料	甘味をつける	サッカリン Na
着色料	着色する	アナトー色素
保存料	保存性を高め、食中毒を予防する	安息香酸 Na
増粘剤 安定剤 ゲル化剤 糊料	食品に滑らかな感じや粘り気を与え、分離を防ぎ、安定性を高める	キサンタン CMC カラギナン グァー
酸化防止剤	酸化を防ぎ、保存性を良くする	エリソルビン酸 Na
発色剤	黒ずみを防ぎ、色を鮮やかに保つ	亜硝酸 Na
漂白剤	漂白し、白く、きれいにする	亜硝酸塩
防カビ剤（防ばい剤）	カビの発生や腐敗を防ぐ	OPP

（日本食品添加物協会 HP）

　表示をみればどんな添加物が使われているのか、すべて具体的にわかるようになっている。しかし残念ながら実際にはそうではない。「一括名表示」という大きな抜け穴があり、大半の添加物（約900品目）は物質名が表示されない。

「同じ使用目的の成分が入っているものは、一括名としてまとめてわかりやすく表示する」となっている。添加物の物質名を長々と書かずにすみ、数も少なくみせることのできるこの一括表示は、添加物を大量に使っているメーカーにとっては大変都合の良い法律である（表7－7）。

　また表示がまったく免除されているものもある（表7－8）。

　加工食品をつくる際に使われる添加物で最終食品に残らないもの、残っても微量で食品の成分には影響しないものは「加工助剤」とみなされ表示しなくとも良い。「最終的に残っていなければいい」ということである。たとえばサラダをつくるときに買ってきて用いるカット野菜や、ビジネスマン、OL が「健康のため」と買うパックサラダのどちらも長持ちする。これらは「殺菌剤」（次亜塩素酸ナトリウム）で消毒されているからである。しかし

「殺菌剤」が使われていても加工工程で使われただけで製品になったときには残っていない。したがって表示は免除ということになる[19]。これも消費者にはみえない添加物である。

　キャリーオーバー（原料にもともと含まれた添加物で、そのまま最終食品に移行し残っているもの）の問題もある。たとえば焼き肉のたれをつくる際には原材料にしょう油を使うが、最終的にできあがる「焼き肉のたれ」にはしょう油の添加物の効き目はおよばないので表示しなくても良いことになっている。表示にはただ一言「しょう油」とある[20]だけで、これも消費者が見抜けない添加物である。

表 7 － 7：添加物の一括表示

	表示される一括名	使われる目的	添加物の例
1	イーストフード	パンに使用し、イースト菌の働きを強める	リン酸三カルシウム 炭酸アンモニウム
2	かんすい	中華めんに食感と風味を出す	炭酸ナトリウム ポリリン酸ナトリウム
3	香料	食品にいろいろな香りをつける	オレンジ香料 バニリン
4	調味料	食品にうまみを与え、味をととのえる	L−グルタミン酸ナトリウム 5'−イノシン酸ナトリウム
5	乳化剤	水と油を均一に混ぜ合わせる	グリセリン脂肪酸エステル 植物レシチン
6	pH 調整剤	食品の pH を調節し、品質をよくする	DL−リンゴ酸 乳酸ナトリウム
7	膨張剤	ケーキなどをふっくらさせ、ソフトにする	炭酸水素ナトリウム 焼ミョウバン
8	酵素	チーズや水あめの製造や品質を高めるのに使う	アミラーゼ ペプシン
9	ガムベース	チューインガムの柔らかさを保つ	エステルガム チクル
10	軟化剤	チューインガムの柔らかさを保つ	グリセリン プロピレングリコール
11	凝固剤	豆乳を固めて豆腐にする	塩化カルシウム、塩化マグネシウム
12	酸味料	食品に酸味を与える	クエン酸、乳酸
13	光沢剤	菓子などのコーティング	シェラック、ミツロウ
14	苦味料	食品に苦味を与える	カフェイン、ホップ

※複数の同じ目的の添加物を組み合わせたものを使用する場合、その目的を一括して表示する。
　全部で 14 種類ある。

表７－８：表示がまったく免除されている３種類の添加物

表示の免除	免除される理由	食品添加物事例
加工助剤	加工工程で使用されるが、除去されたり、中和されたり、ほとんど残らないもの	活性炭 水素酸ナトリウム
キャリーオーバー	原料中に含まれるが、使用した食品には添加物の効果を発揮しないもの	せんべいに使用されるしょう油に含まれる保存料
栄養強化剤	食品の常在成分であり、諸外国では食品添加物とみなされていない国も多い	ビタミン D_3 Ｌ－メチオニン
小包装食品	表示面積が狭く（30㎠）、表示が困難なため	
バラ売り商品	包装されていないので、表示が困難なため	

（日本食品添加物協会 HP）

　表示の大きな欠点はバラ売りのものには表示の義務がないことである。たとえばバラで売られている（スーパーマーケットで独自にパックしたものも同じ）スライスハムやソーセージ、また簡易包装（ラップで包んでホチキスで留めたようなもの）したものも、さらにサツマイモ、モヤシなどの野菜を品質保持のためにリン酸液につけた場合、そして肉に発色剤を吹きつけた場合なども表示されない。

　栄養強化の目的で使用されるビタミン、アミノ酸、ミネラルなどは体にとってプラスになり、安全性も高いと考えられ、表示が免除されている（しかしビタミンＣを酸化防止の目的で使用したときはビタミンＣと表示することが必要）。

　パッケージが小さい場合（表示面積30㎠以下）も表示は不要である。すべて記載すればラベルで中身がみえなくなるためだと考えられる。表示されていないからといって添加物が使われていないということではない。

　食品添加物の表示はパック製品を対象とした制度である。パックされていない食品については適用されない。たとえば焼きたてのパンの場合、新鮮でその日のうちに売り切れる商品なので保存料などの添加物は使われていない

と考えるかもしれない。しかし多くの場合、その店で生地からつくられているわけではなく、工場から運ばれた冷凍生地を焼いている。つまり生地自体はいつ製造されたものなのか消費者にはわからない。また色や味つけを良くするための添加物が当然使われていると考えたほうが良い。表示されていない店での買い物や飲食は控え目にしておくのが賢明である。このような「表示免除制度」の存在こそが添加物がはびこる温床になっている（これらはいずれも「食品表示法」によって定められている）。

　2種類以上のグループの調味料が混合された場合には使用量・使用目的から代表となるグループ名に「等」の文字をつけて「調味料（アミノ酸等）」のように表示する。実際には何種類入っているかわからない。何種類入れても良いので、加工する側にとっては非常に便利である。また「グルタミン酸ナトリウム（化学調味料）」と書けば、消費者に化学調味料入りということで嫌がられるため、これを避けるためにも都合が良いのであろう。このように一括名表示や表示免除という例外規定があり、半数以上は物質名が省略されている。

Ⅶ）食品添加物の毒性

　食品添加物の5つの目的のうち、特に (4) 項の「食品の風味、外観を向上させるもの」は問題である。本来、食品に備わっていない色や匂い、味をつける必要はあるのであろうか。本当に優れた食品なら、色や匂い、味を化学物質でごまかす必要はない。これは大量生産を可能にし、スーパーマーケットなどの棚の上での長期保存に耐えさせるため厚化粧で欠点を覆い隠すために必要なのであって、生産者や販売者の利益にはなっても、消費者のためにはならないからである。

　食品添加物は、①色をごまかす（発色剤・着色料・漂白剤など）、②香りをごまかす（着香料、今では香りも自由自在）、③味をごまかす（調味料・甘味料・酸味料など、自然のものよりおいしく感じることさえある）、④腐らない（保存料・殺菌剤・酸化防止剤など、今は冷蔵庫さえいらない食品も

ある)、⑤何でも自由につくることができ、食べ物をおいしくみせる演出家（増粘剤・安定剤・ゲル化剤・糊料など、とろみをつけたり、くっつけたり）である[21]。

　最も重大な食品添加物の毒性[22]は、発ガン性、遺伝毒性、アレルギー性である。発ガン性物質には正常な細胞のDNAを傷つけるもの（イニシエーター）と傷つけられたDNAをもつ正常細胞をガン細胞へと変えるもの（プロモーター）として作用するものがあるが、一方だけが身体のなかに入ったとしても細胞をガン化することはない。また食品に含まれる添加物や残留農薬の発ガン性を評価する場合には、食品のなかに含まれているほかの物質の影響も忘れてはならない。

　ガンは遺伝子の異常が原因であるが、先天的な要素よりも、人が外部から受ける影響、つまり後天的な要素によって発生する可能性、特に化学物質によって発ガンするケースが多いことがわかってきた。ある化学物質が発ガン性を示したからといってすぐにガンの原因になるとはいえない。発ガン性物質の研究の難しさを示している。

「催奇形性」とは妊娠中に胎児に作用して胎児に先天障害（いわゆる奇形）を起こすことである。「遺伝毒性」とは親が摂取したとき、その子孫に異常が現れるような有害性をいい、遺伝情報を伝える染色体が傷つけられることによって起こるといわれている。催奇形性や遺伝毒性はこのような疑いのある化学物質を口にした人ではなく、子供や子孫に被害が現れるという特徴をもっている。「変異原性」とは細胞の遺伝子や染色体に影響が出る毒性であり、発ガン性とも関係している。最近では繁殖に関係する毒性（生殖機能や新生児の発育への影響）や抗原性（アレルギーなど）のような毒性も注目されるようになってきた。

　たとえば1本の缶コーヒーでさえ、様々な環境問題がかかわっている[23]。100g中にコーヒーが5g以上（生豆換算）入っていれば、「コーヒー」の表示になり、100g中にコーヒーが2.5g以上5g未満なら「コーヒー飲料」、1〜2.5g未満なら「コーヒー入り清涼飲料」になる。牛乳成分の含量が多

くなる「コーヒー飲料」の場合、乳化剤（ホットコーヒーの微生物繁殖予防のため）だけではなく、香料や不安な添加物＝新甘味料「エリスリトール、マルチトール、オリゴ糖」や甘味料「アスパルテーム」や「ステビア」（キク科の植物ステビアから抽出した甘味料で、純度の悪いものは変異原性の不安がある。特に妊婦は注意が必要だといわれている）が使用されていることが多い。健康に砂糖以上の悪影響をおよぼすことがある。

　コーヒー牛乳などでは乳飲料と書かれたものとコーヒー飲料と書かれたものがある。牛乳を原料にした食品を加工したり、また主要原料として製造した飲料で、乳固形分が3g以上含まれているものは乳飲料と表示される。

　缶コーヒーの場合、100mL当たり最大1gの糖質が含まれている。これを砂糖に換算すれば、1缶当たりスティックシュガーが約7本入っていることになる。多くの人がこのような缶コーヒーを飲んでいる。よほどの甘党ということになる。

　飲料には空き容器の処理の問題などがあるが、容器の問題だけではなく中身にも問題がある。たとえば缶コーヒーの場合には、無糖のブラック缶コーヒーが最適である。ブラック缶コーヒー以外は原材料に乳化剤、甘味料、糖アルコール類などを使用しているものが多いからである。

　原材料名は成分が一番多く含まれる順に表示されているので、「砂糖水」ではなく、「コーヒー」を飲みたいのなら、原材料名のトップにコーヒーと書かれてあるものを選ぶことが必要である。コーヒー豆自体の安全性は心配する必要はない（インスタントコーヒーは100％コーヒー豆だけを原料としている）。しかしカフェインは母乳にも溶け出しやすい。

「コーヒーフレッシュ」はミルクや生クリームからつくられていない。表示をみれば、「コーヒー用クリーム」、「コーヒーフレッシュ」などと表示され、「牛乳（生乳）」とは記載されていない。いつもコーヒーに入れている「ミルク」は水と油と複数の添加物でできた「ミルク風サラダ油」である。高くない喫茶店でなぜ「使い放題」になっているのか、消費者も疑問をもつべきである。

7 - 3. 食品添加物の使用基準

食品添加物の使用基準・国民の摂取量の基準はどのように決められるのでしょうか。

その基準は守られているのでしょうか。

基準を守っていれば、絶対に安全と言い切れるのでしょうか。

1．ADI（1日摂取許容量）とは何でしょうか。食品添加物の安全を確保するため、急性毒性試験、連続投与（短期、長期）試験などを行なって、ADIが決められています。このADIには様々な問題点が指摘されています。

2．安全性の試験は1種類ごとに行なわれています。ひとつひとつは安全といわれていますが、2種類以上の総合的な試験は行なわれていません。皆さんは、毎日、1種類しか含まれていない食べ物しか食べていませんか。

3．長期的、相乗的な影響についてはほとんど解明されていません（解明されていないものを食べ続けているのです）。ADIは毎日一生涯摂取し続けても害が現れないとされる値ですが、逆にいえばADIを超えると何らかの害が現れる可能性が大きいことになります。食事のしかたによってはその可能性があります。

4．国際的に発ガン性物質と認められるためには2種類以上の動物で確認されることが求められます。発ガン性物質と変異原性との間には深い関係がありますが、変異原性試験で陽性となっても、発ガン試験で陰性となれば発ガン性物質として認定されません。「相加毒性や相乗毒性試験をきちんと行ない、その安全性を確かめた上で添加物は安全であると断定する」[24] ことが必要です。安全でないものを国民は食べ続けているということでしょうか。

5. 国連の食品規格や食品添加物の使用基準は、日本の基準と比較して必ずしも安全ではありません。しかし日本の基準が今後緩くなる危険性があります。

Ⅷ）ADI[25] とは何か

　食品添加物の安全確保のためマウスやラットなどの実験動物、試験のために特別に培養された微生物などを使って急性毒性試験、慢性毒性試験など何段階もの試験を行ない、最大無作用量（安全性試験で得られた最も低い数値＝無毒性量）を推定し、これに100分の1（実験動物と人との動物種の差として10分の1、健康な人と高齢者、子供、病人、妊産婦など比較的抵抗力の弱い人との差を考慮して10分の1）の安全率を乗じて、1日摂取許容量（ADI）が算定されている。これは食品添加物や農薬など化学物質を一生涯（70年）にわたって毎日摂取しても、健康に悪影響がおよばないと考えられる最大摂取量で、人の体重1kg当たりの数値である。

　これらが100分の1であることの科学的根拠は実はない。化学物質を規制するためにやむなく仮想されている数字であり、安全率もADIも暫定的なものであることを忘れてはならない。食品添加物の毒性の評価はネズミの実験だけにもとづいているのが圧倒的に多く、本当に人に安全かどうかは不明である。

　このような安全性試験を行なった結果、何らかの毒性がみつかった化学物質は、その程度に関係なく食品添加物として使用が認められない、というわけではない。急性毒性や慢性毒性があるとわかった化学物質でも、低濃度なら、毒性が現れない限り、添加物として使用してもよい「使用量等の最大限度」が定められ、その範囲で使うことが認められる。

　このように日本ではADIを下回るように食品添加物ごとに対象食品、最大限度量や使用制限基準が定められている。基準値が定められてはいるが、その基準値以下の濃度なら決して問題がないというわけではない。したがってこのADIについても様々な問題点が指摘されている。感受性の高い胎児

や乳児の健康に特別に配慮したものではなく、当面、ADI の範囲内なら安全とされているだけのことである。しかし食事のしかたによっては ADI を超える可能性がある。

渡辺雄二や西岡[26] は、プロピレングリコール（PG）について、次のように指摘している。

WHO は PG の ADI を 25mg/kg 体重と決めている。1 束 200g の生うどんを 1 束食べたとする。生うどん（200g）に 2％（基準値）の PG が含まれているとすれば、その量は 4g になる。約 70％はゆでた湯に逃げるので、約 30％（1.2g）が体内に入ると考えられる。体重 50kg の人では、ADI が 1.25g なので、2 束食べれば、2.4g となり、軽くオーバーしてしまうし、1 束食べた場合でも、ギョーザを一緒に 30g（PG0.36g）食べると、1.2 ＋ 0.36g ＝ 1.56g となり、オーバーしてしまう。もし、体重 30kg の子どもの場合には、ADI が 0.75g なので、2 倍を超えるなど、食事のしかたによって ADI を超えてしまう。

国民は、毎日多くの食品を食べ、ふつう 1 日に 70 ～ 80 品目の添加物を摂取している。添加物が胃や腸のなかで混ざり合っている。しかし食品添加物の安全性試験は、どれも 1 種類ごとに行なわれ、ひとつひとつは一応安全とされているが、組み合わせによる毒性については何もわかっていない。2 種類、3 種類あるいはさらに多種類を組み合わせた総合的な試験は行なわれていない。「相加毒性」および「相乗毒性」についてはわかっていない。添加物の数があまりにも多く、その組み合わせが膨大になり、膨大な費用と時間がかかり、試験が不可能というのがその理由である。

たとえば、今、A ～ J という 10 種類の化学物質の影響を調べなければならないとする。それぞれの単独の影響を調べるには 10 種類の動物試験を行なえば良い。しかし 10 種類の化学物質のなかから 2 種類を選び出して、A と B、A と C、A と D…のように、すべての組み合わせで実験を行なうため

には、その組み合わせは ${}_{10}C_2 = 45$ 種類にもなる。単独の影響と 2 種類の影響の両方を比較・検討するためには、合計 55 種類の実験をしなければならないことになる（3 種類では…、4 種類では…）。

　しかし不可能だからといって水俣病や化学物質過敏症などの患者をみて、「科学的な因果関係が立証されていないので対策はとれない」などと悠長なことをいうことが倫理的に許されるであろうか。多くの犠牲者が出てはじめて実験を開始し、因果関係がはっきりするまで何の対策もとらず、犠牲者を放置することが許されるであろうか。とりあえず食品中に含まれる化学物質の総量、その数を減らしていく義務が食品会社や行政にはあるのではないか。

　実際には食品を食べるときには何種類も一度に体内に取り込んでいる。したがって 1 種類ごとの試験はほとんど意味がなく、安全だという根拠にならないことは十分に認識しておくべきであろう。結果的に急性毒性は動物実験で、慢性毒性は人体実験（実際に使用した結果で安全かどうかが判明する）という形になっている[27]。

　アメリカでは発ガン性のある食品添加物は認めないという考え方に立ってゼロリスクを規定している。アメリカの「連邦食品薬品化粧品法」には、有名な「デラニー条項」があり、「適切な動物実験で発ガン性がみつかった添加物の禁止」が明文化されている[28]。日本の食品衛生法にはそのような条文はない。したがってアメリカのように明確な規定を法律で明記する必要がある。しかし日本では動物実験によって発ガン性が指摘されても OPP（オルトフェニルフェノール）、BHA（ブチルヒドロキシアニソール）、過酸化水素、臭素酸カリウムなどは禁止されていない。

　このような安全性試験を行なった結果、何らかの毒性がみつかった化学物質は、その程度に関係なく、食品添加物として使用が認められないはずである。しかし実際にはそうでない添加物が多く使用されている（表 7 − 9）。

表7－9：使用できないはずの食品添加物

用途	食品添加物	問題点
防カビ剤	OPP（オルトフェニルフェノール） OPP－Na（オルトフェニルフェノールナトリウム） ※輸入のレモン、オレンジ、グレープフルーツなどに使用 TBZ（チアベンダゾール）	発ガン性 催奇形性
酸化防止剤	BHA（ブチルヒドロキシアニソール）	発ガン性
漂白剤	過酸化水素	発ガン性

（山本弘人『汚染される身体』PHP新書、2004年、162ページ）
（渡辺雄二『コンビニの買ってはいけない食品　買ってもいい食品』だいわ文庫、2010年、202ページ）

「スイカとテンプラ」は昔の「食べ合わせ」であったが、ハム、ソーセージ、タラコなどの発色剤として使われる亜硝酸ナトリウムはタラ科の魚に多いジメチルアミンと反応して発ガン性物質ニトロソジメチルアミンを、またアミノ酸プロリンとも反応して発ガン性物質ニトロソピリジンを生成する。

レモンや野菜の防カビ剤（オルトフェニルフェノール）は紅茶など（カフェイン）と反応して細胞毒性が増す。食品添加物が関係する現代版「食べ合わせ」[29]である。

『あとで「発ガン性があるので摂取してはならない」などといわれても、もうあとの祭り』である。摂取後、10年後に発病するような添加物は、それが使用禁止になっても10年後にガン患者が現れることになる。ごく微量なので心配はないという主張は成り立たない。摂取総量は決して微量ではないはずである。不思議にも消費者自身の判断にゆだねられている。

7－4．特定添加物の危険性

ハムやソーセージに使われている発色剤は安全でしょうか。

食品の保存料は安全でしょうか。

合成着色料は危険だと聞きますが、どうでしょうか。

安価な食品には添加物が多く使われているようです。

1. 食物アレルギーとはどのような症状でしょうか。なぜ起こるのでしょうか。アレルギー原因物質とは何でしょうか。

2. 消費者は食品購入に際してなるべく添加物表示の少ないものを選ぶこと、また添加物が少なくても危険な添加物（＝特定添加物：研究者によって特定添加物の指定が異なります。共通する特定添加物を調べてみてはどうでしょう）の表示があれば、買うのをやめるなど、積極的に勇気をもって実行することが必要です（表 7 － 12）。

3. 利便性・経済性を追求するのではなく、栄養と健康を追求する食生活が必要です。食品添加物から完全に逃れることはできませんが、発ガン性物質はできるだけ食べないほうが賢明です。有害なものはできるだけ摂取せず、その害を減らすことで身を守ることはできます。より小さな子供にはより大きな影響がおよぶことを覚えておかなければなりません。

4. 見栄えや安いことを求めるのではなく、価格は高くとも安全性を求める姿勢をもつことが必要です。価格にこだわってはいませんか。

5. どの食品添加物が危険で避けるべきか、言い換えると何が安全か、何をどのように食べることが必要かを大人も知ることが必要ですし、また生徒・学生に対しては学校でも教えることが必要です。意識の高揚だけでなく、行動に結びつく学習方法の開発が急務です。これまでどこかで学んだことはありますか。

6. 服部幸應は「食育」には 3 つの柱があるといっています。そのひとつに食の安全性の教育が含まれています。

7. 現在の食生活では、残念ながら添加物をゼロにすることは非常に困難です。しかし着色料、香料、調味料、甘味料、酸味料、発色剤など不必要な添加物の入ったものは避けることが必要です。

8. 食品添加物と上手につきあう 7 つのポイントは参考になります[30]。
　　① 「裏」の表示をよくみて買う。「台所にないもの＝食品添加物」の

できるだけ少ない食品を選ぶことが賢い消費者になる第一の条件です。

② 加工度の低いものを選ぶ。極力、食品添加物が使われていないもの、少ないものを選ぶことが必要です。

③ どのような添加物が入っているかをよくみて食べましょう。大手メーカーを盲信しない。大手メーカーは安全・安心というきめ細かさが要求される世界には程遠い組織ではないでしょうか。

④ 安いものだけに飛びつかない。特売ものには注意しましょう。安いものには理由があります。

⑤ 「素朴な疑問」をもつことが、添加物とつきあう第一歩です。

⑥ たまには値段が高くても無添加の本物を買って、自分本来の味覚を取り戻しましょう。

⑦ 手間をかけて自分の味をつくりましょう。忙しい合間をぬって「ひと手間」を工夫し、食卓から少しずつ食品添加物をなくしていきたいものです。

X）食物アレルギーの原因物質

　食品の安全基準を国際基準に統一しようという「ハーモナイゼーションの原則」が日本に対しても強く求められており、今後、日本での指定添加物数は徐々に増加し、また使用制限も緩和されることが確実だと考えられる。風土条件や文化、食生活の違いを無視して世界共通の ADI を考えるべきかどうか、基準のみを一律に整合化することが妥当かどうかなど、食の安全を重視した立場をもっと鮮明にすべきではないか。

　厚生労働省や食品企業のいうように、「海外で認められているので、健康への影響はない」のであれば、なぜほかの国の添加物すべてを無条件で受け入れないのか。日本が輸出した食品に対して海外で同じ主張が通用するであろうか。

　食物アレルギーとは食べた食物が原因となってアレルギー症状を起こす病

気である。人体には免疫反応または抗体反応、好ましくない化学物質や細菌
などの異物が侵入してきたとき、それに抵抗したり、それを無害化したりす
る能力が備わっている。この能力のおかげで病気に抵抗できるが、その免疫
反応が過剰に起こった状態をアレルギーという。食物アレルギーは小児に多
い病気だが、学童期、成人にも認められる[31]。

　今日、国民病といわれるアレルギー性疾患であるアトピー性皮膚炎やぜん
そくなどは、何が原因なのか。1988（昭和 63）年、北海道でそばアレルギ
ーの小学生男子が給食に出たそばを誤って食べてしまい死亡するという事件
が起こった。この不幸な事件をきっかけに食物アレルギーへの関心が高ま
り、多くの学校がアレルギー対応給食を導入するなどの対策を開始したのは
当然のことである。しかし問題はそれほど簡単に解決できるようなレベルで
はなくなっている。従来、アレルギーは赤ちゃんや敏感な体質の人にだけ起
こるものとされていたが、今日では子供、大人を問わず、多くの人に広がっ
ているからである。

　日本で小児期に最も多い食物アレルギーは卵、次いで牛乳によるものであ
る。大豆・小麦・コメを加えて五大アレルゲンといわれているが、実際には
年齢によって異なり、大豆・コメはさほど多くはない。

　卵・牛乳の食物アレルゲンに占める割合は年齢とともに減少し、他方、エ
ビ・カニ・魚類・果物の食物アレルゲンに占める割合は年齢とともに増加す
る。これらのことから小児型（卵・牛乳・小麦・大豆など）と成人型（エビ・
カニ・魚類・貝類・果物など）とに分類するほうが適当だと考えられる[32]。

　アレルギーの原因となる食品も卵、牛乳、チョコレート、ピーナッツなど
日常の食卓にありふれた食品である。このような食品が危険だとすれば、何
を食べれば良いのか。全身で起こるアレルギー反応によるショック症状（ぐ
ったりする、血圧低下、意識障害など）がアナフィラキシーだが、これは即
時型の最重症タイプであり、皮膚症状・消化器症状・呼吸器症状が伴う場合
や突然発症する場合がある。アレルギー原因物質のうち最も多いのは卵に次
いで牛乳・小麦・魚類・そばなどである。

「原因食品そのものを避けるだけでなく、加工食品の成分もよく調べ、摂取させないように、また入園時には担当者に子供の病態を伝え、原因食品を避けるようにお願いする」ことが重要であろう。

しかも重要なことは周囲の人たちが「この人は、あの食べ物を食べるとショックを起こす」ことを理解していることで、そうすることによってリスクを未然に防ぐことができる。もしショックを起こしてしまったときにも即応できる[33]からである。

そのため、2001（平成13）年4月の食品衛生法改正で、アレルギーの原因となる食品を含む場合は原材料の表示が義務づけられ。今回の「食品表示法」によって、さらに改訂された。例証数が多い、あるいは重篤度の高いものを「特定原材料」として必ず表示されるべきものが8品目（義務）、これに準ずるものとして、できれば表示するもの（推奨）が20品目、指定されている（表7－10に掲載）。

また、同一の特定原材料等を含む原材料等が複数ある場合、つまり繰り返しになる場合には、表示が省略されることがあること、アレルギー表示が省略され、代替表記等で表示されることがあるため、表7－11「特定原材料の代替表記等の例」を掲載した。

卵、乳製品、小麦がアレルギー食品の上位3品目である。アレルギー体質の人はアレルギーを引き起こす食品を少しでも食べると呼吸困難や血圧低下などで生命を脅かされることがある。そのことを考えると、8品目だけではなく28品目すべてに表示を義務づけるべきではないか（表7－10、表7－11）。

子供の「ぜんそく発作やじんましん、鼻づまり、目の充血などのアレルギー症状、花粉症、アトピー」などを誘発する原因は、着色料、着香料などの食品添加物の摂取を含む食生活にあるのではないかなど、食品添加物の影響を、山田博士、渡辺雄二、西岡一、増尾清などが指摘[34]している。

表 7 － 10：アレルギー物質を含む食品

特定原材料等

根拠規定	特定原材料等の名称	理由	表示の義務
食品表示基準 （特定原材料）	えび、かに、くるみ、小麦、そば、卵、乳、落花生	特に発症数、重篤度から勘案して表示する必要性の高いもの。	義務
消費者庁次長通知 （特定原材料に準ずるもの）	アーモンド、あわび、いか、いくら、オレンジ、カシューナッツ、キウイフルーツ、牛肉、ごま、さけ、さば、大豆、鶏肉、バナナ、豚肉、まつたけ、もも、やまいも、りんご、ゼラチン	症例数や重篤な症状を呈する者の数が継続して相当数みられるが、特定原材料に比べると少ないもの。 特定原材料とするか否かについては、今後、引き続き調査を行うことが必要。	推奨 （任意）

表 7 － 11：特定原材料の代替表記

特定原材料の代替表記等の例

特定原材料	代替表記（注 1）	拡大表記（注 2）の一例
えび	海老、エビ	えび天ぷら、サクラエビ
かに	蟹、カニ	上海ガニ、カニシューマイ、マツバガニ
くるみ	クルミ	くるみパン、くるみケーキ
小麦	こむぎ、コムギ	小麦粉、こむぎ胚芽
そば	ソバ	そばがき、そば粉
卵	玉子、たまご、タマゴ、エッグ、鶏卵、あひる卵、うずら卵	厚焼玉子、ハムエッグ
乳	ミルク、バター、バターオイル、チーズ、アイスクリーム	アイスミルク、ガーリックバター、プロセスチーズ、乳糖、乳たんぱく、生乳、牛乳、濃縮乳、加糖れん乳、調製粉乳
落花生	ピーナッツ	ピーナッツバター、ピーナッツクリーム

（注 1）代替表記　特定原材料等と表示方法や言葉は異なるが、特定原材料等と同様のものであることが理解できる表記（上表に掲載されているものに限定）
（注 2）拡大表記　特定原材料等又は代替表記を含むことにより、特定原材料等を使った食品であることが理解できる表記（上表に掲載されているものは例示）
（名古屋市 HP　アレルゲンを含む食品の表示）

XI）食品添加物の子供への影響

　ファストフードやジャンクフードの偏った栄養と「食卓の団らん」が失われたことも、若者の精神を荒廃させる原因のひとつかもしれない。1人だけでご飯を食べて育った子供や外食ばかりの子供は、成長して大人になっても食に関心をもてないのではないか。その子が親になったとき、自分の子供に食との正しいかかわりを教えることができるであろうか。

　食品添加物が直接の原因というより、両親が食に無関心で食品添加物をたっぷり含む加工食品を気にすることなく子供たちに与えているのではないか。食事に手を抜いているのではないか。食にもっと関心をはらうべきではないか。まず今の大人が食の大切さや食文化を引き継ぐべきではないか。これらは親に対する警告ととらえることもできる。食事を通じて結ばれる親と子の愛情の絆が不足すれば、子供が精神的に不安定に陥ることは容易に想像できる。

　逆に、食事を通じて親と子の愛情の絆をしっかりと築けば、親の手づくりの味こそが子供をほのぼのとした幸福感で包み込むのではないか。子供には自分の食べるものを選ぶ権利はない。親の出したものをそのまま何の疑いもなく口に入れるということを、大人は認識しておかなければならない。大人たちに対する教育も必要であり、子供たちに対しても、何を、どのように、家庭で、学校で教えるべきかなど適切なプログラムが求められている。

　スナック菓子はジャガイモ、トウモロコシ、小麦粉、コメ、サツマイモの主原料をそのまま粉などにして油で処理し味つけしたもので、高カロリーで栄養分がほとんど含まれていないフードの代表である。小麦、トウモロコシはすべて輸入品で、遺伝子組み換えの不安があり、合成着色料が多く使用されている。ポテトチップスには様々な製品が出回っているが、選ぶなら表示基準のないうす塩味よりも添加物の少ない塩味が安全である[35]。しかし食事の代わりにするのは問題である。

　スナック菓子と清涼飲料水の組み合わせは最も問題で、現代型栄養失調を生み出しているだけでなく、この2つは危険レベルが異なっている。スナ

ック菓子は軽いので、食事の後でも 1 袋くらいすぐに食べることができる。清涼飲料水も簡単に 1L でも飲むことができる。この両者を与えれば、自分の子供を簡単に油漬け、砂糖漬け（「ブドウ糖果糖液糖」－砂糖の代用品で、現在、流通しているものには砂糖を 20 〜 25％ブレンドしたものが多く出回っている）にしてしまう [36] ことができる。

　ご飯にとって代わった主要な主食は食パンである。日本で売られている食パンには大量の砂糖が含まれており、問題が大きい。おいしさ、発酵の促進、「しっとり感」をもたせるため大量に砂糖が加えられている。砂糖を入れなければ、パンはボロボロに崩れる。日本の食パンは買ってから 2 日経っても、3 日経ってもしっとりしている。砂糖が大量に含まれているからである。このことに多くの人が気づいていないだけである。子供にとって何よりも危険で恐ろしいことは、それが習慣になってしまうことである。そうなればだれもとめられない。

　服部幸應は日本人の食に対する意識の低下を憂慮するとともに、「朝食を抜き、スナック菓子を食べ、清涼飲料水を飲むような食生活が、どんなに身体に悪いかを、子どもたちに教えてあげる必要がある」こと、そして「こうした状況がいかに深刻な問題かということを、食品メーカーと消費者である私どもがともに考え、改善していく」必要がある [37] ことを強く訴えている。

　文部科学省が推進する「早寝早起き朝ごはん」プロジェクトは、現在、就寝時間が遅くなり（睡眠不足となり）、朝食をとらないなど乱れている食生活、特に子供たちの基本的生活習慣を整えることによって、学習意欲、体力、気力の向上・充実をはかることをねらいとしている。特に朝食は子供たちの学力、体力、気力を身につけるための重要なカギとなる。

　これらの背景には、大人の帰宅が遅く、夜更かしする生活リズムに子供を引きずり込んでいることがあるように思われる。そうだとすれば大人たちの自覚・責任は非常に重大である。

　2023（令和 5）年の食品添加物市場は、約 1 兆 2836 億円で 2013 年以降

1 兆円を超える規模で推移している。少子高齢化や共働き世帯・単身世帯の増加といった社会構造の変化に伴う食生活の多様化と、生活者の健康志向の高まりなどが影響し、食品添加物は安定した需要を確保した[38]と考えられる。

　添加物の摂取は、「発がん性」をはじめ、新型栄養失調とも関係していると思われる「腸内細菌への悪影響」「ミネラル不足」などがあり、すぐに発症するものから 10 年、20 年先のリスクまで懸念されている。とくに子供への影響は計り知れないと言われている。しかし、食品添加物天国日本で、添加物を徹底して避けることは経済的にも精神的にもかなり負担が大きいことは明白である。

「添加物はすぐに健康に影響はないが、摂ると体内のミネラルがその分解・代謝・解毒に使われてしまうので、必要なミネラルをかなり消耗する。従って、ミネラルを補給することで添加物だらけでも、その悪影響を最小限にすることができる[39]」と中戸川は提唱している。

表7−12：加工食品のウソ・ごまかしを見抜く「安部式」添加物分類表

●よくある「毒性のランク」で分けたものではなく、賢く加工食品を選ぶための分類表。この表が頭にあれば、「これが入っているから安いんだ」「これは避けたほうがいい」など食品を見極める手助けになるはず。興味のある方はコピーして、財布などに忍ばせておくと、買い物の際にいつでもチェックできて便利。

●なお、同じ添加物が2つのグループ（たとえば第2グループと第4グループ）に重複していることがありますが、これは両グループの特徴を持っているということ。

●1500種類もの添加物を厳密に分類することはできないため、代表的なもののみ。また、分類もあくまで目安。

	第1グループ	第2グループ	第3グループ	第4グループ
特徴	食品加工において不可欠な添加物	メーカーにとっては比較的簡単にはずしやすい添加物	加工上、簡単にははずせないが、メーカーの努力次第では、はずせる添加物	毒性が高く、使用基準も厳しく定められている添加物
コメント	歴史的にも長く使われており、安心感がある	入れなくても問題ないが、食品の色・味・量をごまかすために使われることが多い。加工食品のウソ・ごまかしを見抜くうえで、最も注意しなければならないグループ	ただ、はずすためには消費者も「色が少々悪くなる」「値段が高くなる」といったデメリットを理解する必要がある	天然には存在しないものばかりで、安全性を疑視する声もあり、極力避けたい
添加物の例	重曹 （ふくらし粉） ベーキングパウダー （膨張剤） にがり （塩化マグネシウム） 水酸化カルシウム （こんにゃくを固める） 寒天 （ようかんをつくる） ゼラチン （ゼリーをつくる）	化学調味料 アミノ酸等、 グルタミン酸ナトリウム （グルタミン酸ソーダ） 5'-リボヌクレオチドナトリウムグリシン アラニン　など 天然系調味料 たんぱく加水分解物 ○○エキス類　など 香料 酸味料 クエン酸、乳酸 ビタミンC （V.C.アスコルビン酸とも表記） コハク酸　など 増粘多糖類 キサンタンガム、 グアーガム、CMCなど 着色料（天然系・合成系とも） 赤102、黄4、クチナシ色素 カロチノイド、コチニール カラメル色素、紅こうじ色素 など 甘味料（天然系・合成系とも） ソルビトール（ソルビット） ブドウ糖果糖液糖、甘草 ステビア（ステビオサイド） サッカリンナトリウム アセスルファムK アスパルテーム　など	pH調整剤 酢酸ナトリウム クエン酸ナトリウム リンゴ酸ナトリウム GDL　など 品質改良剤 プロピレングリコール リン酸塩 （ポリリン酸ナトリウム、 　メタリン酸ナトリウム、 　ピロリン酸ナトリウム） ミョウバン　など 色調保持剤 ニコチン酸アミド アスコルビン酸ナトリウム ミョウバン　など 天然系保存料 ポリリジン 白子たんぱく ペクチン化合物　など 麺の品質改良 かんすい 炭酸カルシウム プロピレングリコール など	合成着色料 赤102、赤3、黄4、黄5 青1、青2　など 発色剤 亜硝酸ナトリウム　など 合成甘味料 サッカリンナトリウム アスパルテーム アセスルファムK　など 酸化防止剤 BHT、BHA　など 合成保存料 ソルビン酸 ソルビン酸カリウム 安息香酸ブチル　など 防カビ剤 OPP、TBZ　など

（安部司『食品の裏側』）

― 註 ―

1 「東京近郊の子どもを持つ母親 400 人に聞く－食生活の実態と " 食 " への意識」農林中央金庫、2021 年 4 月。

2 増尾清監修『食べてはいけない！ 危険な食品添加物』徳間書店、2004 年、151 ページ。

3 安部司『食品の裏側』東洋経済新報社、2005 年、32 ページ。

4 佐伯平二『環境クイズ』合同出版、2000 年、85 ページ。

5 中戸川貢『ワースト添加物』ユサブル、2023 年、16 ページ。

6 前掲 安部『食品の裏側』156 〜 157 ページ。

7 前掲 中戸川『ワースト添加物』22 〜 23 ページ。

8 渡辺雄二『コンビニの買ってはいけない食品　買ってもいい食品』だいわ文庫、2010 年、214 ページ。

9 増尾清『食品表示の見方・生かし方』農山漁村文化協会、2002 年、28 ページ。

10 農林水産省 HP。正木英子『食べちゃダメ？』小学館、2003 年、26、30 〜 31 ページ。

11 安田節子『食品表示の読み方』岩波書店、2003 年、28 ページ。

12 同上、30 ページ。

13 日本食品添加物協会 HP。

14 谷村顕雄『食品添加物の実際知識』東洋経済新聞社、1992 年、56 〜 64 ページ。藤井清次ほか『食品添加物ハンドブック』光生館、1997 年、184 〜 187 ページ。左巻健男ほか編著『気になる成分・表示 100 の知識』東京書籍、2000 年、36 〜 37 ページ。石堂徹生『「食べてはいけない」加工食品の常識』主婦の友社、2003 年、39 ページ。渡辺雄二『食品添加物危険度事典』KK ベストセラーズ、2006 年、58 〜 70 ページ。

15 前掲 中戸川『ワースト添加物』27 ページ。

16 吉田利宏『食べても平気？』集英社、2005 年、120 〜 121 ページ。

17 武末高裕『食品表示の読みかた＜基礎編＞』日本セルフサービス協会、2006 年、367 〜 373 ページ。

18 同上、123 〜 126，185 〜 186 ページ。『食品表示ハンドブック 第 4 版』全国食品

安全自治ネットワーク、2011 年、83 ページ。

19　前掲 安部『食品の裏側』119 ページ。

20　同上。

21　WEB 健康倶楽部 HP。

22　山本弘人『汚染される身体』PHP 新書、2004 年、127 〜 128 ページ。前掲 左巻『気になる成分・表示 100 の知識』36 〜 37 ページ。

23　同上。左巻『気になる成分・表示 100 の知識』58 〜 59 ページ。山本弘人『食べるな！　危ない添加物』リヨン社、2003 年、106 〜 107 ページ。前掲 安部『食品の裏側』106 〜 108 ページ。

24　渡辺雄二『食品汚染』技術と人間、1990 年、99 ページ。

25　藤原邦達監修『コーデックス食品規格一問一答』合同出版、1995 年、100 〜 101 ページ。前掲 山本『汚染される身体』137 〜 139 ページ、前掲『食品表示ハンドブック』76、78 ページ。

26　西岡一『食害』合同出版、1992 年、100 〜 101 ページ。前掲 藤原『コーデックス食品規格一問一答』212 〜 213 ページ。

27　馬場正彦『地球は逆襲する』廣済堂出版、1992 年、111 ページ。

28　農林水産省 HP。

29　西岡一『添加物の Q & A』ミネルヴァ書房、1997 年、21 ページ。

30　同上、7 ページ。

31　日本アレルギー協会 HP。

32　同上。

33　前掲山本『汚染される身体』26 ページ。

34　山田博士『あぶないコンビニ食』三一書房、1996 年、108 ページ。前掲 西岡『添加物の Q & A』128 ページ。

35　小若順一『新・食べるな、危険！』講談社、2005 年、218 〜 219 ページ。

36　田島真ほか『安全な食品の選び方・食べ方事典』成美堂出版、2004 年、220 ページ。

37　服部幸應『大人の食育』NHK 出版、2004 年、165、193 ページ。

38　三栄源エフ・エフ・アイ HP「知っておこう！食品添加物業界」。

39　前掲 中戸川『ワースト添加物』16 ページ。

第 8 章　水の浪費大国日本

8 − 1．水不足と家庭排水

　本当に水は豊富なのでしょうか。夏になれば水不足が叫ばれています。なぜでしょうか。どうすればよいのでしょうか。

1. 水の惑星『地球』、地球上の水の総量（約 14 億 km³）のうち、川や湖沼、地下水などの「私たちの利用できる」淡水は、水の総量の 0.8% しかありません。海の水は全体の 97.5% を占め、飲むことはできません。しかも人が飲料などに使いやすい水は、水の総量の 0.01% しかありません [1]。生きていくために使える水は、ほんの少ししかないということです。

2. 調理、洗濯、風呂、掃除、水洗トイレ等の過程で使用される水のことを「家庭用水」、オフィス、飲食店、ホテル等で使用される水を「都市活動用水」と呼び、合わせて「生活用水」と呼んでいます [2]。

3. ボイラー用水、原料用水、製品処理用水、洗浄用水、冷却用水、温調用水に使用されている水を「工業用水」、水稲等の生育などに必要な水を「水田灌漑用水」、野菜や果樹等の生育などに必要な水を「畜産用水」と呼び、合わせて「農業用水」と呼んでいます [3]。

4. 2018（平成 30）年には、生活用水として約 150 億㎥、工業用水として約 106 億㎥が、農業用水として約 536 億㎥が使用されており、合計量は約 791㎥になります。これは琵琶湖 3 杯分の水量 [4] に相当します。

5. 日本の平均的な家庭では洗濯、台所、水洗トイレ、風呂、シャンプー、歯みがき、洗車などに使う家庭用水として、1 人 1 日当たり平均 214L

（2L のペットボトルで 107 本＝ 4 人家族で約 860L・2019 年度）の水を使っています。1973 年には 192L だったので、30 年間で約 1.3 倍増加したことになります。大部分は台所の洗い物、トイレ、風呂、洗濯などで無意識のうちに「湯水のように」使用しています[5]（図 8 － 1、表 8 － 1）。

6. 水道水は家庭用水、養鶏やハウス栽培などの施設農業、工業用水などに使われています。工業用水は、現在では工場内で水を浄化してリサイクルする工夫も進み、水道水の使用量は近年、減少してきました。また農業用水の使用量もあまり増えていません。家庭用水は 1998（平成 10）年をピークに緩やかな減少傾向がみられます。

7. 家庭用水の大部分は水道による給水であり、これらの水源はほとんどが河川水です。

8. イギリスでは年平均降水量 1064mm、アメリカ合衆国では 760mm 程度ですが、日本は 1718mm の多雨国で、世界的にみて最も水に恵まれ、大量の水を消費している国です。しかし人口密度が高いため人口 1 人当たりの降水総量は約 5100㎥ で、アメリカ（2.5 万㎥）の 5 分の 1、ロシア（5.4 万㎥）の 10 分の 1 にすぎません[6]。日本が水に恵まれた豊かな国だったのは、水需要の少ない高度経済成長期以前の話です。

9. 日本の地形は急で、河川は短く急流、ダムの貯水効率は悪いことから、使用できずに一気に流れ去ってしまう水は資源といえません。日本の 1 人当たり水資源量は 3332㎥ で、世界平均 7044㎥ の半分以下です[7]。

10. 日本の年間降水総量（ある流域から河川に流れてくる水量）は約 6400 億㎥、年間使用量は 791 億トンです。河川水と地下水とが上水道用水、農業用水、工業用水など様々な用水源として利用されます。水は生き延びるためには不可欠の大切な資源です。同時に、洪水や土砂災害など、深刻な自然災害をもたらす一面をもっていることも忘れることはできません[8]。

『春の小川はさらさらいくよ』、『兎追いし彼の山、小鮒釣りし彼の川』、『ほ、ほ、蛍来い。そっちの水は苦いぞ。こっちの水は甘いぞ。ほ、ほ、蛍来い』

　これらの唱歌はいずれも水の情景を表している。しかし戦前の小川や放水路は高度経済成長の余波で埋め立てられるか、暗渠となってしまっている。

図8－1：東京都の家庭での水の使われかた

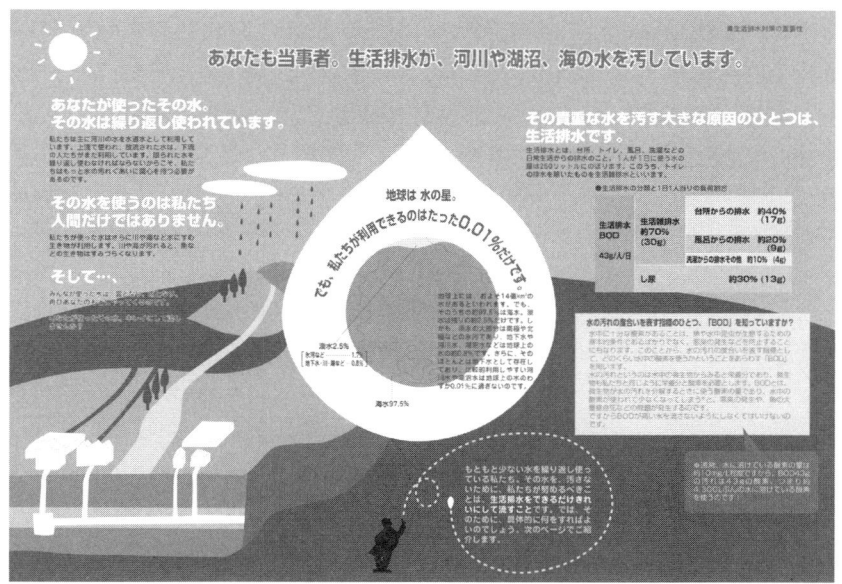

（環境省 HP「生活排水読本」）

表8－1：世帯人員別の1ヵ月の平均使用水量

世帯人員	使用水量（m³）	世帯人員	使用水量（m³）
1人	8.0	4人	25.1
2人	16.2	5人	29.6
3人	20.8	6人以上	35.4

（東京都水道局 HP）

風呂の水で最初浴槽に水を張ると約 200L、標準型完全自動洗濯機の 1 回の水使用量は 150L、自動車の洗車には 200L の水が必要である。私どもの家庭では入浴のために 24％、洗濯 17％、トイレが最も多く 28％、台所 23％、洗顔そのほかに 8％の水を使用している 。全国の水使用量は年間 154 億㎥の生活用水のほかに 117 億㎥の工業用水や 544 億㎥の農業用水も必要[9]である。

　私どもが使用できる水は森林が山に貯蔵する水、雪解け水が川となって流れる水、湖や池のように低地に溜まった水、地下水、ダムに人工的にせき止められた水のいずれかである。地下水は「水は天からもらい水」[10]の言葉どおり、地表に降り注いだ降水が地下に浸み込んだものである。

　年間降水総量は流域面積×（年間降水量－平均蒸発量）で表され、季節、地形、地質などの条件を無視して概算すれば約 6400 億㎥となる。そのうち約 2300 億㎥は蒸発散していると考えられている。日本の年間の水使用量は約 791 億㎥と推計され、大部分を河川水に依存している[11]。

11. 日本列島の 67％は山地で、山の裾には農山村と都市の水源になっている雑木林の里山があります。里山とは林や田、溜池などが組み合わさった環境です。人間界と自然界の緩衝地帯でもあります。1970 年代以降、燃料や肥料が石油製品にかわっていくにつれて、雑木林は使われなくなり、里山が荒廃しています。

12. 大都市の水源となる河川の水量と水質の安定には上流域全体の山林の保全が欠かせません。しかし実際には山は荒れています。間伐されていない山林は根の広がりが乏しく、20 ～ 30mm 程度の雨でも表土が流出します。その結果、河川は濁り、その濁りはそのまま生活用水の質に影響します。山林、河川、都市生活は結びついています。山林の保全は都市生活者が安全な飲み水を確保するための必要条件です。

13. この恵まれた環境にゴルフ場が進出し、芝を保持するために病害虫を防除する農薬が散布されています。農薬は地下に浸透して地下水、降

雨に伴って表流水を汚染しています。農薬が入り込むと、河川の浄化力が激減します[12]。

14. 雨が大量に降るからといって貯蔵するところがなければ水を利用することができません。しかも都市化はこれらすべてを消滅させてしまっています。路地裏はもちろん、道という道はすべて舗装され、自然の恵みである雨水は利用されることなく、ほとんど放棄されることになりました。

15. 雨が貯水所に補給される以上に水を使用すれば不足するのは当然です。水は無駄に捨てられ、不適切に管理され、過剰に使用されてきました。そのツケを払わされようとしています。

16. 問題のひとつは下水道です。台所から風呂、トイレの排水まであらゆる家庭排水をひとつの下水に流し込んだために処理が不可能となり、再利用できなくなって本来使える水も使えなくしてしまいました。

17. 毎日のように大量に水を消費する都市は雨に頼ることはできません。都市には貯水所がないためです。水、食料は他からもらう、あるいは買うという発想から成り立っているのが都市です。ダムのような特定の水源に頼るような水の一極集中はいざというとき全滅する危険性があります。

　日本列島の 67% は山地で、山の裾に雑木林の里山があり、この里山が農山村と都市の水源になっている。1970 年代以降、雑木林は使われなくなり、うっそうとした常緑広葉樹の森に変化し始め、構造改善事業などで水路がコンクリート張りにされたり、乾田化されて用水路は使われなくなり、チョウ、メダカ、ドジョウ、トンボ、ホタル、カエル、フナが姿を消した[13]。

表8−2：里山が荒廃しているかどうか Check Point

雑木林
　① カタクリやフクジュソウなどの春植物
　② 明るい落葉広葉樹林や草地に生える植物をエサにするチョウ

田、水路、ため池
　③ ホトケドジョウ、トゲウオ類（寒冷地）
　④ メダカ、ドジョウ、タニシ、ヘイケボタル
　⑤ 水路にカワトンボ、ハグロトンボ、ゲンジボタル、ツチガエル、マブナ
　⑥ 早春に卵を産む両生類（アカガエル類、サンショウウオ類）
　⑦ ため池を含め、タガメ、ゲンゴロウ、ガムシ、タイコウチ、ミズカマキリなどの
　　水棲昆虫

（アースデイ 2000 日本編『地球環境よくなった？』81 ページ）

　しかもこの恵まれた環境にゴルフ場が進出している。都市近郊の里山である丘陵地の樹木を伐採して芝生にし、造成時に重機ローラーで緊圧し、踏み固められた人工草地の保水力は自然樹木の4分の1〜5分の1に激減する。したがってこの地域の地下水は減少し、やがては河川の流量低下につながる[14]。

　本来、ゴルフは灌木と草原の半乾燥地帯でのスポーツである。日本のような温暖、多雨の地域でゴルフ場を造成するには芝の病害虫と雑草防除対策が不可欠となる。雑草を防除するために様々な除草剤が散布され、ゴルフ場1ヵ所当たりの年平均使用量は殺菌剤が75種類で756kg、殺虫剤が33種類で937kg、除草剤が62種類で954kgの合計2647kgとなっており、全体では170種類以上で169トンにのぼる[15]と報告されている。このようにゴルフ場は農薬漬けになっており、年平均農薬使用量は一般の農地で使用される量の約4倍にのぼる。ゴルフ場18ホールの面積は約100haである。広大な林野を切り開いて造成される。2023（令和5）年には、千葉県を筆頭に2123コース、アメリカ、カナダについで世界第3位のゴルフ場保有国[16]となっている。大規模な自然破壊であり、洪水の原因となっていることも忘れてはならない。

　かつて、「井戸が涸れたとき初めて、人は水の値打ちに気づく」[17]と述べ

たフランクリンのこの教訓をいやというほど思い知らされる危機に直面しようとしている。水不足になれば飲み水以外の水はほとんど使用できなくなる。特に都市の周辺には井戸もなく、あっても汚染されており、飲料用として利用することはほとんど不可能である。川はあっても、ほとんど三面コンクリート張りにされ、雨水を迅速に下流に流すことだけを目的に設計されている。雨水も流すことができ、岸辺を緑化して散策路も整え、多少の魚や生物もすめるような護岸や底面になっていない[18]。コンクリートと地面はアスファルトで覆いつくされ、屋根に降った雨は雨樋を通して下水に流れ込んで地下に浸透しない。雨水を邪魔もの扱いにし、雨水を利用することも地下に返すこともしていない[19]アスファルトをやめ、透水舗装やジャリを敷くなど雨水を地下に浸透させることが必要である。

　雨が大量に降るからといって、貯蔵するところがなければ水を利用することはできない。都市に住み続ける限り、水道という歴史的な都市施設からしか水の供給をうける方法がない。大都市は限りなく、「水」を収奪しながら、都市機能を保持してきた。大地からくみ上げはするが、大地に戻していない。むしろ大都市は大地への補給路を断ってしまっている[20]。水の不足は都市そのものの機能を停止させる。

　毎日のように大量に水を消費する都市は雨に頼ることはできない。都市には貯水所がない。異常気象はいつ、どこを襲うか予測できない。炭酸ガスの濃度が現在の約2倍の0.07〜0.08％になれば、地球の温度は2〜3℃上昇し、地球の生態系や気候は激変する[21]。わずかな大気の変化によっても大きく変動する。水の一極集中はいざというとき全滅する危険性をはらんでいる。

---

18. BODの単位はmg/Lです。このmgは酸素の重さです（5日間で減少した酸素の重さ）。汚れがひどいほど微生物は、それを食べるときに多くの酸素を必要とします。5日間に減った酸素の量が多いほど水のなかにある有機物の汚れがひどいということです。この酸素のことをBOD

（生物化学的酸素要求量）といいます。あまりに汚れがひどいと水にとけている酸素がなくなり、魚などは呼吸ができなくなって死んでしまいます[22]。

19. 本来、工場排水は自己処理して直接河川に放流し、家庭排水のみ下水道で受け入れ処理するのが良いとされています。しかし下水道で工場排水と家庭排水を混合処理する政策がとられ、河川は工場排水と家庭排水とによって汚染されています。

20. 1965 年から日本に登場した流域下水道は多くの市町村を幹線管渠で結ぶ計画です。しかし 100 年後にしか完成しないような巨大な計画にしたため、足元の下水道はいつまでも完成せず、不経済で水質汚濁の元凶となっています。下水道普及率は 2022 年度末に 92.9% となっています。まだ約 880 万人が下水道のない地域で生活しています[23]。

21. 頼みの綱は浄化槽です。下水道のない地域でトイレを水洗化する際、水洗トイレの排水だけを処理する単独浄化槽の設置が義務づけられていますが、合併浄化槽（＝家庭排水用の処理施設）＝個人下水道をつけることは最近まで認められませんでした。したがって単独浄化槽が十分に機能しても家庭排水を処理したことにはなりませんでした。

　日本では下水道で工場排水と家庭排水を混合処理するという政策がとられた。そこで一律排水基準 BOD（生物化学的酸素要求量＝河川の汚染の程度を示す代表的な指標で、BOD の値が大きいときはそれだけ水が有機化合物によって汚染されていることになる。清流の水質は 1mg/L）160mg/L と未処理の家庭下水の濃度と同じ緩やかな基準が採用されたため、河川は工場排水と家庭排水とによって汚染されてしまった[24]。

　欧米の下水道は、当初は管を敷き、遠くへもっていって捨てるだけで雨水用と汚水用（生活排水・工場排水）の合流式であった。画期的な処理方法が見出された段階では、すでに管渠に生活排水、工場排水と雨水も入って、これらが区別できなくなっていたため、いずれも混合処理を採用した。下水管

を 2 本敷設する必要がなく、コストが安くすんだから [25] だともいわれている。日本が下水道を計画するときには処理技術がすでに完成していたにもかかわらず、欧米のものをそのまままねて下水道をつくった [26] ところに問題がある。欧米諸国は下水道の先進国だが、パリ、ロンドンの下水道は今から 100 年以上前の古い理念と技術にもとづいて建設されているからである。

　1965（昭和 40）年から日本に登場した流域下水道は多くの市町村を幹線管渠で結び、上流の処理場で処理された下水が下流の水道水源に入らないように海ぎわに巨大な処理場をつくる [27] というものである。これは都市単位ではなく、河川単位に下水道システムをつくり、流域で下水を一括処理する。流域下水道構想では、1 人当たり、後述する合併浄化槽の 6 倍もの費用がかかるだけでなく、浄水場は最も下流に建設されるため処理水も川の下流に放流され、上流は水のない川になってしまう [28]。

　下水道普及率（全人口のうちどれくらいの人が下水道を使用できるかを示す割合で、％で表す＝下水道利用人口÷総人口×100）は、1970 年の人口の 16％であったものが、2023（令和 5）年には 92.2％となった。東京など大都市では 90％を上回る（東京 23 区では 99.9％）が、人口の少ない市町村では低く、最も低いのは徳島県の 16.3％である [29]。約 880 万人が下水道のない地域で生活している。下水道を利用できる人の割合はアメリカでは 4 人中 3 人、イギリスでは 97％で、ほとんどの人が使用している [30]（下水道はあっても、下水道に排水が入らないバルコニー、ガレージ、玄関などに洗濯機が置かれていないであろうか）。

　頼みの綱は浄化槽である。一般に下水道の恩恵をうけるには、大都市に住まなければならないが、今後さらに中・小都市、村落へと普及させるには、人口 1％当たり最低 1 兆円と 1 年の期間が必要だといわれている。したがって国民皆下水道を達成するには約 10 年はかかる [31] ことになる。

　トイレの排水は浄化槽で処理されるか、下水道局の屎尿処理場で処理されている。トイレ以外の台所や洗濯、風呂からの排水は処理されることなく排水口を通って川に放流される。家庭での汚水の割合はトイレが 30％、その

ほかが 70％で、これが河川や海を汚染する大きな原因[32] となっている。

　たとえば水洗トイレから 1 人 1 日 BOD13g、トイレを除く家庭排水 1 人 1 日当たり BOD27g を排水する場合、単独浄化槽でトイレの排水のみを処理し、放流すれば公共用水域へは 1 人 1 日当たり BOD32g の放流となるが、1 人 1 日当たり BOD40g を合併浄化槽で処理すれば 1 人 1 日当たり BOD4g が放流されるにすぎない[33]。浄化槽が最初から単独ではなく、合併浄化槽で下水道と併用していれば、現在のような水質汚濁の問題は起きていないといわれるのはこのためである。浄化槽法（1983 年）の改正で、単独浄化槽の新設は実質的に禁止されているため、現在では浄化槽といえば合併浄化槽のことである[34]。下水道が普及しなければ、水質汚染は決して解消しないということである。

22. 何をつくるにも水が必要です。私どもが毎日の生活で使っている無数の製品は生産するのに大量の水を必要とします。都市のビル、デパートでの水の使用量は 1 日数百トンから数千トンにおよんでいます。主として空調、トイレ、飲料、調理用です。

23. 水が不足すると都市機能すべてが停止します。水洗トイレは 1 回 20L の水を使用します。1 日に 4 人家族がトイレで使用する水の量は 200L、バケツ 20 杯分になります。

24. かつて"安全と水がタダの国"といわれた日本ですが、安全はもちろんのこと、水も"タダ"で使い捨てというわけにはいかなくなってきました。水も節約し、さらには汚さないようにすることが、私どもの地球を守る生活術だということになります。

25. 現在、日本のダムの数は、1481 あります。これ以上ダムをつくれば、自然がますます破壊され、またダムをつくるための膨大な経費が水道料金となって跳ね返ってきます。

26. 雨水の利用を増やし、節水を徹底することによってダムに頼らない都市にしていかなければなりません。節水は単に干ばつ時の緊急対策で

> はなく、環境的に最も健全で洗練された包括的な対策です [35]。水を大
> 切に使うことは、あらゆる意味で地球に優しく、私どもの安全を守る
> ことになります。

　何をつくるにも水が必要である。私どもの毎日の生活で使っている無数の
製品は、生産するのに大量の水を必要とする。鋼鉄 1 トンに対して 100 ト
ン、アルミでは 190 トン、紙では 300 トン、米では 3600 トンが必要であ
る [36]。

　都市での活動の源は大量のエネルギーだが、これを支えているのが水であ
る。水が不足すれば都市機能すべてが停止する。水洗トイレは 1 回 20L の
水を使用する [37]。都市のトイレでの女性による音消し流しを入れると、さら
に数杯分の水が無駄になる。これほど水を浪費する水洗トイレは構造自体を
改善する必要がある。都市はあたかも中心であり、都市だけで機能している
ようにみえるが、実際には周囲からの支持あるいは協力をひとつでも失うと
都市機能は完全にストップしてしまう [38]。

　かつて "安全と水がタダの国" といわれた日本だが、最近はそうではなく
なってきた。安全はむろんのこと、「とくに水は深刻である。夏になると、
毎年のように各地で水不足が伝えられたり、飲料水をスーパーで買う人も
年々増えている」[39]。したがって水も "タダ" で使い捨てという考えは通用
しない。節水が必要である。節水は自然を破壊することなく、水道料金を安
くするもうひとつのダム建設である。

　日本政府は国民の生活水準の向上によって水の消費量は今後とも増加し、1
人当たりの水需要を 1 日約 400L と予測している。しかし実際には長期水需
給計画の予測を大きく下回っている。1 日平均水量は減少し、バブル経済の
崩壊とともに現在は都市用水の需要は横ばいに近い。人口の頭打ち、下水道
と浄化槽の普及に伴うトイレの水洗化の進展、産業構造の変化、つまり水を
大量に使う産業の減少に伴う工業用水の減少（61％は回収水）など今後もこ
の傾向は続くと考えられ、これ以上のダム建設の必要性は低下してきている。

しかし国や県はダムの建設計画を推進している。日本には現在 1481 ものダムがあり、すでに多くの自然を破壊してしまっている。ダムは水没地に住む人々の生活を破壊し、川の自然環境を破壊し、災害の危険性を誘発し、水質を悪化するなど様々な災いをもたらしている[40]。これ以上ダムをつくれば、ますます自然は破壊される。

　雨水の地下への浸透を全面的に推進して、都市の自己水源である地下水への依存度を極力高め、徹底した節水を展開することが必要である。水需要を満たすために供給量を増やし続けるのではなく、節水によって高価なダムや貯水池、処理施設の建設を延期または中止して環境を保全することが必要である。上水の供給や下水の処理には膨大な電力が消費されるので、節水には温暖化を防止するという効果もある。

　大都市のうち、福岡県が節水をまともに進めているといわれている。節水型便器などの節水機器の普及、新築ビルに対する雑用水道の導入、適正な給水圧の自動調節、さらには節水意識の向上に努めている[41]。

　これまで水はほとんどの場合使い捨てであった。使用後の汚れた水をそのまま川や海に流したり、処理場である程度浄化して、やはり海に流してきた。しかし私どもが利用できる水量は限られている。そこで一度使った水を通常より手間をかけて浄化処理して家やビルに戻し、トイレなどに使うように工夫されるようになってきた。スポーツ競技場や役所、学校など全国約 3000 の施設で導入され、たとえば東京ドームでは雨水を利用するシステムを設け、屋根に降る約 31720㎥ もの雨を地下タンクに集め、トイレ用水や冷房に利用している（このように処理した下水や雨水をトイレ用水などに利用する水道を「中水道」とよんでいる[42]）。

　公衆の教育を通して料金負担を軽くするために消費者ができる工夫について説明することは有効である。アメリカのように水洗トイレ設備は 1 回のフラッシュで 6L までしか水を使ってはならないと定めるのも、より確実に節水効果をあげることのできる方法[43]であろう。

27. ふつう、水道の給水量は 1 秒間で約 200cc、1 分間で約 12L です。10 秒間、水を出しっぱなしにしておくだけで 2L もの水が無駄に流れてしまいます。私どもは知らず知らずのうちにこのような水の無駄遣いをしがちです。歯を磨くとき、食器を洗うとき、洗車するときなど、この水の無駄遣いを簡単に防ぐことができます。

28. ライフスタイルが一層欧米化するなかで、なかなか変わらない日本人の生活習慣のひとつが入浴です。日本人は風呂に大量の水を使っているのも確かです。日本の一般家庭で使用されている風呂には約 200L の水が入ります。1 年間で 1 升びんにして約 4 万本の量に相当します。

29. 毎日、入浴している家庭では 1 年間で約 7 万 3000L の残り湯を洗濯や洗車に、そして冷たくなった残り湯は植木などの散水に再利用することができます[44]。

30. 私どもが流す排水には合成洗剤、農耕地で使用される大量の化学肥料、農薬など様々なものが溶け込んでいます。公共用水域、地下水を汚染し、流出して河川や湖沼を富栄養化させ、生態系に大きな影響をおよぼしています。

　歯を磨くとき…歯ブラシをぬらしたり、すすいだりするときにだけ水を出すようにすれば 1L 弱の水ですみ、歯を磨くたびに最大 30L 節水できる[45]。
　食器を洗うとき…流しに水をためて使えば 20L 足らずの水ですむ。これで洗い上げのたびに 90L も節水できる[46]。
　洗車…セルフサービスの洗車場であれば 20 〜 40L の水しか使用しない。バケツとスポンジを使って洗えば 30L 前後の水で洗うことができ、210L 以上も節水できる[47]。
　ライフスタイルが一層欧米化するなかで、まったく変わらない日本人の生活習慣のひとつが入浴である。欧米風にシャワーを浴びて終わるのではなく、たっぷりと入った湯のなかに体を沈めている。特にストレス社会といわれる現代では風呂のもつリラックス効果が大いに注目されている。しかし

この“至福のとき”を得るために日本人は風呂に大量の水を使用している[47]のも確かである（表8-3）。日本の一般家庭で使用される風呂には約200Lの水が入る。風呂の残り湯を再利用すれば洗濯機1回分の水を節水できる。ホースで水をかけながら洗車すると、「多い人なら500Lもの水を使ってしまう」[49]という。1台の車を洗うのに必要な水の量はバケツ2杯分、約30Lである。風呂の残り湯をバケツにくんで洗車に利用すれば6台の車を洗うことができ、冷たくなった残り湯は植木などの散水に使うことができる[50]。

　現在、私どもが使う水の量は、前述のとおり、1人1日平均約200〜250Lである。もし各家庭が1日1Lを節水すれば、「それだけで全国で年間1680㎥もの節約になる」。

表8-3：シャワーが得か？　風呂が得か？

	シャワー	風呂
2人	120ℓ	230ℓ
3人	180ℓ	260ℓ
4人	240ℓ	290ℓ
5人	300ℓ	320ℓ
6人	360ℓ	350ℓ

シャワーの場合、1回の使用時間を5分とすると、お湯を60ℓ使う。お風呂の場合、200ℓの風呂の水と足し水を1人30ℓとすると、人数による差は表のとおり。この消費量から、5人以下の場合はシャワーの方が得。3人の場合はシャワーと風呂ではガス代で27円、炭酸ガスの排出量で144gの差になる。
　（前掲 PHP 研究所編『地球にやさしくなれる本 ——
　　　　家電リサイクル法からダイオキシンまで、身近な環境問題を考える』76ページ）

8-2. 水の安全神話の崩壊

水が汚染されるとどのような影響がおよぶのでしょうか。
私どもはどうすればよいのでしょうか。

1．私どもは生命を維持するために1日に約2.5Lの水を飲料水や食べ物から補給しなくてはなりません[51]。しかしこの大切な水が次第に汚れています。

2．水道水は確かに原水からいって自然の水です。ただその原水は特に大きな人口を抱えた大都市の場合、汚濁水とよんでも過言ではないような汚い河川や貯水池のものを使わなければなりません。このように汚水に等しい原水をともかく最先端の科学技術で浄水し、各家庭に送り届けているのが現状です[52]。

3．私どもが無意識に飲んでいる水道水にも発ガン性物質＝トリハロメタンが含まれています。

4．「人工水」ではないにしても、どうしても自然の水とは隔たりを認めざるをえません。河川などの地上水から多くの原水を求めているために原水に対して強力な塩素消毒が求められます。「安全」は不可欠ですが、水道水の「おいしさ」を妨げている最大の原因はこの塩素なのです。

5．河川水を飲料水にするために浄水場で加えられる消毒用の塩素と汚染された原水中の有機物とが反応してクロロホルム（$CHCl_3$）など計4種類のトリハロメタンができます。トリハロメタンの濃度は水道水が水道管のなかを通っている間に、塩素と有機化合物が反応して家庭に近づくほど高くなります。

6．水道水の水源は75％が汚染された河川ですが、その河川には農業排水、ゴルフ場排水、家庭排水、工業排水などが流入しています。現在、汚染の主因は、私どもが流している台所、風呂場、洗面所からの家庭排水です。

　成人は1日約2.5Lの水分を摂取する。私どもが健康に生活するためには空気、食料だけではなく、飲み水の安全性が確保されなければならない。しかし、私どもが無意識に飲んでいる水道水にも発ガン性物質が含まれている。水源から浄水場に入る水には500種類以上の有機化学物質が溶け込み、

そのうちろ過できるのはわずかに 300 種類で、残りはそのまま蛇口を通して口に入っている。河川水を飲料水にするために浄水場で消毒用塩素が加えられる結果、メタン（CH4）の 3 つの水素がハロゲン元素の塩素や臭素で置換された物質である計 4 種類のトリハロメタンが生成されることになる。クロロホルム（CHCl3）、ブロモジクロロメタン（CHBrCl2）、ジブロモクロロメタン（CHBr2Cl）、ブロモホルム（CHBr3）である。トリハロメタン以外に何ができるのか、未だに全部はわかっていない[53]。

　4 種類の総トリハロメタンの量が 1L 中 0.1mg 以下という暫定制御目標値が設定されている。トリハロメタンの生成は原水の汚濁と塩素注入量の増加にその原因がある。トリハロメタンは水温があがる夏期には塩素を大量に投入しなければならないため濃度も上昇し、家庭の水道の蛇口に近づくほど高くなる[54] という特徴をもっている。発ガン性が認められているのは、現在、クロロホルムだけである。

　2012（平成 24）年の環境省の調査で、日本の海域の 20.2%、河川の 6.9%、湖に至っては 44.7%が環境基準を満たしていない[55] ことが判明した。一時期、河川の汚れといえば、工業排水によるものであったが、規制が厳しくなった今日では河川を汚す最大の元凶は、実は家庭排水である。たとえば首都圏を流れる綾瀬川は、「国が管理している河川で最も汚れた川」といわれている。この川の水は田からの水や生活排水から成っている。冬には農業用に引かれている水が少なくなるため生活排水だけが流れる汚れた川になってしまう[56]。家庭排水には法的な規制はない。私どもの日常生活の「心がけに期待する他はない」[57] のが現状である。

　河川や海の汚染の 70%が生活排水によるといわれています。あなたの家庭の台所からは残飯のカスや煮汁や天ぷら油を洗い水といっしょに流していませんか。その結果、どのような問題が起こっているか考えてみましょう。

7. 下水は屎尿処理場で処理されますが（それでも河川を汚します）、その

ほかの家庭排水は下水処理が行なわれない限り、側溝や排水路からそのまま河川に流れ込みます。

8. 家庭排水のなかでどのようなときに使う水が河川などを汚染しているのでしょうか。200L の家庭排水の BOD 総排出負荷量は 40g です。台所排水 18g と台所からが最大です。

9. 台所の排水口に食品を流し込んだ場合、魚が棲めるとされている BOD5mg /L の水質に戻すのに必要な水の量は、たとえばラーメンの汁 200ml を捨てた場合、浴槽 3.3 杯の水が必要です。川を汚したくなければラーメンの汁を一滴も残さず胃袋におさめることが必要です[58]。

10. 台所からの排水をきれいにすることが家庭排水をきれいにするために最も重要です。

11. 台所から出る排水をきれいにするため、特に注意したいのは生ゴミの扱いです。そのためには食事を残さない、手つかずのまま捨てない、ということです。良い水を飲むためには家庭排水にも配慮した生活を心がける責任が私どもにはあるということです。塩素だけではトリハロメタンは発生しません。水道水のなかには原水に含まれていてろ過できなかった家庭排水や工業排水の一部の有機物などが化合してトリハロメタンが発生します。原水の汚染を解決することが水道水のトリハロメタンをなくす大前提です[59]。

　家庭排水は下水道に流され、下水処理場である程度浄化し、BOD を 20mg /L 以下にして川や海に放流される。下水処理場で飲料に適する程度にまで浄化することも可能だが、そこまで人為的に処理するには膨大なコストがかかる[60]。

　全国の下水道普及率は 92.9％である。家庭排水による汚染の大半は下水道が普及していない地域のもので、浄化処理されず、そのまま川などに流されており、川や海の水質を悪化させる大きな原因になっている。なかでも最も汚れのもとになっているといわれているのは食べ物のカスや飲み物の残

り、合成洗剤などを含む排水である[61]。100kg の洗濯物から 4kg もの汚れが排水といっしょに流されることをどの程度の人が知っている[62]であろうか。家庭排水のなかで河川などを汚染しているのは台所排水 BOD 総排出負荷量 18g と台所からが最大で、風呂、洗濯や朝シャンの排水、そのほか 9g となっている[63]。

表 8 − 4：生活排水汚染

食品	流す量	BOD (g)	お風呂の水（杯）
しょうゆ	大さじ 1 杯（15mℓ）	2.1	1.4
味噌汁	おわん 1 杯（200mℓ）	6.4	4.3
砂糖	大さじ 1 杯（10g）	6.9	4.6
ケチャップ	大さじ 1 杯（15mℓ）	3.3	2.2
ドレッシング	大さじ 1 杯（15mℓ）	10	6.8
マヨネーズ	大さじ 1 杯（15mℓ）	21	14.0
食用油	大さじ 1 杯（15mℓ）	25	16.6
缶コーヒー	コップ 1 杯（180mℓ）	13	8.6
緑茶	コップ 1 杯（180mℓ）	0.59	0.4
清涼飲料水	コップ 1 杯（180mℓ）	12	7.9
スポーツドリンク	コップ 1 杯（180mℓ）	11	7.4
牛乳	コップ 1 杯（180mℓ）	25	16.8
ビール	コップ 1 杯（180mℓ）	17	11.5
米のとぎ汁（1 回目）	1000mℓ	4.3	2.8
台所用セッケン	1 回使用量（1.5 〜 5mℓ）	0.93 〜 2.1	0.6 〜 1.4
台所用合成洗剤	1 回使用量（1.1 〜 2.5mℓ）	0.17 〜 0.55	0.1 〜 0.4

台所から食べ物の残りを流していないであろうか。これらは水の汚れとなってしまう。上の表は食べ物を水に流した場合、コイが棲めるように薄めるためにお風呂（300 ℓ）のきれいな水が何杯必要かを示したものである。

（東京都の報告書〈1997〉にもとづいて作成）

　台所の排水口に食品を流した場合、魚が棲めるとされる BOD5mg /L の水質に戻すのに必要な水の量は、もし味噌汁 200mL を流すと、浴槽 4.3 杯の水で薄める必要がある（表 8 − 4）。味噌汁は残さずに飲む人も、米のとぎ汁は流しているのではないか。家庭排水をきれいにするために最も重要なこ

とは台所からの排水をきれいにすることである。すなわち水を汚さないためには、まずは台所からということである。食用油を流しに捨てない、洗剤を大量に使わない、米のとぎ汁などは植木にかける、などこうしたひとりひとりの細かな気配り[64]が非常に大きな意味をもっている。

　台所から出る排水をきれいにするため、特に注意したいのは生ゴミの扱いである。ある調査によると、家庭の食品ゴミは1119万トン（全食品ゴミの57.4％）である。料理した食品の食べ残し、手つかずのまま捨てられる食品、賞味期限前に捨てられたもの、である[65]。生ゴミは、本来ならゴミにならずにすんだ食品である。
「食べ放題」は「食べ残し放題」ではない。日本で1年間に捨てられる食品ゴミは約253万トンとみられている。飽食の時代といわれる現代では残った料理を捨てるということに罪悪感をもつ人が少なくなっていることが問題である。お金に余裕のある家庭では食べ物を残しても金銭的には微々たる無駄ですむのかもしれない。しかし世界には飢えている多くの子供たちがいることを忘れてはならない。食べ物を残さないためには、料理をつくりすぎない、残り物の再調理の仕方を考えるなどが必要であり、また食品を手つかずのまま捨てないためには、計画的な買い物をすること、常に冷蔵庫の中身をチェックしておく[66]こと、などが必要である。さらに生ゴミを下水に捨てないことも水質汚染を防ぐ一番の近道である。生ゴミは台所の流しに捨てるのではなく、ふつうのゴミ扱いにして捨てるのが排水を最も汚さない方法である。現在、地球上の川や海は5万種類もの化学物質で汚染されている[67]。

8－3.　合成界面活性剤の不安

界面活性剤とは何でしょうか。どのような作用があるのでしょうか。
私どもはどうすればよいのでしょう。

ミネラルウォーターがよく売れています。なぜでしょうか。

1. 洗剤のなかで合成界面活性剤を含むものを合成洗剤とよんでいますが、2021年には123万トンが消費されています。1人当たり年間9.8kg（1人1日当たり約30g）を消費し、捨てています（石けんは16万トン。1人当たり年間1.28kg）。日本では下水道はまだ総人口の92.9％しか整備されていません。一部、十分に分解されないまま河川に捨てられています[68]。

2. 水と油は互いにはじき合って混ざり合いません。界面活性剤とは「水と油を混ぜ合わせる能力のある物質」のことです。古くはぬか袋も、またいうまでもなくセッケン類も界面活性作用をもつ洗浄剤として広く利用されてきました。

3. 現在、私どもが入手できる界面活性剤は、主として2種類です。ひとつは天然の原材料を用いて、高温・高圧下で加工することなく自然界にも存在する化学反応によってつくり出される「セッケン類」、もうひとつは主として石油系の原材料を用いて高温・高圧下で加工して自然界には存在しない化学反応を経て人工的につくり出された石けん以外の洗剤＝「合成界面活性剤」[69] です。

4. 家庭にある様々な洗浄剤の製品名、または成分表示に注目することが必要です。石けんと合成洗剤との区別はパッケージの「成分」の欄に表示されているので注意したいものです。

5. 「石鹸」、「せっけん」、「セッケン」のいずれかの文字、あるいは「脂肪酸ナトリウム（純石けん分）」、「脂肪酸ナトリウム（液体や固形、粉）」と書かれていれば、界面活性剤として天然の原材料を用いてつくられた「セッケン類」です。石けんの界面活性剤はこのふたつしかありません。それ以外のものはすべて合成界面活性剤（合成洗剤）です。石けん類には合成界面活性剤につきまとう毒性や環境汚染の心配はありません（表8－5）。

6．合成洗剤では、「成分」欄に「界面活性剤」の文字がみられ、様々な化学物質名が書かれています。長いカタカナの名前は合成洗剤です。洗浄力、安定性、乳化性などの点で界面活性剤としての性質が石けんに比べて優れています。たとえば安定性が合成洗剤を海や川のなかで分解しにくくしています。またその成分には微生物を殺す作用があります[70]（合成洗剤にも固形や粉、液体のものがあり、形だけでは区別できません）。

7．「天然もの」にも合成界面活性剤が入っています。つまり天然油脂から合成界面活性剤を簡単につくり出せるということです。今後は合成界面活性剤という物質とは一体どんな物質で、どんな働きをするのか、最低限度の知識を身につけておくことが必要だと思われます。

8．「スプーン 1 杯で驚きの白さに」、「植物洗浄成分 100％」、「家族をばい菌から守る」、「一滴で油汚れを分解する」などと次々にコマーシャルが繰り出されています。洗剤の売上げと宣伝費は比例している[71]ことです。

　ほとんどの汚れは水に溶けにくい油との複合汚染であり、水だけではこれらを落とすことができない。そこで洗浄効果を高めるため、水となじみやすくするための物質＝界面活性剤が使用されている。

　日本で初めて合成洗剤が登場したのは 1950（昭和 25）年のことである。これは、それ以前にアメリカから大量に入っていた合成界面活性剤、ハード型アルキルベンゼンスルホン酸ナトリウム（ABS）を主材としたいわゆるABS 系の洗剤（生分解が困難という意味で「ハード型」と呼ばれた）であった。昭和 30 年代は 3C ブームで電気洗濯機が一般家庭に普及し、合成洗剤が一世風靡した時代であり、強力な毒性をもつ洗剤の歴史がはじまった。日本で合成洗剤の使用量が石けんを上回ったのは 1963（昭和 38）年のことである。

　近代に入り、主として石油産業から排出される石油分解ガスを利用した合成界面活性剤が洗浄力の高さを武器として驚くほど幅広く利用されるよう

になった。現在、私どもが入手できる界面活性剤は、主として2種類である。ひとつは「セッケン類」、もうひとつは「合成界面活性剤」である。今日、合成界面活性剤を含む製品として下記のものがある。生分解が困難ではないという意味の「ソフト化」が進められ、1971（昭和46）年にソフト化が97％に達した。今日、日本ではABSは使用されていない。

表8－5：石けんの表示例

〈台所用石けんの表示例〉

家庭用品品質表示に基づく表示	
品　名	台所用石けん
用　途	食器　調理用具用
液　性	弱アルカリ性
成　分	純石けん分（28％） 脂肪酸ナトリウム
正味量	400mℓ
標準使用量	水1ℓに対して1.5mℓ 料理用小さじ1杯は約5mℓ

ここでせっけんかどうか確認を

〈台所用合成洗剤の表示例〉

家庭用品品質表示に基づく表示	
品　名	台所用合成洗剤
用　途	野菜・果物・食器・調理用具用
液　性	中性
成　分	界面活性剤(23％)　アルキルエーテル硫酸エステルナトリウム　脂肪酸アルカノールアミド
正味量	600mℓ
標準使用量	水1ℓに対して1.5mℓ 料理用小さじ1杯は約5mℓ

食器に残留するくらいなのに，野菜を洗うなんて…．

LASの強い毒性が問題になって，新しく登場したのがこれらの合成界面活性剤．でも毒性にはあまり差はないよう…．肌にも悪い．

（環境市民「グリーンコンシューマーガイド京都1999」）

　洗濯用合成洗剤は、現在、箱が小さくなっているにもかかわらず、逆に合成界面活性剤が大幅に増量され、洗浄力は強力になる一方で、毒性も大幅にあがっている。洗濯用洗剤として使われているのはLAS（直鎖型アルキル

ベンゼンスルホン酸ナトリウム)、次いで AE（ポリオキシエチレンアルキルエーテル）で、石けんも使われている[72]。

　食器の洗浄で微量残留する台所用合成洗剤のうち、野菜や果物、食器洗いなど、現在、台所用洗剤として最も多く使われているのは AES と DA（脂肪酸アルカノールアミド）であり、ほかに AS（アルキル硫酸エステルナトリウム）、AE、APE（ポリオキシエチレンアルキルフェノールエーテル）[73] などがある。石けんタイプのものと合成洗剤タイプのものがあり、合成洗剤が主流でほとんどが液体タイプである[74]。野菜・果物は合成洗剤で洗うと、洗浄中に野菜・果物に浸透し、野菜・果物を食べれば食べるほど残留合成洗剤を摂取することになる。したがって水洗いが最適[75] だと思われる。石けんは食器洗浄には適さない。

　また LAS は皮膚障害を起こすため、歯磨きやシャンプーなど、直接皮膚に接触する洗剤として使用されるのが AS である。私どもが食後用いる練歯磨きのなかにも合成界面活性剤が含まれている。毒性の強い化学物質を含みながら何の表示もされていない製品の典型である[76]。

　シャンプー（子供用、ボディー用を含む）には合成洗剤ラウリル硫酸トリエタールアミンと脂肪酸ジエタノールアミンが使用されている。水洗後も残留し、1 分間すすいだ後の髪と頭皮への残留量は 20％以上にもなる。回数をなるべく減らすことが必要で、すべて環境汚染物質となり、最も危険な日常品[77] といわれている。最近、洗顔料やボディーシャンプーに「弱酸性石けん使用」という表示があるのをみかけるが、これも合成界面活性剤であり、石けんではない[78]。

　合成リンス剤、洗顔フォームを始め、化粧水、クリーム、ファンデーション、口紅などあらゆる化粧品のほか、シェービングクリームにも合成界面活性剤が含まれており、強い毒性があり、アレルギーや皮膚障害を起こす恐れがある。「カサツキ症候群」といわれる症状が出る[79] 場合がある。そのほか、浴用、トイレ用洗浄剤はもちろん、ガラス用、ガスレンジ用、台所ファン用クリーナー、また毛染め用の染毛剤、医薬品や食品にも合成界面活性剤が配

合されており、特にトイレ用洗浄剤は化学反応によって塩素ガスが発生する恐れがある[80]。

　LAS や AS などの界面活性剤は「浸透力」が強く、洗剤成分が水中でイオン化（電気的にプラスになったり、マイナスになったりすることで、マイナスになるものを陰イオンという）し、油や蛋白、ドロなどの汚れのなかに浸透して、それらを付着物から引き離し、さらにそれらを取り込み、水溶液中に流し出すという作用によって汚れを落としている。当然、私どもの皮膚にも作用する。皮膚の表面に浸透して細胞を傷つけている。肌荒れ、ひび割れ、抜け毛などの原因になっている。水のすすぎが不十分だとか口のすすぎが悪い場合、あるいは食器に残っている場合などには体内に入り、口腔内、食道、胃、腸などの臓器の粘膜を傷つける[81]ことは明白である。特に成長期のまだ臓器が不完全な子供におよぼす影響はより大きいと考えられる。界面活性剤は分解されにくく体内に残留すること、煮ても焼いても分解せずに体内へ入っていくなど非常に危険である。

　家庭にある様々な洗浄剤の製品名、または成分表示に注目することが必要である。洗剤汚染の特徴は、人が生活しているところからは１日の休みもなく汚染水が排水されることである。「石鹸」、「せっけん」、「セッケン」のいずれかの表示があれば、それは界面活性剤として天然の原材料を用いて作られた「セッケン類」である。石けんは紀元前から使われてきたという長い歴史をもち、自然の油脂を使っており、合成界面活性剤のもつ毒性や環境汚染の心配はない。石けんを下水や川に流してもそれほどの汚れにはならず、１日で水と炭酸ガスに分解され、微生物をはじめ川の生物たちの餌になる[82]。日本の海や川では石けんの残存量は検出されていない[83]（図８－２）。

　一方、合成界面活性剤は戦後、人間によって製造時に高温・高圧（500℃、50 気圧）で化学的に合成されつくられた人工物質である。１ヵ月経過しても３分の１以上は分解されず、しかもその成分には微生物を殺す作用がある[84]。家庭から排出される界面活性剤は完全に分解されないうちにまた次の洗剤が環境に排出される[85]。

図8－2：界面活性剤の分解速度

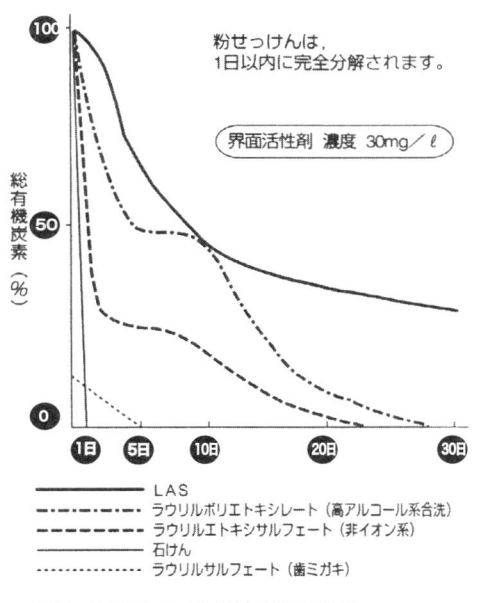

粉せっけんは、
1日以内に完全分解されます。

界面活性剤　濃度　30mg／ℓ

※せっけん以外は、すべて合成界面活性剤
（山崎雅保『「ハミガキ」は合成洗剤です』100ページ）

　石けんと合成洗剤はパッケージの「家庭用品品質表示法に基づく表示」の欄の「成分」の欄の表示によって区別できる。石けんの場合、「脂肪酸ナトリウム（純石けん分）」などと書かれており、これは牛脂や米ぬかなど、動植物の油脂が原料となっていることを意味する。

　合成洗剤では、「成分」の欄に「界面活性剤」の文字がみられ、様々な化学物質名が記載されている。大半は石油や石炭からつくられる。難しい名前には疑ってかかる必要がある。この合成界面活性剤こそが海や川のなかで分解しにくく分解が遅い分だけ魚介類に蓄積され、また海底に堆積する原因[86]になっている。衣類についた汗や油汚れ、食器についた油などを水のなかに混ぜ合わせてしまい、衣類や食器をきれいに洗浄するのが界面活性剤の最大

の役目である。

　合成界面活性剤の働きが何よりも怖いのは、水で薄めても界面活性作用を発揮し続けるため、人間の身体に一旦侵入するといつまでも分解せず、細胞に対しても同じ働きをすることである。

「天然もの」にも合成界面活性剤が入っている。本来、合成界面活性剤は石油からつくられるが、同じ働きをする物質をメーカーは天然油脂からつくり出した。合成界面活性剤と同じような分子構造をもち、その毒性はあまり変わらない。たとえば天然油脂アルコールの代わりに石油分解ガスアルコールを使用しても AS を製造できる[87]。また天然油脂アルコールに石油合成ガスを反応させて AES という陰イオン系合成界面活性剤をつくり出している[88]。「天然もの」だからといって安心はできない。これは「天然に存在する物質」ではなく、「天然に存在する物質を原料として化学合成されたもの」である。「天然素材 100％」ではなく、「天然系素材 100％」である。「植物生まれの」台所用洗剤も合成洗剤である。

　今後、合成界面活性剤の性質、作用、影響などについて最低限度の知識を身につけておくことが必要であろう。これらの界面活性剤は洗浄作用、安全性、環境影響がそれぞれ違っている。毒性は LAS や AE が強く、石けんや SE（ショ糖脂肪酸エステル）は弱い。環境への影響は LAS が最悪で、石けんと SE が最も弱い。しかし洗浄力では LAS、AOS（アルファオレフィンスルホン酸ナトリウム）などが優れ、石けんは中くらい[89]となる。LAS は家庭から出る有害物質のワースト 1 にあげられており、「使うのをやめるべき合成洗剤」[90]である。しかし洗剤メーカーは LAS をつくり続けている。

---

10. 合成界面活性剤は、次のような恐ろしい 3 つの性質[91]をもっています。
　　①　浸透作用……脂肪分を溶かして皮膚細胞内に次々と侵入していく
　　　　力をもつこと。
　　②　界面活性作用（乳化作用）……皮膚細胞をはじめ、血管や神経繊
　　　　維、内臓細胞であろうと次々に細胞膜を溶かし、細胞内の蛋白質

を変性させてしまう力をもつこと。
③　残留性・非分解性……一番問題なのは合成界面活性剤が長期間分
解されない化学物質であること。いつまでも体内で分解されずに、
その働きは維持されたまま残ること。

　合成洗剤のパッケージには、「長時間使用する場合は、炊事用手袋をお使
い下さい」という注意書きがある。これは合成界面活性剤の水溶液が生体の
組織に対して有害なことをメーカー自身が公に認めていることを意味する。
毒性から身を守るためには、①ゴム手袋をするなど液剤に直接触れない、②
使用量を減らす工夫をする、③便利さ、危険をとるかどうかは、最終的には
使う人の判断にゆだねられることになるが、できるだけ毒性が小さい石けん
を使う、④表示をよくみて使用上の注意などを守る、ことが必要である。
　皮下に侵入した合成界面活性剤は一体どこへいくのであろうか。この恐ろ
しい化学物質は強力な界面活性作用を保ち続けたまま決して途中で分解され
ずに内臓に入ってしまう。図 8 - 2 からわかるように、石けんが約 1 日で
100％分解されるのに対して、合成界面活性剤である LAS は 30 日近くたっ
ても約 30％は分解されずに残る。これが合成界面活性剤と石けんの大きな
違いである。
　合成洗剤は石油の副産物で、日本の工業用、家庭用洗剤の生産高は、
1960（昭和 35）年に 40 万トンであったが、1974（昭和 49）年以降は
100 万トンを超えるまでになった。1 人当たりの合成洗剤の使用量は年間
9.8kg、4 人家族の場合には 1 日 120g になる。きれい、清潔を求めすぎた
ために、かえって使用量が増加し、「楽（らく）」をするために「環境にやさ
しくない」ことを行なっている。合成洗剤を使い続けることによって食べ物
から体内に濃縮されるだけでなく、河川にタレ流して河川や海を汚染してい
る。やがては酸欠死に追いやられた魚と同じ運命をたどらない[92] という保
証はない。手遅れにならないうちに、この問題について私どもは真剣に考え
るべきである。

注意書きにしたがい、正確な分量の洗剤を使用している人が何人いるであろうか。あるいはそのような注意事項が書かれていることすら気づかない人もいるのではないか。もし有害成分の表示が真っ先に目にとびこんでくるような製品ならば、たいていの人が使用上の注意を遵守し、人体への影響を真剣に考えるようになるはずである。今後ともどんなに危ない製品であっても、メーカーからは何も知らされることはない[93]と考えられる。

表8－6：石けんと合成洗剤の長所・短所

項目	石けん	合成洗剤
溶けやすさ	×特に冷水に溶けにくい	○
洗浄力 （ジュース、ケチャップなど）	○	○水でも落ちる
（皮脂汚れ）	◎日常の汚れには強い	○石けんには劣る
（蛋白質汚れ）	○	○（酵素入りで浸け置きすれば）
（石油系の汚れ）	△	○ AE は石油系汚れに強い
石けんカスのできやすさ	×石けんカスは最大の欠点	○硬度の高い水でも使いやすい
標準使用量	× 40g（水 30 ℓ に）硬度の高い地域ではさらに使用量が増える	○ 15 〜 20g（水 30 ℓ に）
値段	× 600 〜 800 円	○ 200 〜 500 円
皮膚への刺激	○添加物が少ないのも有利	× LAS △ AS、AE
分解性	◎	○ AS △ AE × LAS
魚毒性	◎環境中では石けんカスになり、毒性は低い	△ LAS や AE は比較的毒性が強い
有機物負荷	×使い過ぎは環境負荷を与える	○有機物負荷は石けんの 5 分の 1

長所・短所をきちんと知って上手に使いこなす必要がある。
（せっけんライフ HP 「石けんと合成洗剤」4 ページ）

　これほど合成界面活性剤が広く普及したのは、その手軽さと便利さを求めた私どもの責任でもある。実際問題として合成洗剤をすべて排除することは不可能に近い。したがって危険性の低いものを自分自身の判断で選択し、私ども自身で命を守るしかない（表8－6）。

　人類誕生以来、塩素が入った水で生活したことはなく、塩素を含まない水で生活するのが本来の姿である。しかし都市に住み続ける限り、水道からしか水の供給をうけることができなくなっており、年々、水道原水の質は悪化している。それ以上に社会問題となっているのは水道水が危険になっていることである。汚染された水を水道水として利用しているため、浄水場で滅菌のために投入される塩素がほかの物質と化合してトリハロメタンという発ガン性のある物質をつくり出し、私どもが毎日それを飲んでいるのである。厚生労働省によれば、1981（昭和56）年3月の規制値（水道水中の総トリハロメタン濃度を0.1mg/L以下に規制する）設定以後、この値を超える水道水はないとのことであるが、浄水場のシステムが従前通りである以上、現在でも私どもはトリハロメタンを毎日摂取し続けていることは確実である。身体のために良い、おいしい水を飲むためには、自分たちが炊事、洗濯、入浴などによって汚している家庭排水にも配慮する必要があることはいうまでもない。

　水道水に含まれるトリハロメタンの濃度は、WHO（世界保健機関）では1L当たり0.03mgで、10万人に1人の発ガン率を基準としており、厳しい値である[94]。日本の水道水もドイツ0.025mg/LやWHO0.03mg/Lの基準をとるなら飲料不適の水となる。

　生水を飲むのは危険である。現在のところ前述の暫定基準値に達したものはないが、生命にかかわる環境汚染として真剣にとりくまなければならない問題である。しかし私どもは現在の社会状況のもとでは水道水を飲まざるをえず、したがって安全な形の飲むことのできる方法を自分で工夫するしかない。

　トリハロメタンは低沸点の有機ハロゲン化合物であり、沸騰後に蒸発しは

じめ、10 〜 20 分後にかなり濃度が減少するという特性から、お茶やコーヒーのように熱湯を使用する場合は沸騰後も 10 〜 20 分とろ火で煮沸し続けると良い。トリハロメタンは沸騰状態で最も発生しやすくなり、2 〜 3 倍の量となる。したがって沸騰してすぐに火をとめるのは「危険」である[95]。

　冷水を飲用する場合には、煮沸水の湯冷ましか活性炭などの家庭用浄水器でろ過した水を飲用する[96]ことが望ましい。しかし浄水器はあくまで危険性のある水道水を加工して「安全に近づける」器械であって、水道水を天然水にかえる「魔法の壺」ではないことを理解しておくことが必要である。それぞれの家庭の水道水の汚れの度合いや、その原因に合わせて浄水器を選んで購入する[97]ことが必要である。

　しかし費用、スペースのことを考えれば、トリハロメタン対策は消費者ではなく行政側が行なうべきである。河川水をきれいにすることなく、しかも浄水場の塩素処理をやめない以上、トリハロメタンなどの有機塩素化合物を減らすことはできない。水を汚すことは恐ろしいということを十分に認識しなければならない。

　水道水は 75％が汚染された河川水であるが、残り 25％の水源である地下水の汚染も進んでおり、発ガン性の疑いのある物質である有機塩素系溶剤、すなわちトリクロロエチレンやテトラクロロエチレン、クロロホルムなどによって汚染されている。しかし地下水は基準値を超えたからといって水道水のような対応では、それを下げることは難しく、汚染源を断つ以外に汚染を防ぐ方法はない[98]。十分に処理せずに工場の敷地内に捨てられた排水が地下に浸透し、そのために汚染されたものが多い。

　私どもは地下水がどれほど汚染されやすいものかも知らずに、これまでほとんど注意を払ってこなかった。ガソリンなどの有害な液体が地下の貯蔵タンクから漏れて地下水源に流れ込んでも何の手も打たなかった。いい加減な埋め立て工事がなされた箇所や不十分な下水処理施設からも汚染物質が染み出し、化学肥料を施した田畑や工業地帯からあふれた水も地下水を汚染する。家庭でも様々な化学製品を排水管に流したり、地面に捨てたりするたび

に地下水が汚染されている。

　世界が今日経験している環境赤字に加え、環境浄化のための巨額の請求書を山積している。たとえば日本では豊島事件の事態は最悪で、有害物を含む様々な産業廃棄物約 50 万トンが不法投棄され、この間、香川県はきちんとした対応をとらず、むしろ業者をかばい黙認してきた。大量生産、大量消費、大量廃棄という効率を追求した社会のなかで、この事件は生まれるべくして生まれた。都会の人たちは自分の前からゴミが消えればゴミはなくなったと思う。しかしそのゴミは一番弱いところへ持ち込まれた。そのひとつが豊島であった。

　不法投棄が起きた直接の原因は「官の誤り」である。1990（平成 2）年、兵庫県警が廃棄物処理法違反容疑で業者を摘発した。93（平成 5）年に豊島住民が業者や香川県などを相手取って国に公害調停を申請した。本当の問題はこれからはじまる。業者は逮捕され、ゴミはそのままならまだ良かった。ゴミの上に雨が降り、雨水に溶け出した有害物質が海や田畑に流れ出した。有害物質を含むと思われる農作物や魚介類は市場に出せない。島の産業は崩壊した。調停は 2000（平成 12）年 6 月、県の謝罪と産廃の全面撤去などを盛り込んで成立し最終合意した。93（平成 5）年の公害調停申請から調停成立までの 7 年で、申請人 549 人のうち 69 人が亡くなった。皆、ゴミをなくすため県庁前に立ちつくし訴えた人たちであった。最も簡単な措置でも約 61 億円を要するとのことである[99]。

　日本の 2020（令和 2）年度の産業廃棄物量[100] は、3 億 7382 万トンで、再生利用量約 1 億 9902 万トン（全体の 53.2%）、原料化量約 1 億 6571 万トン（44.3%）、最終処分量 980 万トン（2.4%）となっている。再生品は廃棄物に含まれている廃油・廃燃料から石油の代替燃料に、汚泥や燃え殻からセメント原料などに利用している。

　世界全体で毎日 100 万トン以上の有害廃棄物が生み出され、しかもその大部分は無責任な方法で処分されているため、浄化コストは膨大な額になる。処分場を浄化しないとすれば有害廃棄物が地下帯水層ににじみだすのを

放置することになる。浄化費用を払うか、膨れ上がる医療コストを払うか、いずれにしても社会はそのツケを払わなければならない[101]。これらの物質は分解しにくいため、何年間も地下水のなかに存在し続ける。そして地下水がすべて入れ替わるには1万年以上を要する[102]。

　日本人は豊かな水、清らかな流れを生活のなかに取り入れ培ってきた。水にかかわる国の「奈良の水取り、若水などの伝統行事」、「昔の子供たちの遊び」、「春の小川、めだかの学校、ふるさとなどの童謡」、「童話」、「水もち、かき氷などの日本の食文化」、「ことわざ」、「ざぶざぶ、しとしとなどの言葉」は、日本人と水のつながりの深さを物語っている。日本のお茶、料理、酒も水質に直接関係がある。たとえば日本料理は清冽な軟水をふんだんに使い、素材の持ち味を生かすことで独特のものが発達してきた。日本料理の基本は、「なまもの」なので軟水が最適で、「とうふ」などは水のなかで養生されたもの[103]である。

　一般に、硬度が100未満は軟水、100〜300は中軟水、300以上は硬水と区分される。

$$硬度＝（Ca量mg/L×2.5）＋（Mg量mg/L×4.1）$$

の式を用いて計算する。

　一般に軟水は日本料理全般に適している。硬水で炊飯すればご飯がパサパサになるが、軟水の方がおいしく炊き上がるし、日本茶や紅茶、コーヒー、ウイスキーなどの香りを引き出す効果があるといわれている。これに対して硬水は肉の臭みを抑えたり、アク汁を取りやすくするので洋風だしをとったり、肉を使った煮物や鍋物に適し、エスプレッソの場合はかえって苦味や渋味が抑えられてまろやかになるし、スポーツ後のミネラル補給や妊産婦のカルシウム補給、また便秘解消やダイエットにも役立つ[104]といわれている。

　日本人の心には川の情緒を大切にし、せわしい気持ちを水に流し、新しい元気を出して励んでいく風習があった。城を築けば必ず濠を作り、近隣の河川水を新たに掘削した用水路を引き込むのが城郭建設の常套であった。盛岡市と松江市、金沢市の古い城下町のたたずまいがその例である。地域の生活

と心情は河川と深く結びついていた[105]。

　かつては「水を浴び、風呂に入り、家内に生け花をいけ、水屋をしつら
え、庭に池を作り、水流の音を聞く」など、生活の端々にまで日本人は水を
尊んできた。そこには水の哲学[106]があった。万葉集にもうたわれた富士の
嶺をうつす田子の浦も汚染で苦しんでいる。この汚染をみて歌を詠む気持ち
になるであろうか。

　残るのはミネラルウォーターしかない。本来、これは水質の悪いヨーロッ
パで生まれたが、20 年ほど前から日本でもブームとなった。おいしいとい
われる水の成分は過マンガン酸カリウム消費量 3mg /L 以下、臭気度 3 以下、
残留塩素 0.4mg /L、水温 20℃以下などである[107]。日本の浅層地下水の水温
は年間ほぼ一定で、本州では 12 ～ 14℃、九州・四国では 15 ～ 18℃とな
っている。

　2018（平成 30）年における日本のミネラルウォーターの生産高は 400 万
kL（輸入は約 35 万 kL）であった。2022（令和 3）年には 446 万 1325kL
（輸入は約 24 万 9636kL）であったので、10 年間に約 1.5 倍伸びているこ
とになる。これに伴い、1 人当たり消費量も 1998（平成 10）年には年間
6.9L であったが、2022（令和 3）年には約 37.7L に達している[108]。ミネラ
ルウォーターの約 80%が家庭向けである。

　ミネラルウォーターのこのような消費量の急増は、主として日本の水道水
がまずくなってきたことを意味している。浄水場に流れ込む原水の汚染がひ
どいため塩素とカビで臭く、トリハロメタンなどの発ガン性物質まで含まれ
ているといわれる水道水に代えて、「高いけど仕方がないから買っている」
ということであろう。水道料金以外に金を出したことのない日本人がペット
ボトル 1 本 200 円もするミネラルウォーターに金を払っている。有限の資
源であるガソリンよりもミネラルウォーターの方が高価なことに、私どもは
何も感じないのであろうか。

　天然自然の水がペットボトルにつめられているミネラルウォーターの方が
ずっと安全であるかのように思われる。日本では天然自然の水でなくとも、

その成分にミネラルをほとんど含まない水でも、水源が地下水であればミネラルウォーターとして販売することが認められている。日本ではミネラルウォーター＝天然水ではない。ミネラルウォーター類のなかで唯一天然水に近いと思われるのが「ナチュラルミネラルウォーター」に分類される水である。1983（昭和 58）年、ハウス食品による日本初の家庭用ミネラルウォーター「アサヒおいしい水」やサントリーの「南アルプスの天然水」など[109]がこれに属する。

　欧米のミネラルウォーター（ヨーロッパのミネラルウォーターは基準が極端に厳しく、「無殺菌だから危険」なのではなく、「無殺菌で売れるほど安全」で、いわば「生鮮品」である[110]）とは異なり、日本のものは沈殿または加熱による殺菌が義務づけられており、「自然水」ではない。無殺菌で販売できる水は非常に少ない。加熱殺菌は天然水中に含まれている人体に有益な生菌を殺してしまうだけでなく、水のおいしさの要素である酸素や炭酸ガスも減らしてしまう[111]。日本ではミネラルウォーターは地下水の加工品だとしか理解されていなかった。添加することも加熱処理することも、それまでの常識からすれば当たり前のことであった。

　輸入品のみに例外的に無殺菌の水を認め、国産に殺菌（除菌）処理を施した水しか認めないという矛盾が起こっている。ミネラルウォーターが歓迎されるのは、日本の水はミネラルが少ない軟水系が多いため、コクのある味はやはりミネラルを適量含んだ水が良いという嗜好性からもきている[112]と考えられる。

　ミネラルウォーターの輸入量も年々増加しているが、ミネラルウォーターがうまれるには土壌と地質が関係している。その点、ヨーロッパは日本と地質が異なるし、また日本の降雨は山地から海に短時間のうちに流出する。日本で最長の河川は信濃川の 367km に対して、ドナウ川は 2860km、ボルガ川は信濃川の 10 倍に当たる 3690km もあり、降雨や河川水の浸透はゆっくりなため、日本とは違いミネラルをたっぷり含んだ硬水がつくり出される[113]。日本で 2019 年に販売されたミネラルウォーター類のシェアは次のとおりであ

る（表 8 − 7）。

表 8 − 7 : 天然水のブランド別シェア（2019 年）

商品名	シェア	メーカー
サントリー天然水(南アルプスの天然水・阿蘇の天然水・奥大山の天然水)	43.8%	サントリーフーズ
い・ろ・は・す 森の水だより	18.7%	日本コカ・コーラ
キリン　アルカリイオンの水	10.3%	キリンビバレッジ
エビアン	1.9%	伊藤園・伊藤忠ミネラルウォーターズ
ボルヴィック	1.7%	キリンビバレッジ

（ウィキペディア HP「ミネラルウォーター」）

　輸入ミネラルウォーターとして日本で人気の高いブランド「ボルヴィック」では源泉の周囲 5km 以内を保護区として地上に建造物を建てることはもちろん、すべての地下活動も禁止して地下水を守っている。これに対して日本の採水場の場合は源泉周辺の環境にはまったく規制がなく、水源の山の上にゴルフ場が建設されても産業廃棄物の処理場ができても、なす術がない[114]のが実情である。

　今や、水は「与えられる時代」から「選択する時代」になりつつあるが、汚染の実態とその本質を理解しない限り、塩素を含んだ水を飲んでいるのとほとんど大差がない。自然の水が商品として販売されるようになった現状は不自然なのは明らかである。日常生活や業務で無意識に水を大量に消費していること、汚していることに気づき、水をできるだけ汚さず、大切に使うようにライフスタイルや産業構造をかえていくことが私どもには求められている。

　最も貧しい人々には水しか飲むものがなく、その水もたいていは人間や動物の排泄物、産業廃棄物で汚染されている。これに対して水道が最も清潔で簡単に手に入るところほど、飲み水として利用される水道水の量は減り続け、清涼飲料水やびん詰めの水のような加工された商業飲料が飲まれており、その量も増え続けている[115]。異常としかいいようがない。

　日本の飽食と栄養過多は、私どもの健康を害し、豊かさと浪費は毎日袋一

杯のゴミを捨てることをふつうのこととさせ、浪費され、使い捨てにされた資源と産業廃棄物など、また自動車に支配されることによって空気・土・水が汚染され、生活環境が破壊されている。その結果、私どもは健康を損ね、発達が阻害されている。

　このような過剰な消費こそが今日の環境問題の元凶である。貧困は人間に対しても環境に対しても絶大な悪影響を与えており、貧困が環境や人間の問題を解決するわけではない。「人間が豊かでも貧しくとも環境破壊が起こるのであれば、どの程度の消費であれば、地球は許容することができるのであろうか、どれだけあれば、人間の欲望はみたされるかを、自問することが大切である。多くもつことが必ずしも良いとは限らないことを、私どもが理解しなければ、環境破壊を食い止めるためのさまざまな努力は、水泡に帰してしまう」[116]からである。「節約こそ美徳」、今こそ生活の見直しが必要である。

　もっているものは少なくても、様々な方法で私どもはもっと幸せになることができる。人間の生活にとってカネとモノは、本来、生活に必要なだけあれば良い。家族との健康で楽しい生活、趣味、生きがいのある仕事、人生の充実感、友情、自然とともにある安らぎ、コミュニティーとの結びつき、それらが満たされればカネとモノに目を血走らせる必要はない[117]のではないであろうか。

— 註 —

1　KKJ（環境共生住宅推進協議会）HP「水と共に暮らす」。
2　国土交通省 HP「水資源の利用状況」。
3　同上。
4　同上。
5　同上。

6　「水の循環と水資源」HP、3 〜 4 ページ。

7　「私たちの水資源」HP、3 ページ。

8　前掲 国交省 HP「水資源の利用状況」。

9　同上。

10　畠中武文『河川と人間』古今書院、1996 年、102 ページ。

11　「私たちの水資源」HP、2 ページ。

12　前掲 畠中『河川と人間』65 ページ。

13　アースデイ 2000 日本編『地球環境よくなった？』コモンズ、1999 年、80 〜 81 ページ。

14　本間慎編著『データガイド地球環境』青木書店、2000 年、64 ページ。

15　佐伯平二『環境クイズ』合同出版、2000 年、250 ページ。

16　e!Golf(イーゴルフ) HP。

17　藤山静雄『ゴルフ場の害虫と農薬』HP。

18　末石冨太郎『都市にいつまで住めるか』読売新聞社、1994 年、46 ページ。

19　PHP 研究所編『地球にやさしくなれる本−家電リサイクル法からダイオキシンまで、身近な環境問題を考える』、PHP 研究所、84 ページ。

20　馬場正彦『地球は逆襲する』廣済堂出版、1992 年、84 ページ。

21　田中正之『温暖化する地球』読売新聞社、1993 年、114 ページ。

22　ハッピー・ウォーター HP。

23　前掲 佐伯『環境クイズ』45 ページ。遠山益『人間環境学』裳華房、2001 年、64 ページ。

24　中西準子『いのちの水』読売新聞社、1994 年、49 〜 50 ページ。

25　前掲 末石『都市にいつまで住めるか』90 ページ。

26　同上、47 ページ。

27　前掲 中西『いのちの水』51 〜 52 ページ。

28　前掲 PHP 研究所編『地球環境にやさしくなれる本−家電リサイクル法からダイオキシンまで、身近な環境問題を考える』132 ページ。

29　日本下水道協会 HP。

30 同上、「世界の下水道普及率」。

31 前掲 末石『都市にいつまで住めるか』44 ページ。

32 前掲 PHP 研究所編『地球環境にやさしくなれる本ー家電リサイクル法からダイオキシンまで、身近な環境問題を考える』132 ページ。

33 『今「水」が危ない』学研、1995 年、90 ページ。

34 エコライフガイド HP（2005 年 8 月 4 日）。

35 レスター・ブラウン著、加藤三郎監訳『地球白書 1993-94』ダイヤモンド社、1993 年、58 ページ。

36 前掲 馬場『地球は逆襲する』50 〜 51 ページ、前掲 山本『地球を守る 3R 大作戦』27 〜 28 ページ。

37 前掲 馬場『地球は逆襲する』52 ページ。

38 同上、176 ページ。

39 前掲 PHP 研究所編『地球環境にやさしくなれる本ー家電リサイクル法からダイオキシンまで、身近な環境問題を考える』121 ページ。

40 同上。

41 福岡市水道局 HP「上手な節水方法」。

42 前掲 末石『都市にいつまで住めるか』46 ページ。

43 同上、62 ページ。

44 平成暮らしの研究会編『地球にやさしい暮らし方』河出書房新社、1998 年、182 ページ。ジ・アースワークスグループ著、土屋京子訳『地球を救うかんたんな 50 の方法』、講談社、1996 年、59 ページ。

45 前掲 平成暮らしの研究会編『地球にやさしい暮らし方』60 ページ。

46 同上。

47 前掲 土屋訳『地球を救うかんたんな 50 の方法』172 ページ。

48 同上。

49 同上。

50 同上。

51 前掲 佐伯『環境クイズ』42 ページ。

52　生活アートクラブ HP。

53　渡辺雄二『食品汚染』技術と人間、1990 年、201 ページ。

54　同上、116 〜 117 ページ。

55　環境省 HP。

56　江戸川河川事務所 HP。

57　21 世紀プロジェクト－エコ研究会『「環境にやさしい商品」買っていいもの悪いもの』青春出版社、2001 年、155 ページ。

58　前掲 末石『都市にいつまで住めるか』87 ページ。

59　前掲 生活アートクラブ HP。

60　中村三郎『リサイクルのしくみ』日本実業出版社、1999 年、134 〜 135 ページ。

61　同上、134 ページ。

62　ゲルト・プフィッツェンマイヤー、ブリギッテ・シュメルツァー著、今泉みね子訳『地球環境を壊さない生活法 50』主婦の友社、1994 年、79 ページ。

63　国土交通省 HP。

64　前掲『今「水」が危ない』174 〜 175 ページ。

65　消費者庁 HP。

66　前掲 PHP 研究所編『地球環境にやさしくなれる本－家電リサイクル法からダイオキシンまで、身近な環境問題を考える』54 ページ。

67　同上。

68　日本石鹸洗剤工業会 HP「統計年報　2021 年版」。

69　坂下栄『合成洗剤』メタモル出版、1998 年、80 ページ。

70　前掲 21 世紀プロジェクト－エコ研究会『「環境にやさしい商品」買っていいもの悪いもの』190 ページ。前掲 坂下『合成洗剤』80 ページ。

71　長谷川治『石けんと合成洗剤』合同出版、2000 年、58 〜 59 ページ。

72　『グリーンコンシューマーガイド京都・1999』環境市民、1999 年、59 ページ。

73　本谷勲他編『新版環境教育学事典』旬報社、2000 年、487 ページ。

74　体験を伝える会　添加物 110 番編『家庭用品危険度チェックブック』情報センター出版局、1997 年、33 ページ。

75 前掲 長谷川『石けんと合成洗剤』103 ページ。

76 前掲 坂下『合成洗剤』30 ページ。

77 前掲 長谷川『石けんと合成洗剤』52 ～ 53 ページ。

78 同上、66 ページ。

79 同上、68 ～ 69 ページ。

80 前掲 体験を伝える会　添加物 110 番編『家庭用品危険度チェックブック』34 ページ。

81 前掲 渡辺『食品汚染』214 ページ。

82 前掲 坂下『合成洗剤』18 ページ。前掲 長谷川『石けんと合成洗剤』44 ～ 45 ページ。

83 前掲 長谷川『石けんと合成洗剤』31 ページ。

84 前掲 21 世紀プロジェクト－エコ研究会『「環境にやさしい商品」買っていいもの悪
　　いもの』55、99 ページ。

85 前掲 生活アートクラブ HP。

86 前掲 長谷川『石けんと合成洗剤』30 ページ。

87 前掲 坂下『合成洗剤』40 ～ 41 ページ。

88 同上、42 ページ。

89 渡辺雄二『食卓の化学毒物事典』三一書房、1997 年、137 ページ。

90 前掲 坂下『合成洗剤』158 ～ 159 ページ。

91 同上。

92 前掲 21 世紀プロジェクト－エコ研究会『「環境にやさしい商品」買っていいもの悪
　　いもの』92 ページ。

93 前掲 坂下『合成洗剤』58 ～ 59 ページ。

94 前掲 佐伯『環境クイズ』47 ページ。

95 コンサルティング・ペンシル HP。

96 前掲 渡辺『食品汚染』208 ページ。

97 早川光『ミネラルウォーター・ガイドブック』新潮社、2005 年、144 ページ。

98 前掲 渡辺『食品汚染』208 ページ。

99 豊島産廃事件 HP。

100　環境省 HP「産業廃棄物の排出及び処理状況等（令和 2 年度実績）について」。

101　前掲 レスター・ブラウン編著、加藤三郎監訳『地球白書 1993-94』13 ページ。

102　前掲 馬場『地球は逆襲する』90 ページ。

103　『アルファ大世界百科事典』（15 巻）日本メール・オーダー社、1976 年、5571 〜 5572 ページ。

104　消費者庁 HP。

105　前掲 畠中『河川と人間』48 ページ。

106　前掲『アルファ大百科事典』（15 巻）5571 〜 5572 ページ。

107　前掲『今「水」が危ない』116 ページ。

108　ミネラルウォーター協会 HP。

109　前掲 早川『ミネラルウォーター・ガイドブック』84、88、90、93 ページ。

110　同上、13 ページ。

111　同上、12 ページ。

112　前掲 畠中『河川と人間』132 ページ。

113　同上、133 ページ。

114　前掲 早川『ミネラルウォーター・ガイドブック』88 ページ。

115　レスター・ブラウン編著、加藤三郎監訳『地球白書 1991-92』ダイヤモンド社、1991 年、265 ページ。

116　同上、255 ページ。

117　暉峻淑子『豊かさとは何か』岩波書店、1995 年、8 ページ。

おわりに

大量生産＝大量消費という構図そのものが環境破壊の元凶である。メーカーは先端技術で環境保全を行なうのではなく、大量生産から少量生産へと改めなければ環境破壊を止めることができないということを認識し、実行しなければならない。

メーカーが廃棄物を削減したいと考えるなら、現在あふれている使い捨て商品ではなく、耐久性があり、修理可能な製品の開発に力を注ぐべきであり、製品使用時のエネルギー消費の高効率化をはかり、無害化を進めるべきである。もともとメーカーには長寿命の製品をつくるという発想はない。もし製品の寿命を 20 数年にして、国民が 20 年以上使うと売上高は 4 分の 1 に減少することを考えれば、その理由は明白である。しかしメーカーが耐久性のある製品を生産しても、消費者がそれを選ばず、修理して使うよりも使い捨てにする方を選択し続けるなら、それは全く無意味になってしまう。

今日の環境破壊は決して生産者だけの責任ではない。生産者を批判するだけでは環境問題は解決しない。私たち消費者は被害者であると同時に加害者でもある。汚染の原因は消費者にもある。消費者が被害者とならないためには、少量消費を受け入れることが必要である。

快適な生活が環境破壊の原因である以上、環境保全のためには快適さを犠牲にしなければならないが、私たちには現在の快適な生活の一部を犠牲にしてでも（現在の生活の豊かさや便利さを失ってでも）、環境を保護する覚悟があるであろうか。少量消費になれば（大量生産をやめれば）、高価格になるが、それを受け入れることができるであろうか。環境に良い商品を、値段が少々高くとも買うであろうか。自動販売機が町から姿を消すかもしれない。24 時間営業のコンビニがなくなるかもしれない。いつでもどこでも手に入らなくなるという不便に耐えることができるであろうか。日々の生活の便利、快適、豊かさの「裏側」で、人間として、日本人として失ってはいけ

ない大切な何かを確実に失いつつあるように思うのは、筆者たちだけであろうか。

何十億もの人類の生存を地球が支えていくためには、まず、私たちが消費＝幸福とするライフスタイルを変革しなければならない。私たち自身が参加できる最も単純で、地味で、最大の効果をあげることができる環境保全とは、生活の中であまり多くの種類のものを使わないことであり、大量に使わないことである。

私たちの幸福は、使い、捨てる財の量によってではなくて、クリーンで健康的なコミュニティーによって決まるという社会へと変革させることによって得るべきではないか。様々な問題を解決するためには、私たちひとりひとりが環境に配慮したライフスタイルに変革するように努力することが大切である。

そのために、環境問題について学習し、理解し、考え、自ら責任ある行動をとることができるように環境教育が重要となっている。環境教育では感性、知識・技術、行動の三段階が必要であるといわれている。しかし行動から入っても良い、知識から入っても良い、体験（感性）から入っても良い、その順序は問わない。どのようなことでも良い、「環境にやさしい」行動をとることである。

本書の目的は、現在、入手し得る情報を可能な限り駆使し、できるだけ多くの人に真実を伝え、実行に移すことの重要性を示唆することである。しかし現状を解決するための特効薬であるとは思っていないし、特効薬など存在しない。

10数年前に、不幸にも東日本大震災が起こり、原発事故がいつ収束するかわからない。どこが安全で、どこが安全ではないのか、何が安全で、何が安全ではないのか、今なおだれも断定できない状況にある。原子力発電所に対する「安全神話」は完全に崩れ去った。

今なお多くの国・地域が、農林水産物に対して輸入規制を行なっている。頻発している災害に鑑み、第2章を「『気候危機』と災害の安全学」とした。

　安全性についても、害についても、国民はほとんど何も聞かされない。「禍を押しつけられるのは、結局私たちみんななのだ。正確な判断を下すには、事実を十分に知らなければならない。」（レイチェル・カーソン）

　原発事故後、10 数年を経ようとしているが、復旧にはほど遠い状態である。余震も続き、将来とも多くの面で影響がおよぶ可能性があることを記憶に留め、「フクシマ」を忘れることのないように祈念したい。また、令和 6 年元旦早々能登半島地震が起こった。

　人類は自然を軽視し、虐待してきた。世界的な一連の大惨禍は「自然の逆襲」ではないのか。今後何が起こるのか、誰にもわからない。何が起こるにせよ、人類にはその覚悟をしておく必要があるのではないか。日本も経済の発展に精を出すのもよい。しかし、その利益の何倍もの災害復興費を必要としない、尊い人命を失うことのない、住みやすい災害のない国になるよう願うばかりである。

著　　者

《索引》

サ行

《著者紹介》

今井　良一（いまい　りょういち）

　1972 年　神戸市に生まれる。
　1992 年　京都大学農学部農林経済学科入学。
　2004 年　同大学院農学研究科生物資源経済学専攻博士後期課程満期退学。
　　　　　（副専攻領域）「環境問題および環境教育」を選択。
　2007 年　博士（農学。京都大学）
　現　　在　（2010 年〜）神戸親和大学通信教育部非常勤講師（地理学）。
　　　　　（2014 年 9 月〜）関西学院大学教職教育研究センター非常勤講師（環境教育論）。
　　　　　　　　　　　　関西国際大学基盤教育機構非常勤講師（環境と生活）。
　　　　　（2023 年〜）明石工業高等専門学校非常勤講師（科学技術と環境）。

〈専門分野〉近代日本経済史、日本近現代史・東洋史、環境教育学、地理学

〈博士学位論文〉
　「満州」農業移民の経営と生活に関する実証的研究——共同経営の解体と地主化の論理——

〈主要著書・訳書〉
　2006 年　「実学としての科学技術」『岩波講座「帝国」日本の学知』第 7 巻（共著）岩波書店
　2007 年　『満洲泰阜分村—— 七〇年の歴史と記憶』（共著）不二出版
　2008 年　『日本帝国をめぐる人口移動の国際社会学』（共著）不二出版
　2011 年　『食用作物をめぐる生産・流通と争い』双樹書房
　2012 年　『地理学の基礎』（共著）双樹書房
　2013 年　「低線量放射線の脅威」（共訳）鳥影社
　　　　　「日本帝国圏の農林資源開発 ——「資源化」と総力戦体制の東アジア——」『農林資源
　　　　　　開発史論Ⅱ』（共著）京都大学学術出版会
　2014 年　『環境教育論——現代社会と生活環境——』（共著）鳥影社
　2015 年　『環境教育学と地理学の接点』ブイツーソリューション
　2016 年　『要説　日本近現代史』（共著）あさひ高速印刷出版部
　2018 年　『満洲農業開拓民 ——「東亜農業のショウウィンドウ」建設の結末——』三人社
　2020 年　『増補改訂版　環境教育論——現代社会と生活環境——』（共著）鳥影社
　2021 年　『日本近現代史——「戦争」と国民の悲劇・歴史の教訓と「平和」への希求——』はつづき書房

〈主要論文〉
　2012 年　「「満洲」開拓青年義勇隊郷土中隊における農業訓練——第 5 次義勇隊原中隊を事例
　　　　　　に——」『神戸親和女子大学児童教育学研究』31 号
　2013 年　「女子大生に対する「食育」の必要性に関する考察」『神戸親和女子大学児童教育学
　　　　　　研究』32 号
　2014 年　「「満洲」農業開拓民と北海道農法——「東亜農業のショウウィンドウ」建設の結末——」
　　　　　　『農業史研究』48 号
　2015 年　「大学生の環境意識に関する調査研究——環境教育と食育に関する一考察——」『関西
　　　　　　学院大学教職教育研究』20 号
　　　　　など。

今井　清一（いまい　せいいち）

1938 年　神戸市に生まれる。
神戸大学文学部（歴史学専攻）を経て、1969 年　大阪市立大学大学院文学研究科博士課程単位取得満期退学。
現在　武庫川女子大学名誉教授、博士（臨床教育学）。

〈主要著書・訳書〉
1971 年　『生産と貿易の地理学』（訳）法律文化社
1974 年　『医学地理学の諸問題』（訳）法律文化社
1977 年　『人口増加の動向と課題』晃洋書房
1979 年　『中国農村の市場・社会構造』（共訳）法律文化社
1990 年　『中国王朝末期の都市』（訳）晃洋書房
1992 年　『人口増加と生活環境』世界思想社
1993 年　『人口増加と都市環境』晃洋書房
1996 年　『日本の環境問題と環境教育』晃洋書房
2002 年　『環境教育論（上巻）』晃洋書房
2004 年　『安全な「食環境」の追求』創栄出版
2006 年　『レイチェル・カーソン』（訳）鳥影社
2006 年　『新版　環境教育論』鳥影社
2012 年　『地理学の基礎』（共著）双樹書房
2013 年　『低線量放射線の脅威』（共訳）鳥影社
2014 年　『環境教育論—現代社会と生活環境—』（共著）鳥影社
2016 年　『要説　日本近現代史』（共著）あさひ高速印刷出版部
2020 年　『増補改訂版　環境教育論—現代社会と生活環境—』（共著）鳥影社
2021 年　『日本近現代史—「戦争」と国民の悲劇・歴史の教訓と「平和」への希求—』はつづき書房

環境教育学
—気候変動〜
　食の安全・安心—

定価（本体2500円＋税）

2024年 9月 1日初版第1刷印刷
2024年 9月 1日初版第1刷発行
著　者　今井清一／今井良一
発行者　百瀬精一
発行所　鳥影社（www.choeisha.com）
〒160-0023　東京都新宿区西新宿3-5-12トーカン新宿7F
電話　03(5948)6470，FAX 03(5948)6471
〒392-0012　長野県諏訪市四賀 229-1（本社・編集室）
電話 050(3532)0474，FAX 0266(58)6771
印刷・製本　モリモト印刷
ⓒ Seiichi Imai / Ryoichi Imai 2024 printed in Japan
ISBN978-4-86782-110-7　C3037